Intel 凌动平台嵌入式应用与实践

章亦葵　李幼萌　编著

清华大学出版社

北　京

内 容 简 介

本书旨在提升学生对所学专业基础知识的综合运用能力，学生通过本课程可以掌握 Intel 凌动平台的硬件结构，具备在典型的 OS 环境中综合运用统一建模语言进行嵌入式软件设计、编程、测试验证等方面的能力。主要内容包括 Intel 凌动处理器的结构特点和最新动态，英特尔虚拟技术、单核、超线程、低功耗技术，硬件教学平台的体系结构、外围接口等，基于 Intel 凌动平台的 JTAG 调试器和相应的软件开发调试环境，在 Intel 凌动平台中实现 Linux、Windows XP 等操作系统的安装，软硬件开发技术，包括 GPIO、看门狗、触摸屏、串行口 RS232、打印口、TCP/IP 及 UDP 编程、进程管理及多线程、驱动程序开发/安装/卸载等。为提高学生动手能力，本书还提供了实践案例，包括 LC 测试仪、3D 加速度传感器数据显示软件、汽车 CAN 总线监视仪。

本书充分考虑了课程与产业结合的紧密性，在实践内容的选取上充分考虑实践环节与工程应用领域的紧密结合，为学生创造近似于企业级的应用与开发环境，充分调动学生的积极性、创新性和自主学习的能力。本书适合作为高等院校计算机及软件工程专业本科高年级学生和硕士研究生的教材，也是基于 Intel 凌动平台进行应用开发的研究及 IT 人士的良好参考资料。

图书在版编目(CIP)数据

Intel 凌动平台嵌入式应用与实践/章亦葵　李幼萌　编著. —北京：清华大学出版社，2013.3
ISBN 978-7-302-31570-4

Ⅰ. ①I…　Ⅱ. ①章…　②李…　Ⅲ. ①微处理器—系统设计　Ⅳ. ①TP332

中国版本图书馆 CIP 数据核字(2013)第 030621 号

责任编辑：王　军　李维杰
装帧设计：牛静敏
责任校对：蔡　娟
责任印制：杨　艳

出版发行：清华大学出版社
网　　址：http://www.tup.com.cn，http://www.wqbook.com
地　　址：北京清华大学学研大厦 A 座　　**邮　　编：**100084
社 总 机：010-62770175　　**邮　　购：**010-62786544
投稿与读者服务：010-62776969，c-service@tup.tsinghua.edu.cn
质 量 反 馈：010-62772015，zhiliang@tup.tsinghua.edu.cn
课 件 下 载：http://www.tup.com.cn，010-62796865
印 装 者：三河市李旗庄少明印装厂
经　　销：全国新华书店
开　　本：185mm×260mm　　**印　张：**15　　**字　　数：**374 千字
版　　次：2013 年 3 月第 1 版　　**印　　次：**2013 年 3 月第 1 次印刷
印　　数：1～4000
定　　价：39.00 元

产品编号：040907-01

前　言

2009年，教育部-英特尔Atom(凌动)嵌入式师资培训计划正式启动，当时担任天津大学软件学院院长的孙济洲教授将这一工作交给了我。通过2009～2012年的嵌入式教学，初步建立和充实了针对这一平台的教学与实践内容。2010年在本课程的教师团队的集体努力下，成功申请到了“教育部-英特尔精品课建设”项目，同时也产生了为此课程编写一部教材的想法。正巧这时清华大学出版社编辑李维杰老师也联系到我，希望能出版一本关于英特尔凌动平台的实践教材，很快这一计划便开始实施。

近年来，由于计算机技术，特别是高性能、低功耗微处理器技术发展迅猛，几乎一年中就会有多次新产品的发布，此外手机移动平台技术的发展也非常突出，多家微处理器生产厂商开始角逐这一前景广阔的市场，英特尔Atom架构的微处理器也面向这一市场推出了多个不同系列的微处理器，其中有Atom N270、Atom Z5xx、Atom E6xx和2012年推出的针对手机移动平台的Z2460系列，这给编写这本教材提出了很大挑战，以哪种芯片为主进行本书的编写成为当时比较纠结的焦点。从嵌入式角度出发，我们希望Atom平台的外围接口能更加丰富一些。在2011年英特尔推出了E6xx系列，并配合IOH-EG20T接口芯片，使得Atom平台的外围接口更加丰富，并且能够通过PCIE接口方便灵活地进行接口扩展。于是，我们便选定E6xx+IOH-EG20T这一平台作为本书主要介绍对象。

我与李幼萌老师以该硬件平台为核心，进行了较全面的开发与实验，并将这一工作的成果展现给读者。此外，围绕培养卓越工程师的教学改革实践也是近年来大学教育工作者需要考虑的热门话题。在本书的章节构成上也充分考虑到这一点，目的在于引导读者的自我创新意识。在本书的第1、2、3章中主要以动手实践为基础，介绍了Atom的发展现状、硬件结构及基本原理、适合该平台的操作系统和开发环境的安装、常用软件开发工具的基本使用方法等，该内容适合大学本科一年级、二年级的计算机及软件工程专业的学生使用。第4、5章着重介绍在Linux和Windows XP操作系统下Atom平台硬件接口的原理及编程、驱动程序编程等内容，该内容适合本科三年级、四年级以及硕士研究生的嵌入式实践课程，也可作为采用该平台进行应用开发的科研及工程技术人员的参考资料。第6章列出了软件开发的实践项目，在前面实践的基础上进行更进一步的软件开发实践，本章内容只是给出了软件需求的基本内容，具体的实现留给读者去完成。第6章的内容可以作为教学改革实践项目，让学生体验“做中学”的实践过程，即基于PBL(Problem Based Learning & Project Based Learned)方式的软件工程实践，旨在提升学生的创新思维、团队协作能力、项目管理及组织能力。

本书在写作过程中，我负责本书整体布局，并负责第1、2、3、6章和第5章5.3～5.5节的撰写。李幼萌老师负责第4章和第5章5.1、5.2节的撰写，他为本书增加了很多亮点。此外，衷心感谢我研究室的叶丽丽、王哲文、黄京川、田芸芬、余祖金、刘雅琴、吕文晶等同学，对书中列举的源程序进行实验及验证，并制作了精美的插图。欢迎读者到本书支持站点下载教学课件及相关材料，网址为http://www.tup.com.cn和http://www.tupwk.com.cn。

在本书的写作过程中，我得到了父母和妻子的大力支持，在此对他们一如既往的支持也表示衷心地感谢。

最后，还要感谢教育部-英特尔嵌入式精品课程建设项目提供的精品课程经费资助。感谢英特尔公司及其大学合作部的颜历女士、王靖淇女士多年来为大学嵌入课程建设提供的硬件设备捐赠和多方面支持。

章亦葵

2012 年 6 月 26 日

于英国利物浦 IEEE-IWITEI'12 国际会议

目 录

第1章　Atom处理器的结构及发展简介

本章在论述 Intel 公司 x86 微处理器硬件体系结构的基础上，重点介绍近年来由 Intel 推出的 Atom(凌动)处理器的结构及发展动态。

1.1　Intel x86 微处理器简介

纵观几十年来，Intel 在 x86 处理器和微控制器的结构上，针对桌面和嵌入式移动设备等应用领域，提出了各种各样的解决方案以适应计算机技术及其应用的发展需要。

1.1.1　Intel 微处理器的发展历史

1971 年 Intel 公司开发出 Intel 4004 微处理器，这是第一枚将 CPU 的所有元件集成到一块半导体芯片的微处理器。从第一枚 4 位单片微处理器起，历经 40 多年，Intel 公司的各类微处理器已得到越来越广泛的应用，详细发展历程如表 1-1所示。

表 1-1　Intel 微处理器的发展历程

年　份	Intel 微处理器
1971	第一款 4 位微处理器 Intel 4004
1972	第一款 8 位微处理器 Intel 8008
1974	Intel 8080 处理器
1976	Intel 8085 处理器
1976	微控制器 8748、8048
1978	16 位的 Intel 8086 微处理器
1979	Intel 8088 处理器
1980	Intel 8051 以及 Intel 8751 微控制器
1982	第一款 16 位处理器 Intel 8096
1982	Intel 80286 处理器
1983	80C49 和 80C51CHMOS 微处理器
1985	Intel 80386 DX 32 位微处理器
1989	推出 Intel 486 微处理器
1993	Intel Pentium 微处理器

(续表)

年　份	Intel 微处理器
1995	Intel Pentium Pro
1997	Intel Pentium MMX
1998	针对低端市场的 Intel Celeron
1999	Intel Pentium III 以及 Pentium III Xeon 处理器
2000	Intel Pentium 4 处理器，为 64 位微处理器
2006	Intel Core 2 Duo 处理器
2008	面向嵌入式计算领域的 Intel Atom 低功耗处理器
2010	面向嵌入式计算领域的 Atom E6xx SOC
2012	推出针对手机移动平台的 32nm 技术的 Atom Z2460，主频为 1.6GHz 面向超级本的第二代智能英特尔酷睿 i7 处理器 2012 年 4 月推出 22nm 制造工艺和 3D 栅极晶体管技术的第三代智能英特尔酷睿处理器，为 4 核系列

1.1.2　Intel 微处理器的应用

在 Intel 微处理器应用的发展过程中，其主要产品已广泛应用于个人消费电子产品、办公设备、服务器、工业控制、航空航天、交通运输、生物技术、医疗卫生等领域。近年来随着移动电子设备的发展，PC 已不能完美适应计算领域的时代需求，手机及智能型消费类电子产品的飞速发展，使计算领域的格局发生了巨大变化。根据 IDC(International Data Corporation，国际数据资讯公司)的数据显示，传统 PC 销售增长日趋缓慢，计算机界正在进入“后 PC 时代”。为此，Intel 在 2008 年推出了功耗低、面向嵌入式移动设备的 Atom(凌动)处理器，目的在于进军嵌入式移动设备这块潜在的巨大市场。

2011 年 Intel 发布的 3D 栅极晶体管技术，改变了现在的半导体芯片结构，能让电流从不同的空间位置通过晶体管，减少了晶体管的体积，提高了芯片的运算速度，并大幅降低功耗。由于采用了 22 纳米的生产工艺，因此能应用在下一代面向智能手机和平板电脑的凌动平台上。

2012 年 4 月在英特尔 IDF 峰会上，展出了使用 Atom 架构的新型处理器 Atom Z2460 的首款智能手机，该微处理器使用了 1.6GHz 的高性能 Atom 处理器，双通道高速存储器读写控制器，采用 Burst Performance 技术和 Hyper-Threading 技术，在优化电源效率的同时，提升了响应速度和 UI 显示性能。芯片对 Android 操作系统 DalvikVM 运行时和 HTML5 执行速度进行了优化设计，此外还集成了 3D 图形处理器，可实现 2000MPPS 的填充速率。

嵌入式应用范围是高度细分的，为满足不同应用的需求，处理器设计要在集成性和灵活性之间进行平衡。2010 年 Intel 研发的 Atom E6xx 系列处理器，是专为嵌入式应用设计的凌动处理器。除了高度集成化之外，首次将 PCI Express 技术应用到处理器与 IOH(Input Output Hub)之间的接口上。设计嵌入式设备时，可以灵活地从多种 IOH 中选出最合适的 IOH，或设计自己的 IOH 来得到低成本、低功耗的嵌入式设备。英特尔凌动处理器 E6xx 系列的高度集成性和灵活性使得设计智能的嵌入式互联设备更简单、更便捷，该系列的主要型号见表 1-2。本书也将以这种芯片为例介绍结构特点及其在嵌入式方面的应用。

表 1-2　面向嵌入式计算的 Intel Atom E6xx 系列微处理器

型　号	主要性能
Intel Atom Processor E620	512KB 缓存，主频为 600 MHz
Intel Atom Processor E620T	512KB 缓存，主频为 600 MHz
Intel Atom Processor E640	512KB 缓存，主频为 1.00 GHz
Intel Atom Processor E640T	512KB 缓存，主频为 1.00 GHz
Intel Atom Processor E660	512KB 缓存，主频为 1.30 GHz
Intel Atom Processor E660T	512KB 缓存，主频为 1.30 GHz
Intel Atom Processor E680	512KB 缓存，主频为 1.60 GHz
Intel Atom Processor E680T	512KB 缓存，主频为 1.60 GHz

1.1.3　Intel Atom E6xx 微处理器结构概述

Intel Atom E6xx 是最新系列处理器之一，与之前的 Atom N270、Z5xx 相比，E6xx 为系统集成提供了一种灵活性非常高的 I/O 连接方案。Atom N270、Z5xx 主要采用专用的 FSB 和 DMI 接口与 I/O 连接，结构如图 1-1 所示。而 E6xx 处理器与芯片组的接口采用了开放的 PCIe (PCI-Express)标准，结构如图 1-2 所示。从两个系统结构图的对比中可以看出，E6xx 系列的结构更加简洁，不再需要用两块外接桥片连接 I/O 设备，只需要通过 PCIe 的接口即可扩展 I/O 设备，E6xx 内部还集成了存储器控制器、图像视频加速器和常用的 I/O 控制器，E6xx 的详细部件结构见表 1-3。

表 1-3　E6xx 微处理器的内部模块

名　称	说　明
LPIA Core 0.6 GHz、1.0 GHz、1.3 GHz、1.6 GHz	Low-Power Intel Architecture Core，低功耗 Intel 架构核心，有 4 种工作频率
512KB L2 Cache	512KB 二级缓存
2D/3D Graphics	2D/3D 图形引擎，单硬件加速器，提供像素着色器和顶点着色
DDR2 Controller	DDR2 控制器
Video Decode	视频解码器
Video Encode	视频编码器
SDVO(Display)	Serial Digital Video Out，也就是串行数字视频输出显示接口(显示器接口)
LVDS(Display)	Low-Voltage Differential Signaling，也就是低电压差动式信号接口(显示器接口)
8254 Timer	8254 时钟
8259 APIC RTC	8259 高级可编程中断控制器和实时时钟

(续表)

名　称	说　明
SMBUS	System Management Bus，系统管理总线
SPI	Serial Peripheral Interface，串行外设接口
Watchdog Timer	看门狗
LPC 接口	Low Pin Count，低引脚数接口
Intel HD Audio	Intel 高保真音频
GPIO(14 线)	14 路 GPIO 接口(注意该接口与 5V 电源兼容)
PCIe x1(4 线)	4 路 PCIe 接口

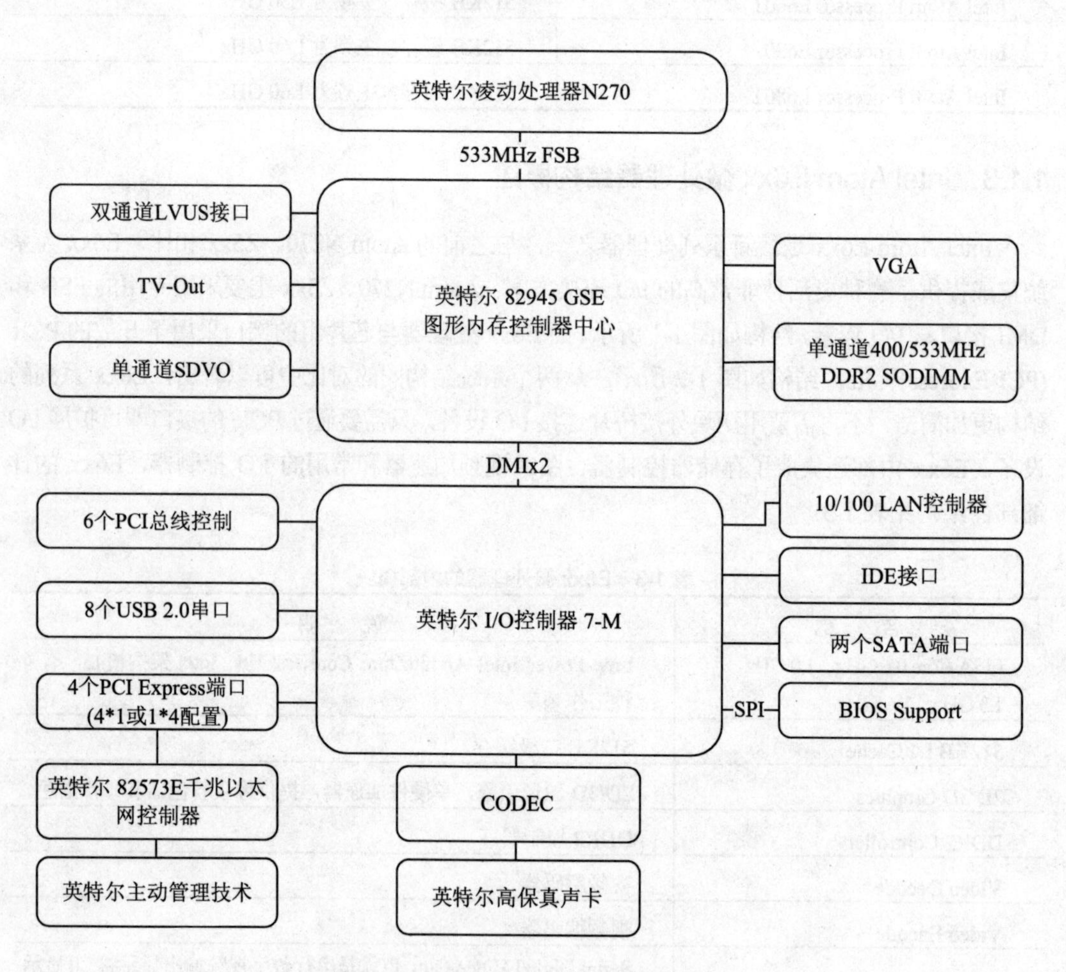

图 1-1　Intel Atom N270 微处理器的结构

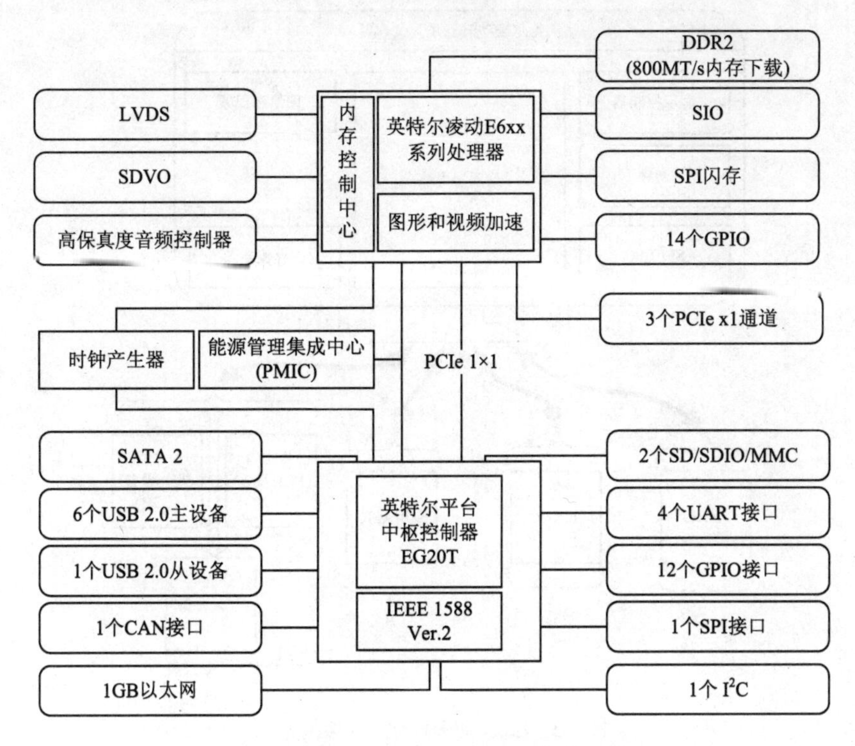

图 1-2　Intel Atom E6xx 微处理器的结构

1.1.4　Intel Atom E6xx 与 IOH 的应用结构

E6xx 处理器与外围 I/O 接口由于采用了开放的 PCIe(PCI-Express)标准，因此系统硬件在开发时，该系列的处理器既可以单独使用，也可用灵活多样的连接方式进行系统搭建，几种可供选择的方案如图 1-3 所示，图中方案 A 的连接方式适用于只需要 PCI、USB、GBE 功能的解决方案，例如 IP 相机；方案 B 适用于使用专用定制 ASIC 的解决方案，例如图像印刷 PLC；方案 C 适用于需要丰富 I/O 接口的解决方案，例如自动化工业领域的应用；方案 D 适用于需要大量统一 I/O 接口的解决方案，比较典型的使用方式是通过 PCIe 与英特尔平台控制器中枢 EG20T 或各种第三方供应商的芯片进行连接(包括 Lapis 半导体有限公司、Realtek 半导体公司和 STMicroelectronics 公司)，从而满足特定 I/O 设备的需求。这样就可以便利地在许多深度嵌入式设备中使用 E6xx 系列微处理器，比如车载信息娱乐系统(IVI：In-Vehicle Infotainment systems)、媒体电话(media phones)和网关连接的服务(connected services gateways)。

英特尔平台控制器中枢 EG20T 集成了许多常用的通用 I/O 模块，可以应用到许多嵌入式场合，例如工业自动化、零售业、游戏类产品、电子数字标牌等。这些设备均需要包括 SATA、USB 客户端、SD/SDIO/MMC 卡和千兆以太网，以及通用嵌入式接口，比如 CAN、IEEE 1588、SPI、I^2C、UART 和 GPIO。EG20T 的结构如图 1-4 所示，对应的模块接口参数见表 1-4。EG20T 通过 Device 0 的 PCIe 桥与 E6xx 处理器进行连接，从而使得 E6xx 的外围接口得到进一步扩展。

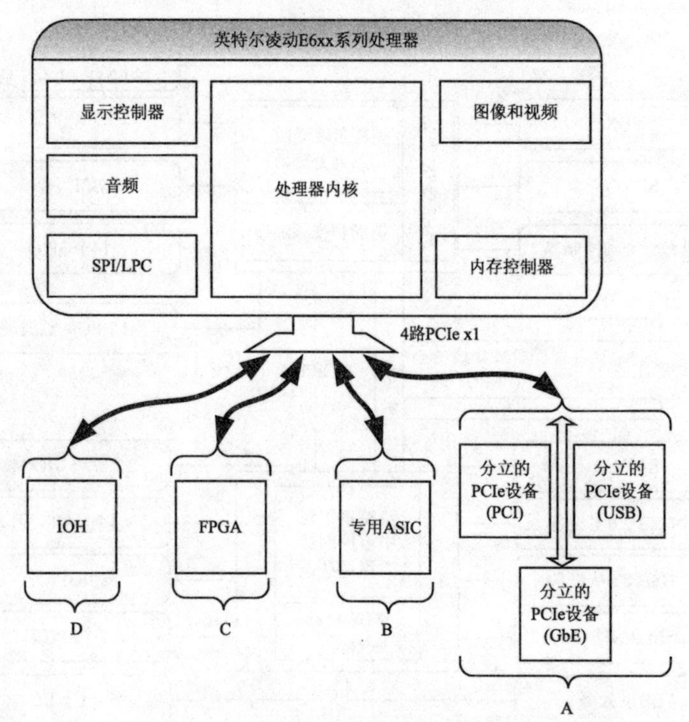

图 1-3　E6xx 的多样化 I/O 架构方案

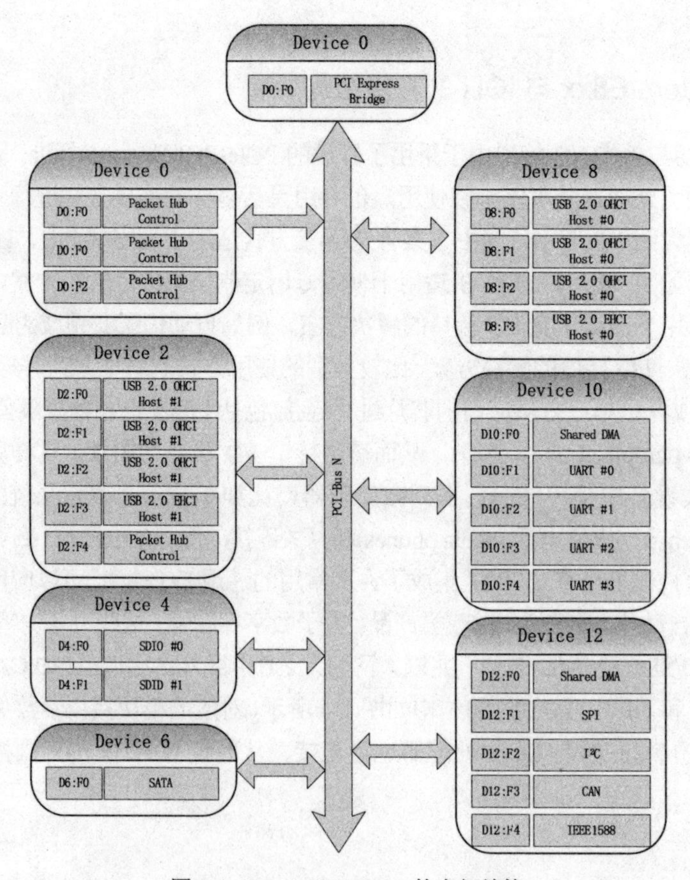

图 1-4　Intel IOH EG20T 的内部结构

表 1-4　EG20T 的内部功能(Vendor ID=8086h)

功能名称	设备编号	功能编号	BAR	地址范围	字节	设备 ID	支持设备能源状态	INTx
PCIe Port	-	-	-	-	-	8800h	D0、D3hot	A
Packet Hub	D0	F0	[31:11]	0h-7FCh	2048	8801h	D0、D3hot	
GBE	D0	F1	[31:9]	0h-1FCh	512	8802h	D0、D3hot	A
GPIO	D0	F2	[31:6]	0h-3Ch	64	8803h	D0、D3hot	A
USB Host #1(OHCI0)	D2	F0	[31:8]	0h-FCh	256	8804h	D0、D3hot	B
USB Host #1(OHCI1)	D2	F1	[31:8]	0h-FCh	256	8805h	D0、D3hot	B
USB Host #1(OHCI2)	D2	F2	[31:8]	0h-FCh	256	8806h	D0、D3hot	B
USB Host #1(EHCI)	D2	F3	[31:8]	0h-FCh	256	8807h	D0、D3hot	B
USB 设备	D2	F4	[31:13]	0h-1FFCh	8192	8808h	D0、D3hot	B
SDIO #0	D4	F0	[31:9]	0h-1FCh	512	8809h	D0、D3hot	C
SDIO #1	D4	F1	[31:9]	0h-1FCh	512	880Ah	D0、D3hot	C
SATA II	D6	F0	[31:10]	0h-3FCh	1024	880Bh	D0、D3hot	D
USB 主机 #0 (OHCI0)	D8	F0	[31:8]	0h-FCh	256	880Ch	D0、D3hot	A
USB 主机 #0 (OHCI1)	D8	F1	[31:8]	0h-FCh	256	880Dh	D0、D3hot	A
USB 主机 #0 (OHCI2)	D8	F2	[31:8]	0h-FCh	256	880Eh	D0、D3hot	A
USB 主机 #0 (EHCI)	D8	F3	[31:8]	0h-FCh	256	880Fh	D0、D3hot	A
DMA	D10	F0	[31:8]	0h-FCh	256	8810h	D0、D3hot	B
UART #0	D10	F1	[31:4]	0h-Fh	16	8811h	D0、D3hot	B
UART #1	D10	F2	[31:4]	0h-Fh	16	8812h	D0、D3hot	B
UART #2	D10	F3	[31:4]	0h-Fh	16	8813h	D0、D3hot	B
UART #3	D10	F4	[31:4]	0h-Fh	16	8814h	D0、D3hot	B
DMA	D12	F0	[31:8]	0h-FCh	256	8815h	D0、D3hot	C
SPI	D12	F1	[31:5]	0h-1Ch	32	8816h	D0、D3hot	C
I²C	D12	F2	[31:8]	0h-FCh	256	8817h	D0、D3hot	C
CAN	D12	F3	[31:9]	0h-1FCh	512	8818h	D0、D3hot	C
IEEE 1588 block	D12	F4	[31:8]	0h-FCh	256	8819h	D0、D3hot	C

对于不需要太多 I/O 接口的应用来说，开发人员也可以使用分立的 PCIe 设备，比如 PCIe GBE 控制器或 PCIe- SATA 控制器，进而替代 IOH 控制器中枢 EG20T。

1.1.5　Intel Atom E6xx 的优势

由于 Atom 微处理器的指令系统是向后兼容的，也就是说可使用许多基于原有 x86 架构开发的应用软件。这有利于缩短嵌入式开发周期，降低开发成本，并且具有很多可供参考和利用的 PC 应用软件源程序代码等资源。E6xx 微处理器满足工业级及商业级的工作温度范围要求。

此外，可从电源管理集成电路(PMIC)供应商那里得到专用、兼容的 PMIC 解决方案，这样可以减少应用平台的器件总数、降低成本和设计的复杂性。

E6xx 系统的突出特点总结如下：

- 系统集成的微处理器：包括 45 纳米英特尔凌动处理器内核(512KB 二级缓存，24KB 数据和 32KB 指令 L1 高速缓存)、3D 图形和视频编码器/解码器、内存和显示控制器。这些模块都封装在一起，减少了原材料费用并且降低了电路板成本。
- 集成 Intel GMA600 图形引擎：电源功耗优化的 2D/3D 图形引擎，图形处理内核提供高达 400 MHz 的工作频率，支持 OpenGL ES 2.0、OpenGL ES 2.1、OpenVG 1.1 和硬件加速的高清视频解码(MPEG4 part 2、H.264、WMV 和 VC1)和编码(MPEG4 part 2、H.264)，支持像素时钟 80 MHz LVDS 显示和像素时钟 160 MHz SDVO 显示。
- 集成的内存控制器和 DDR2 支持：集成的 32 位单通道内存控制器，通过高效的预取算法，实现了低延迟、高内存带宽，提供快速的存储器读/写性能。处理器支持高达 2 GB 的 800MT/s(Mega-Transfers/s)的 DDR2 内存。
- Intel 超线程技术：通过使处理器并行执行两个指令线程，为多线程应用程序提供高性能支持和提高多任务响应速度。例如快速网页内容下载、多任务和多窗口功能等。
- Intel IA-32 架构的集成式硬件辅助虚拟化技术(Intel VT- X)：通过将多环境整合成一体的硬件平台，提供更强大的平台灵活性和最大的系统利用率。VT 改善了传统的基于纯软件虚拟化的性能。通过减轻系统硬件的工作负载，虚拟化软件可以提供更精简的软件堆栈和“接近原生系统的”特性。所需的虚拟化软件(虚拟内存管理器或 VMM)可从第三方获得。
- 工业级温度范围选项：E6xx 的工作温度范围是－40°C 至 85°C，可以满足许多消费和商业类嵌入式车载信息娱乐系统设计的需要。同时也适合较恶劣的工厂环境下的工业自动化控制应用。
- 绿色环保：微处理器 E6xx 和 IOH-EG20T 使用无铅无卤素工艺制造而成，达到环保目的。
- 可靠的技术生态系统：由于 Intel 拥有强大的硬件和软件供应商生态系统，因此可以使开发人员在降低产品开发成本的同时，加快产品推向市场的时间。

1.2　E6xx 与 IOH 结构认知

为了理解 Intel E6xx 系列微处理器的具体结构，本节以实际的 E6xx 系统来理解这一系统模块间的连接方式。

使用 Windows XP 的设备管理器查看设备连接

以使用 E6xx 的 LAB8903 实验装置为例，为了启动“设备管理器”，请采用管理员账户登录计算机，然后采用以下两种方式之一打开“设备管理器”：

a) 使用 Windows 桌面，单击“开始”，然后单击“控制面板”➔单击“系统”➔选择“硬件”标签➔单击“设备管理器”。操作步骤如图 1-5 和图 1-6 所示。

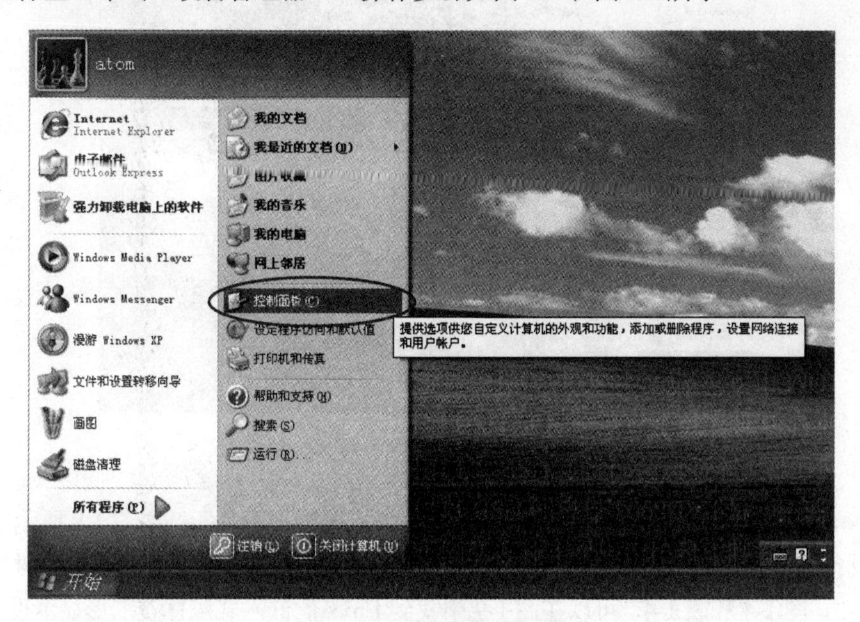

图 1-5　打开“控制面板”

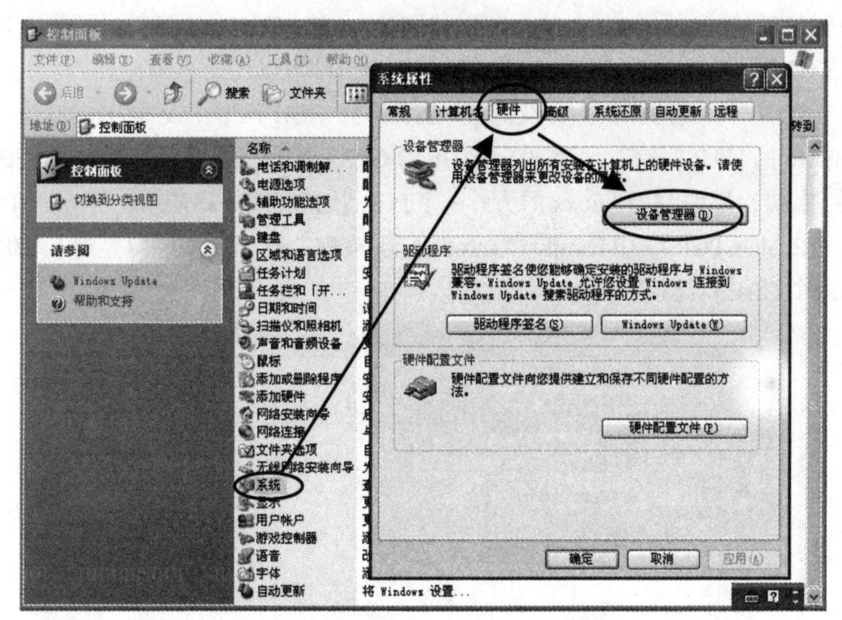

图 1-6　在控制面板中打开“设备管理器”

b) 采用命令行方式打开“设备管理器”，操作步骤如图 1-7所示。在运行对话框中输入“mmc devmgmt.msc”并单击“确定”按钮。

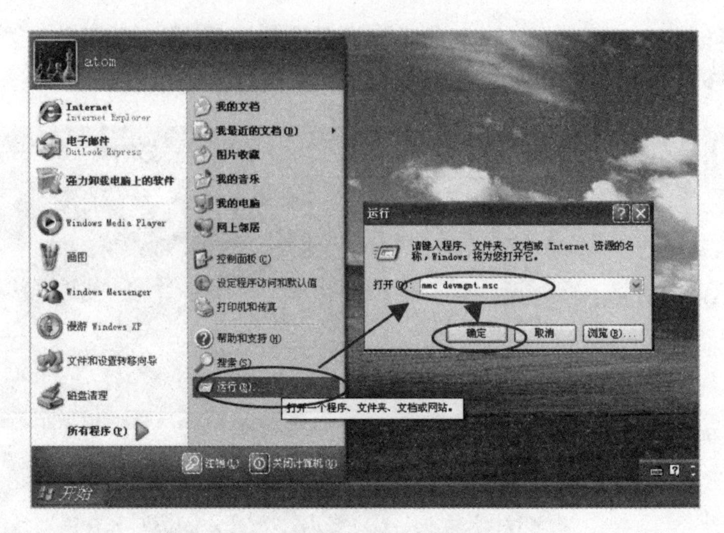

图 1-7　以命令行方式打开“设备管理器”

进入“设备管理器”后，选择“查看”➔“依连接排序设备”，如图 1-8 所示。这样在打开的设备列表窗口中，设备将按照它们在计算机中硬件的连接关系显示设备的树状列表，对照图 1-3、图 1-4 和表 1-4，可以在图 1-9 中找到 E6xx 的嵌入式媒体及图形显示设备、LPC 桥以及在 LPC 下连接的打印口、串口 COM1、COM2、中断控制器、CMOS 实时时钟、系统时钟、系统扬声器等资源。在图 1-10 中可以找到 E6xx 的 PCIe-Port1 接口以及与该 PCIe 相连接的 IOH EG20T，在 EG20T 下连接的各种外设接口也都可以在图 1-10 中找到，并且与表 1-4 中的“设备 ID”一一对应。例如，设备 ID=8802h 的 GBE 网卡，设备 ID=8811h~8814h 的 COM3~COM6 的 UART 接口，设备 ID=8803h 的 GPIO 接口，设备 ID=8818h 的 CAN 控制器接口等。在图 1-11 中可以找到 E6xx 的另外 3 个 PCIe 接口和高保真音频设备，其中 PCIe-Port4 下还连接了 Realtek PCIe GBE Family Controller，连同 EG20T 下的 GBE，使得 LAB8903 实验设备具有两个 GBE 网络接口。

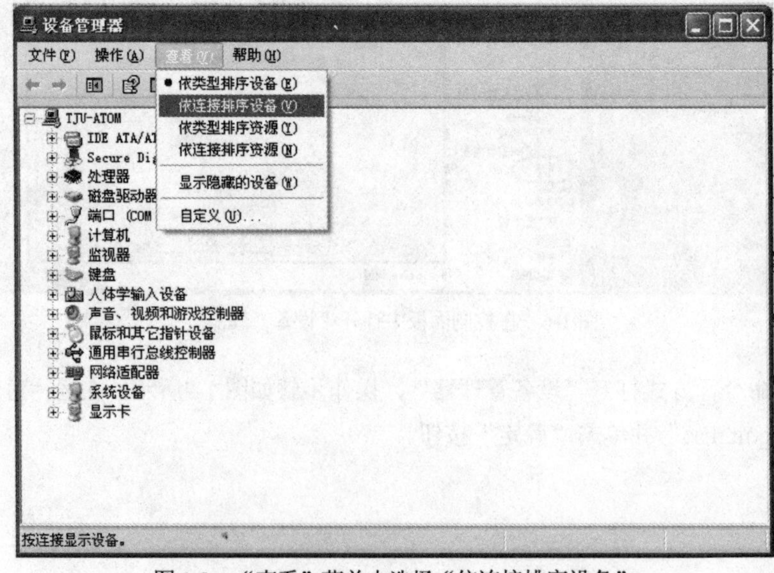

图 1-8　“查看”菜单中选择“依连接排序设备”

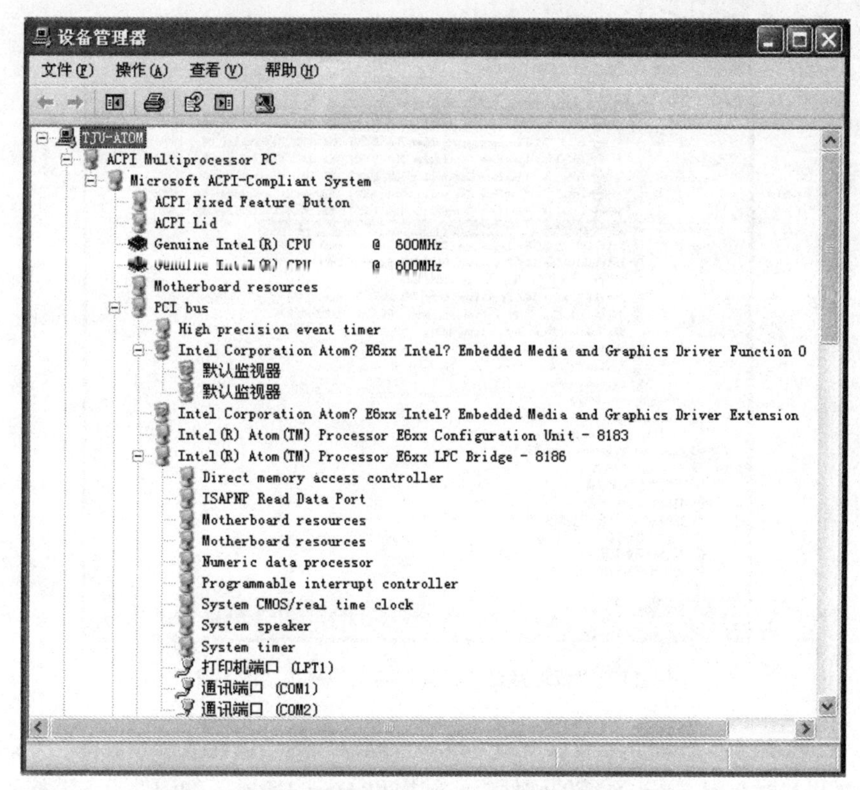

图 1-9　“依连接排序设备”的设备树状结构-PCI bus

图 1-10　“依连接排序设备”的设备树状结构-PCIe Port1

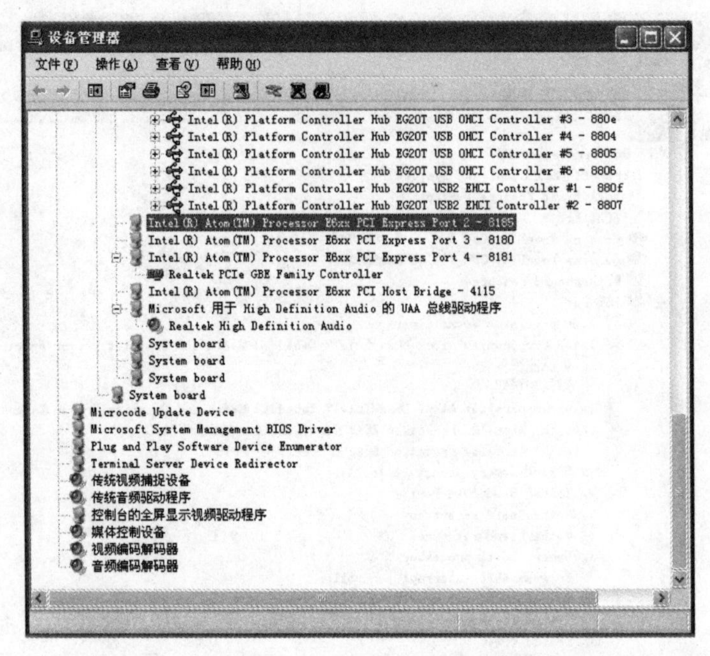

图 1-11　“依连接排序设备”的设备树状结构-PCIe Port

在 Windows XP 系统下，通过使用“设备管理器”的“依连接排序设备”方式，可以很容易理解和掌握 Intel Atom 系统的硬件组成结构和 Atom E6xx 下的硬件设备连接方式，这也有利于进行硬件相关的软件编程实践。接下来的章节将针对该系统的硬件特点，进行相应的操作系统安装、软件开发环境搭建以及在此系统下的软件开发实践。

1.3 总　结

本章对 Intel 微处理器的发展状况进行回顾，对不同 Atom 架构的特点进行对比分析。使用 LAB8903 实验设备实例，对 E6xx+IOH-EG20T 的系统架构进行了分析。可以看出，Atom E6xx 架构的处理器的 I/O 接口比较丰富，具有较高灵活性，是十分适合嵌入式应用的微处理器。

思 考 题

1. 比较 Intel 与 ARM 架构的异同及各自的特长。
2. 查找网络资源，看看 Intel 凌动微处理器的 E6xx 系列的使用范围。
3. 描述 PCIe 的通信接口方式及传输速率。
4. 使用 C++和 Win32 API 编程，列出 LAB8903 的设备树列表。

参 考 文 献

[1] Intel, *Intel® Atom™ Processor E6xx Series-Based Platform for Embedded Computing*, http://download.intel.com/embedded/processors/prodbrief/324100.pdf

[2] 白中英. 计算机组成与系统结构(第 5 版). 北京：科学出版社，2011

[3] Intel, *Intel® Platform Controller Hub EG20T*, http://download.intel.com/embedded/processors/prodbrief/324211.pdf

[4] Intel,*CORPORATE TIMELINE*, http://www.intel.com/about/companyinfo/museum/archives/timeline.html

第 2 章　Atom平台软件开发环境

本章将介绍在 Atom E6xx 平台下安装当前主流操作系统的方法，然后介绍各种操作系统下典型软件开发环境的安装方法及步骤。

2.1　安装典型操作系统

操作系统的英文是 Operating System，简称 OS。操作系统首先是程序，主要任务是管理计算机软硬件资源，是计算机系统的核心。操作系统可完成的主要功能如下：内存管理与配置、系统资源的供需管理与优先次序；控制输入与输出(I/O)设备，比如用户与计算机进行交互的键盘接口、打印接口、显示器接口、USB 接口等；还有文件管理系统、网络通信等基本事物。操作系统的种类多种多样，从简单到复杂，从嵌入式系统到超级计算机的大型操作系统，所涵盖范畴的定义也不尽一致。例如现在通常使用的计算机操作系统就集成了图形用户界面，而有些嵌入式实时操作系统(Real Time Operating System，简称 RTOS)则使用简单的文字接口达到低成本的专业应用目的。

现今流行的嵌入式操作系统还可以在较小的便携式移动平台上运行，除以上的基本功能外，还可以完成音频和视频移动通信、移动互联网通信等多种网络通信功能。下面将讲解在 Atom E6xx 系统下如何进行典型操作系统的安装。由于 Atom E6xx 系统比较适合提供人机交互这种嵌入式应用，本节将主要针对具有图形界面的操作系统的安装进行介绍。

2.1.1　安装 Windows XP 操作系统

Windows XP 是微软在 2001 年推出的图形界面操作系统，历经 10 多年的历练，现在已发布了 Windows XP SP3(Service Pack 3)。该操作系统的硬件支持范围广，比较适合 Atom E6xx 硬件平台(CPU 主频为 600MHz，内存为 1GB)。

安装所使用的硬件系统为 LAB8903，由于该系统 IOH 中的 EG20T 使用了 AHCI(Serial ATA Advanced Host Controller Interface)模式的 SATA 控制器，而且该系统的 BIOS 中没有提供将 SATA 硬盘模拟成 IDE 模式的硬盘设定，使得安装 Windows XP 系统时操作比较繁琐，需要通过 USB 软驱才能安装支持 AHCI 的 SATA 驱动程序，否则安装程序会因为找不到硬盘而失败退出。

安装中使用的主要硬件环境：正常运行 Windows XP 的 PC 机、LAB8903、USB CD-ROM、USB 键盘、USB 鼠标、LAB8903 自带的驱动程序光盘、LAB8903 自带的 USB 接口转换电缆、Windows XP CD、USB-软盘驱动器、3.5 英寸软盘一张。

安装前的准备：在装有 CD-ROM(USB CD-ROM)的正常运行 Windows XP 的 PC 机上，将 USB 软驱连接好。将软盘放入软驱并进行格式化后，将 LAB8903 自带的驱动光盘放入 PC 机的 CD-ROM。将图 2-1 所示目录(EG20T\FD_Inst_WinXP)中的 SATA 驱动文件拷贝到软盘驱动器的根目录下，并确认软盘的根目录下应该有 iohsata.cat、iohsata.inf、iohsata.sys 和 txtsetup.oem 这 4 个文件。

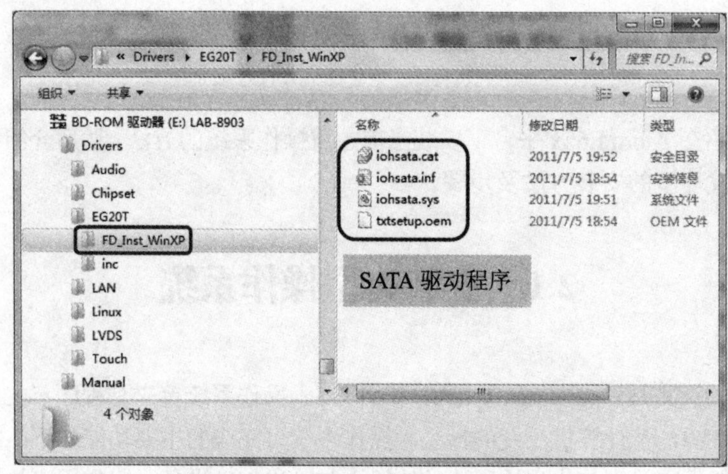

图 2-1　CD-ROM 中的 SATA 驱动程序

在 LAB8903 上安装 Windows XP 时，因为该设备上的触摸屏在安装过程中无法动作，所以在安装过程中还需要外接 USB 的键盘和鼠标。为了连接键盘和鼠标，还需要在原有的两个 USB 接口的基础上再引出主板上剩余的两个 USB 接口，连接位置为图 2-2 所示的 USB3_4 双排 10 针插座，将 LAB8903 自带的 USB 接口转换电缆连接到 USB3_4 上，双排 10 针插座的插入方向任意，此处扩展的两个 USB 接口用于连接键盘和鼠标。将接在主板原有 USB 口上的触摸屏 USB 插头拔下，在这两个 USB 接口处插入 USB 软驱和 USB CD-ROM 驱动器，USB CD-ROM 电流较大(大于 500mA)时，需要考虑外接 5V 电源供电。连接好的系统整体硬件连接环境如图 2-3 所示。

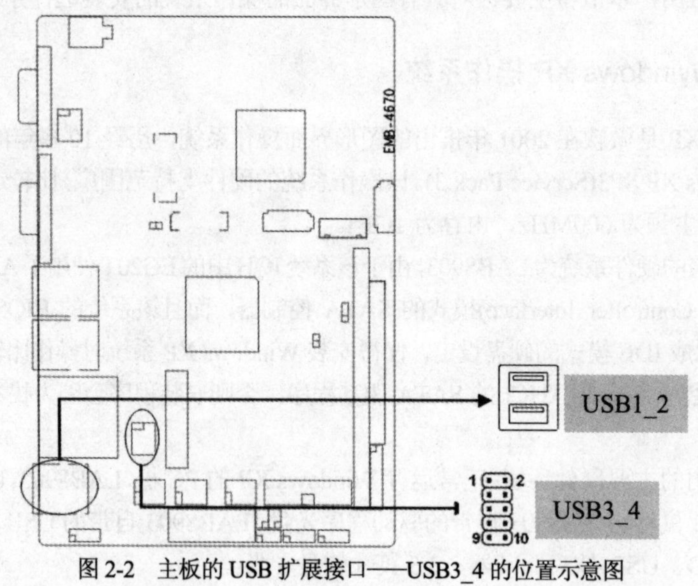

图 2-2　主板的 USB 扩展接口——USB3_4 的位置示意图

图 2-3　Windows XP 安装时的硬件环境示意图

所有装置连接完毕，即可通电启动。按住键盘上的“Del”键，接着按下机器右侧的 ON/OFF 按钮，机器启动后，进入 BIOS 设定画面。进入 BOOT 菜单里的启动顺序，按“+”号键，将 CD-ROM 的启动顺序设为第一个启动设备。将 Windows XP 的安装 CD 盘放入 CD-ROM，拷贝了驱动程序的软盘也放入软驱。然后移动 BIOS 菜单到 Save & Exit，并选择 Save Changes and Exit 选项，将刚才的变更保存并退出，进入重启状态。安装的操作步骤如下：

(1) “Press any key to boot from CD”的提示出现时，请及时按下任意键，进入 Windows XP 启动过程。

(2) 进入蓝色安装画面时，屏幕底部的状态栏会显示“Press <F6> if you need to install a third party SCSI or RAID driver…”的信息，如图 2-4所示，此时请及时按“F6”键。

图 2-4　Windows XP 进入安装时的画面

(3) 待安装程序运行到一定程度后，会提示从软驱安装特殊驱动“Press <S> to add an additional SCSI device”，这时请按“S”键。

(4) 选择提示安装的 EG20T SATA 驱动并按“Enter”键，完成 AHCI SATA 驱动的安装。

(5) 之后的 Windows XP 安装过程与通常其他机器的安装过程一样，不再赘述。

(6) Windows XP 安装完成后，将软盘驱动器从 USB 接口拔下，并将触摸屏的 USB 接口重新插入原先的 USB 接口。

(7) 重新启动 LAB8903，进入 Windows XP 界面后，使用 LAB8903 的驱动光盘继续安装驱动更新。安装的驱动内容见表 2-1。安装驱动程序时，也可使用光盘根目录下的集成驱动安装程序 NorcoSetup.exe 来安装驱动程序。后续章节将使用 LAB8903 上的硬件设备，请确认正确安装了所有驱动程序。

表 2-1　LAB8903 的 Windows XP 相关驱动程序安装

安装顺序	目录名称	说　明
1	Chipset	执行该目录下的 Setup.exe，安装芯片组设备驱动程序
2	LVDS\Xp	执行该目录下 WindowsDriverSETUP.cmd，安装显示器驱动程序
3	LAN\Xp	执行该目录下的 Setup.exe，安装 LAN 芯片的设备驱动程序
4	EG20T	执行 EG20T_WinXP_WePOS_Package_241.exe，安装 IOH EG20T 下的设备驱动程序，主要 I/O 设备有 CAN、GPIO、I^2C、SPI、IEEE 1588、DMA 等
5	Audio\xp	运行 WDM_R256.exe，安装声卡驱动程序
6	Touch\xp	执行该目录下的 Setup.exe，安装四线式电阻触摸屏驱动程序及校准程序

(8) 驱动程序安装完成后，重新启动 Windows XP，进入控制面板，按照第 1 章中 1.2 节的操作步骤，检查所有驱动程序是否均已正常安装。

(9) 最后进行触摸屏的校准，LAB8903 使用了四线式电阻触摸屏，上述步骤(7)中的安装完成后，操作 Windows XP 的“开始”菜单，单击“开始”➔“所有程序”➔“TouchKit” ➔ “Configure Utility”，找到触摸屏的校准软件工具“Configure Utility”，如图 2-5所示。

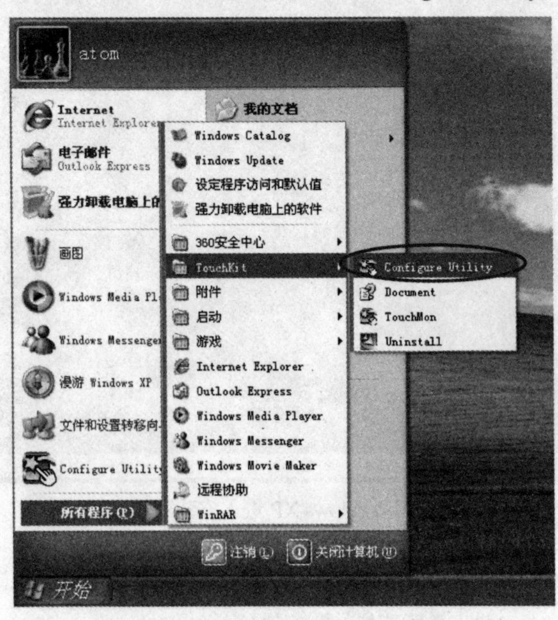

图 2-5　触摸屏校准软件工具

(10) 启动校准工具。选择“工具”标签，如图 2-6所示。

(11) 单击图 2-6(b)中的“4 点校正”按钮，进行触摸屏校正。校正画面将在屏幕的 4 个顶点位置显示闪烁的“X”(图 2-7中左上角的“X”)，用触摸笔点中“X”的中心交叉位置，直到“X”停止闪烁(图 2-7 中右下角的蓝色“X”)，这表示该点已校准，并自动进入下一点的校准，直至所有 4 个顶点都校正完成。

(12) 校正完成后，软件会自动保存校正数据供以后使用。保存完毕会显示图 2-8所示的画面。至此触摸屏的校准即告完成，可以使用该实验装置进行后续章节的 Windows XP 环境下的软件开发实践。

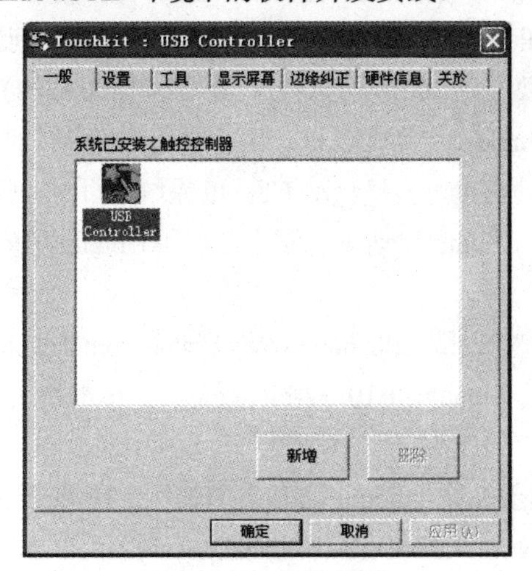

(a) 进入触摸屏校准软件

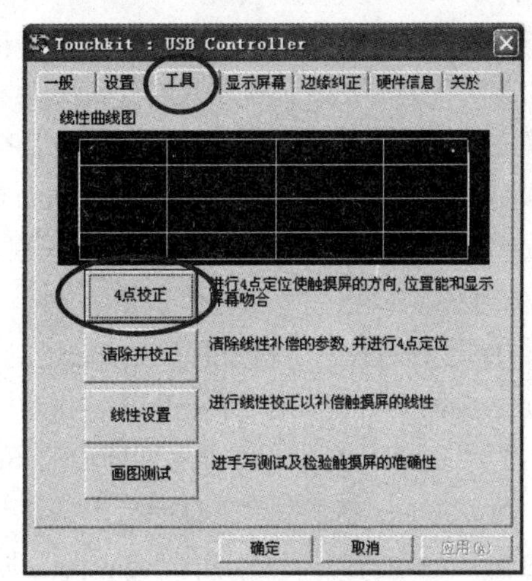

(b) 选择“工具”标签

图 2-6　触摸屏校准软件的界面

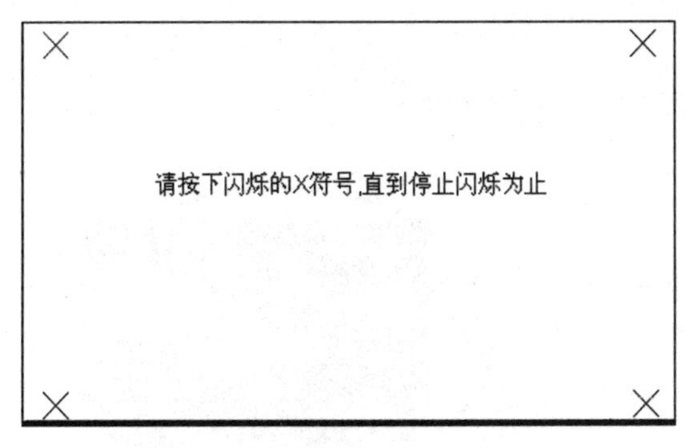

图 2-7　触摸屏校准中的画面

图 2-8　触摸屏校准成功

2.1.2　安装 Linux 操作系统

Linux 是一种自由和开放源码的计算机操作系统。虽然目前存在许多不同的 Linux 版本，但它们全都使用了同一 Linux 内核。第一版 Linux 内核是由计算机业余爱好者 Linus Torvalds 在 1991 年 10 月 5 日发布的。只要使用者遵循 GNU 通用公共许可证，就可以将 Linux 安装在各种各样的计算机硬件设备上。例如，从智能手机、平板电脑、路由器和影音游戏控制器，到台式计算机、大型计算机和超级计算机。

目前还有一些流行的主流 Linux 发行版本，包括 Debian 及其衍生版本 Ubuntu、Fedora 和 openSUSE 等。本书将以使用较广泛、开发更新速度较快的 Ubuntu 版本为例，介绍 Linux 操作系统在 Atom E6xx 平台上的安装方法。

Ubuntu 基于 Debian 发行版和 GNOME 桌面环境，与 Debian 的不同在于，Ubuntu 每 6 个月就会发布新的版本。Ubuntu 的最新版本为 11.10，在 2011 年 10 月 13 日发布，该版本与之前版本相比不同的是，Linux 的内核版本已经从 2.6.xx 更新为 3.0.0 以上版本。此外，读者也可以使用 LXDE(Lightweight X11 Desktop Environment)桌面环境的轻量级 Ubuntu 的正式衍生版本的 LUbuntu，以克服 Ubuntu 的 X11 桌面在 Atom E6xx 硬件环境下执行速度慢的问题。在安装时我们将使用 U 盘方式进行安装，因此需要准备 2GB 以上的 U 盘来安装 Ubuntu 的 ISO 镜像文件，以及一台正常运行 Windows XP 或 Windows 7 的 PC 机，用于制作 USB 启动盘。制作 Ubuntu 启动盘的另一个好处是，Ubuntu 启动盘也可直接启动 Ubuntu 系统，而不需要将其安装到硬盘上。下面将分两个部分，分别介绍 Ubuntu 启动盘的制作过程和 Ubuntu 的安装过程。制作启动盘的主要操作步骤如下：

(1) 在 Ubuntu 官方网站上下载 Ubuntu 11.10。进入下载页面 http://www.Ubuntu.com/download/Ubuntu/download 后，在 Download options 中选择 Ubuntu11.10 32-bit 版本，并单击如图 2-9 所示的 Start download 以下载 CD 版 Ubuntu。

(2) Ubuntu 镜像文件下载完后，需要下载用于制作 Ubuntu 启动盘的软件。在 Universal USB Installer 的官方网站 http://www.pendrivelinux.com/universal-usb-installer-easy-as-1-2-3/下载最新版本，单击如图 2-10 所示的 DOWNLOAD 按钮，下载并保存 Universal USB Installer 的可执行文件到 PC 机的某个目录下。本书使用的是 1.8.8.4。

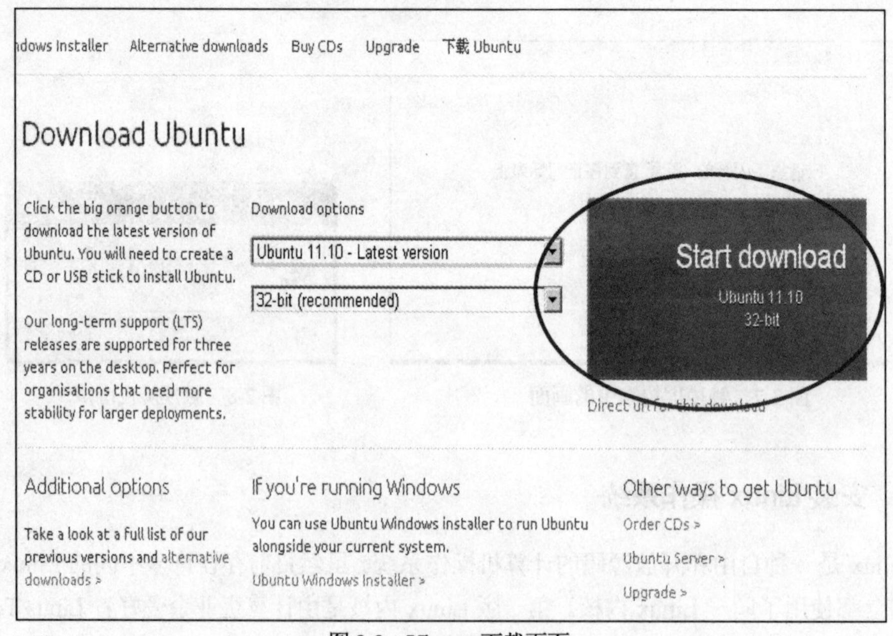

图 2-9　Ubuntu 下载页面

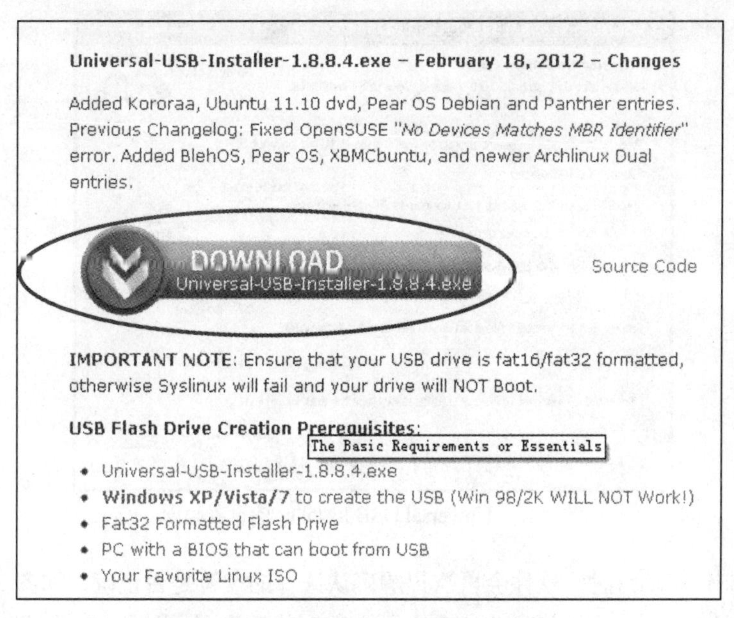

图 2-10　下载 Universal USB Installer

(3) 运行已经下载的 Universal USB Installer 的可执行文件，出现如图 2-11 所示的画面。这是许可协议，遵行 GPL 协议，单击“I Agree”按钮，进入下一步。

(4) 进入启动盘的制作画面，如图 2-12 所示，在 Step1 下方的下拉菜单中选择“Ubuntu 11.10 Desktop”。使用 Step2 右侧的 Browse 按钮在另外弹出的文件选择对话框中选择在第 1 步下载的 Ubuntu 镜像文件“ubuntu-11.10-desktop-i386.iso”。在 Step3 下方的下拉菜单中选择要制作 Ubuntu 启动盘的盘符并格式化这个分区。在 Step4 下方选择永久保存的文件大小，如果此后希望使用 USB 直接运行 Ubuntu 系统，应该使用 8GB 的 U 盘，并将此永久文件的容量设置得更大些，用于存储系统设定的变更、应用程序在安装和保存使用过程中生成的数据和文档。图 2-13 给出的是使用 2GB U 盘的例子，此内容是可选项。最后单击“Create”按钮，进入启动盘的制作过程。

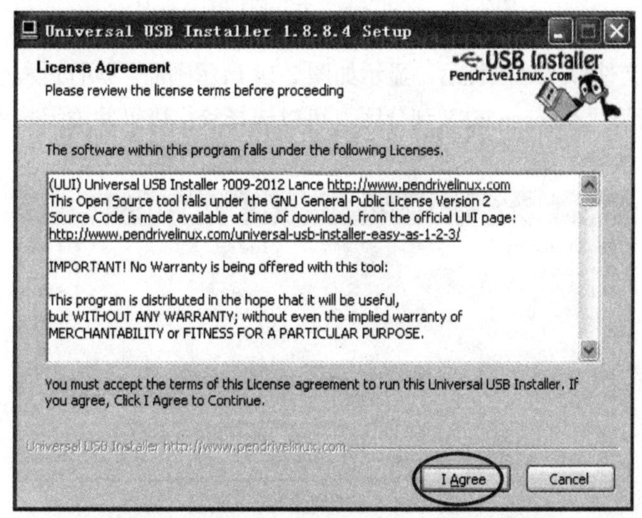

图 2-11　Universal USB Installer 的启动画面

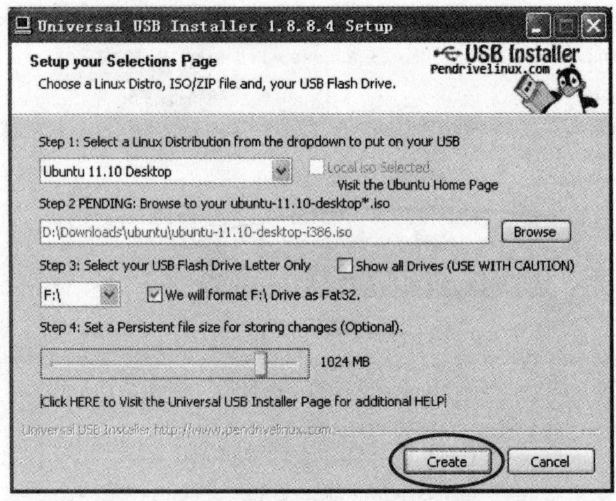

图 2-12　Universal USB Installer 的设置画面

(5) 开始制作启动盘时，软件会再次提醒确认选择的盘符是否正确，如图 2-13 所示，请再次确认选择是正确的，否则会造成 U 盘中原有数据的丢失。如果误选盘符，请单击“否(N)”，退出后续的启动盘制作过程。如果选择无误，请单击“是(Y)”，进入镜像文件的解压缩过程。

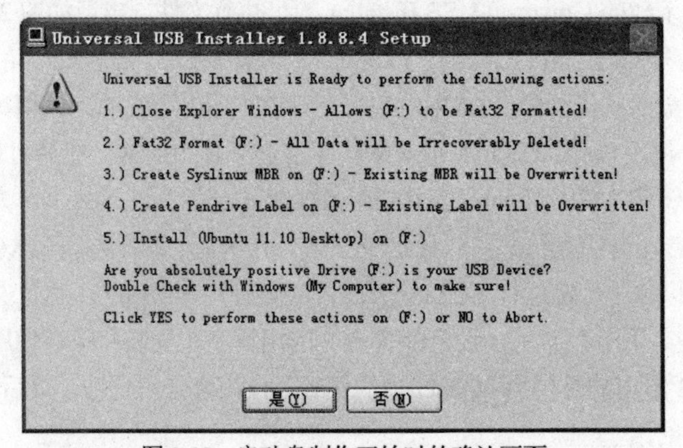

图 2-13　启动盘制作开始时的确认画面

(6) 进入镜像文件解压缩过程后，显示如图 2-14 所示画面。执行过程中，某些病毒检测软件会报告禁止拷贝“Autorun.inf”到分区，可以选择禁止拷贝并关闭响应窗口以继续，此操作不会影响后续执行结果。

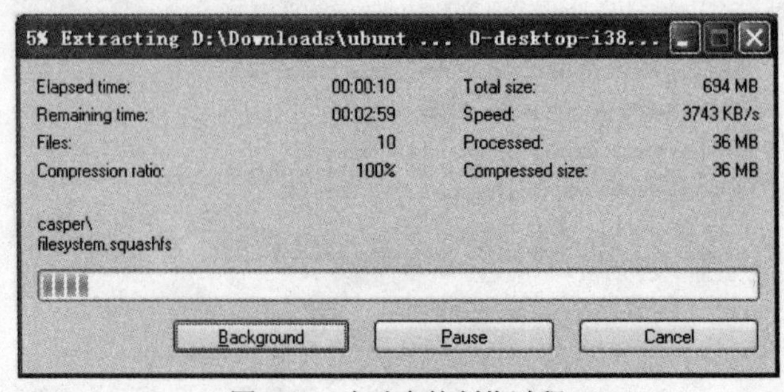

图 2-14　启动盘的制作过程

(7) 进行完解压缩后，软件进入图 2-15 所示的在分区中安装 Ubuntu 的画面，请等待直到显示图 2-16所示的制作过程结束。此时单击 Close 按钮，关闭 Universal USB Installer 软件。

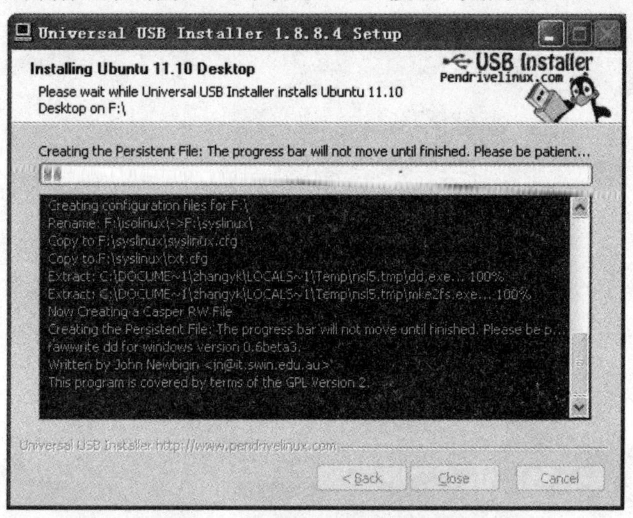

图 2-15　安装 Ubuntu 到启动盘

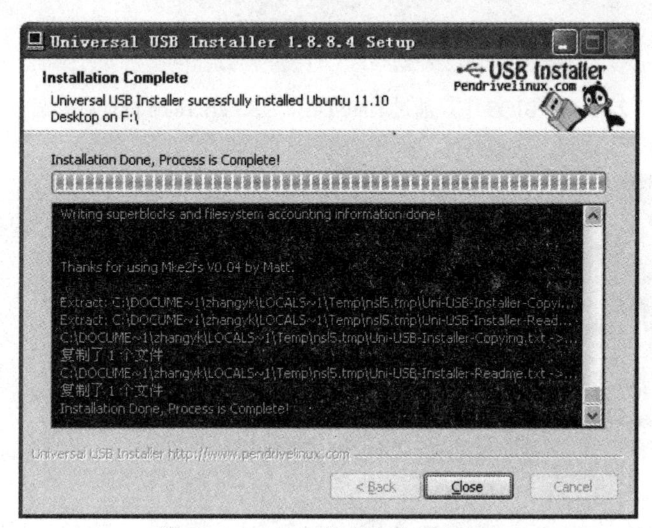

图 2-16　Ubuntu 的启动盘制作完毕

下面的 Ubuntu 安装过程将在 LAB8903 上完成，请将此前制作好的 Ubuntu 启动盘插入 LAB8903 的 USB 接口。

(1) 通过 BIOS 设定硬件设备的启动顺序。在按住“Del”键的状态下，按开机键(ON/OFF)，进入 LAB8903 的 BIOS 设定画面。选择 BOOT 菜单，如图 2-17 所示，选择“Hard Drive BBS Priorities”，进入图 2-18 所示的 BOOT 选项。选择启动盘所在的启动项，按“+”号键将之启动顺序设定为“Boot Option #1”，也就是设定为第一启动设备，设定的结果应类似于图 2-18，注意其中显示的 USB 设备名可能因使用的 U 盘型号而有所不同。如果 BOOT 选项中没有 U 盘的选项，请关闭 LAB8903 电源(需要拔下电源插头 30 秒以上)，再次接通电源，开机后进入 BIOS 的相关设定。

(2) 选择好以后，按“ESC”键返回到上一级菜单，设定结果应类似于图 2-19，启动盘的启动选项应在第一位和第二位。然后移动BIOS菜单到Save & Exit，选择Save Changes and Exit选项将刚才的变更保存后退出，系统进入重启状态。

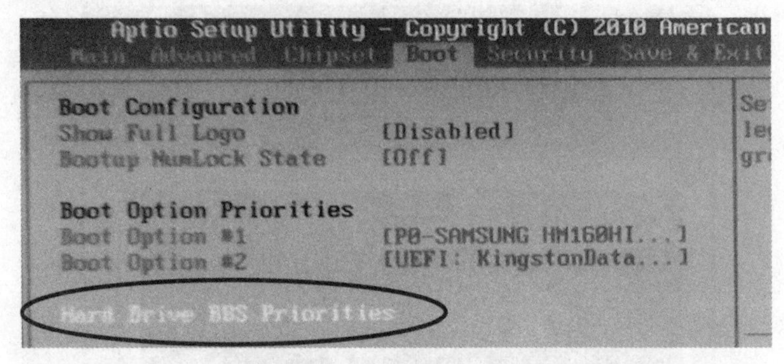

图 2-17　BIOS 中的 BOOT 菜单

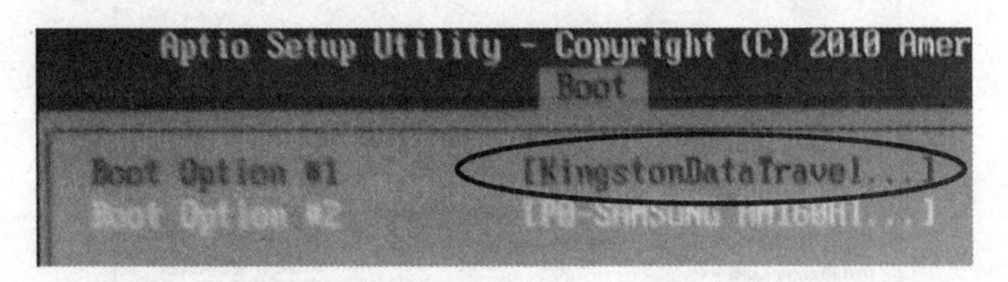

图 2-18　在 BIOS 中，通过 Hard Drive BBS Priorities 设定启动顺序

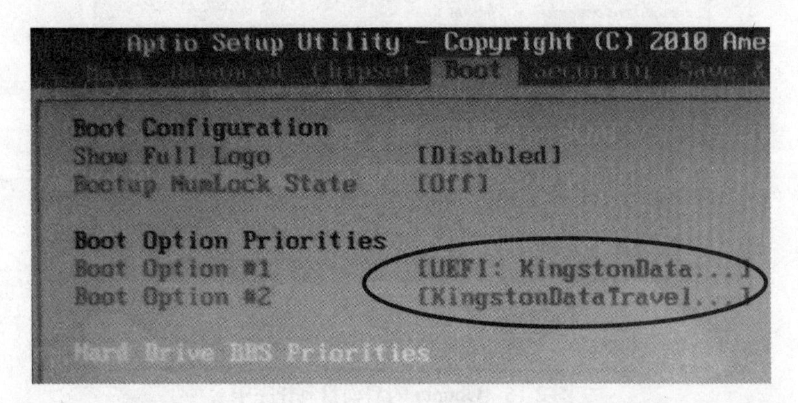

图 2-19　在 BISO 中，通过 BOOT 菜单设定启动顺序

(3) 启动盘正确启动后，经过一定时间的加载，当其中显示“Installer boot menu”时，请选择“Run Ubuntu from this USB”，运行启动盘中的 Ubuntu。进入 Ubuntu 系统后，如果希望在启动盘中使用 Ubuntu，可以选择“试用 Ubuntu”，这样使可以使用启动盘启动 Ubuntu，而不用对现有的硬盘作任何更改。如果希望在硬盘上安装 Ubuntu，可双击桌面上的“Install Ubuntu 11.10”图标，启动安装过程，进入“欢迎”画面，滚动左侧的列表，选中“中文(简体)”后，得到图 2-20 所示画面。

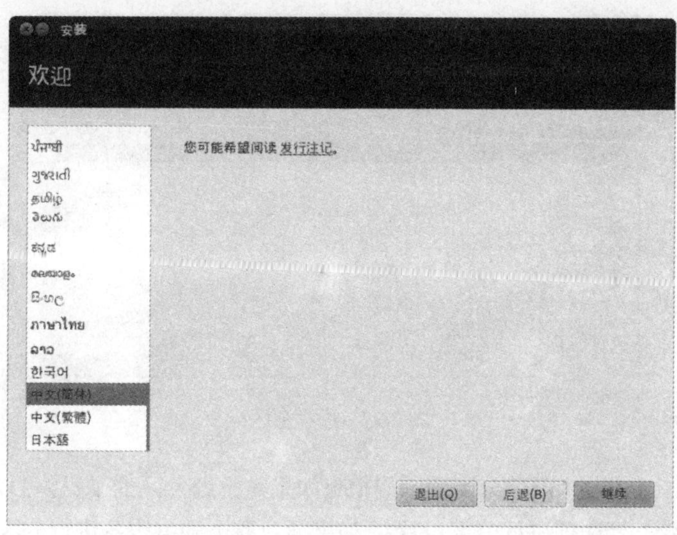

图 2-20　Ubuntu 安装过程中的“欢迎”画面

(4) 选择安装 Ubuntu 后，进入的下一个安装界面会提示系统需要多大的磁盘空间，以及是否连接到网络的信息。请选择连接到网络，并选择安装更新以及一些第三方软件，按自己的意愿选择并继续就可以了。进入选择安装类型的界面，如图 2-21 所示，如果硬盘上没有安装其他操作系统，这个界面将只有“清除整个磁盘并安装 Ubuntu”以及“其他选项”这两个选项；如果是在已有的系统中安装，那么还会有“安装 Ubuntu，与其他系统共存”选项。如果是简单的实验，可以选择“清除整个磁盘并安装 Ubuntu”选项，这里为了让大家能更好地理解 Ubuntu 的文件系统(也是 Linux 的文件系统)，我们选择“其他选项”并单击“继续”，对硬盘分区进行高级设置。

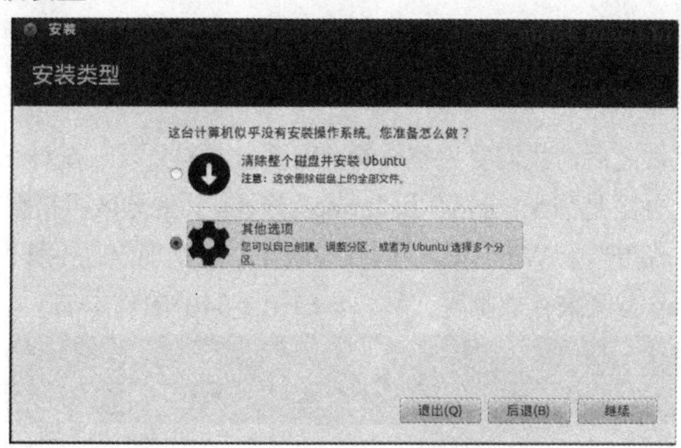

图 2-21　Ubuntu 的安装类型选择画面

(5) 在 Linux 中，SCSI 硬盘表示为 sd，第一块硬盘为 sda，第二块硬盘为 sdb，依此类推。每块硬盘上的不同分区用数字来划分，如 sda1、sda2。如果是 IDE 硬盘，Linux 起名为 hd，第一块硬盘为 hda，第二块硬盘为 hdb，依此类推，硬盘块上的分区跟 SCSI 相似。因为 LAB8903 的 SATA 硬盘在 Linux 中以 SCSI 硬盘方式管理，所以没有分区的时候首先会出现如图 2-22 所示的画面。

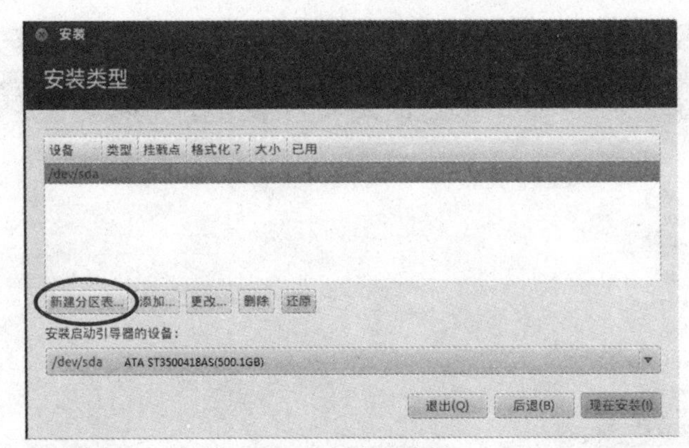

图 2-22　硬盘分区

(6) 单击图 2-22 中的"新建分区表…"按钮(如果是已经分区的硬盘，可以选择"更改…"、"添加"、"删除"等选项进行分区设置)，如果要对整个硬盘设备进行分区，那么将显示如图 2-23 所示的分区表建立信息，单击"继续"进入下一步。

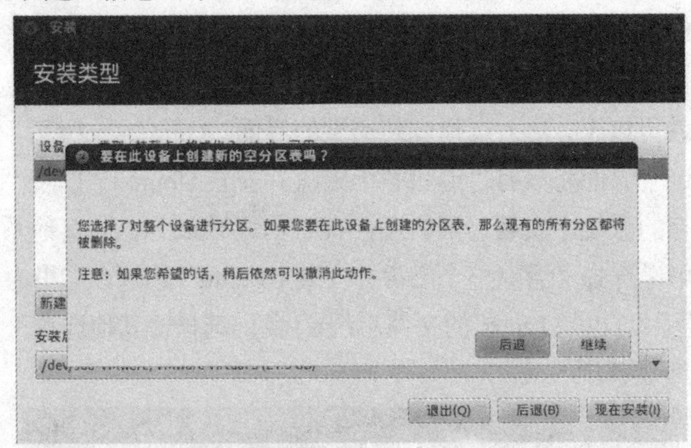

图 2-23　使用整个设备新建分区

(7) 在新建分区表之后，我们要为整块的空闲硬盘添加分区。在对 Linux 系统进行分区时，必须划分的两个分区是"root 分区"和"swap"分区，其他分区可根据需要划分。而 Linux 系统中的 swap 分区就相当于 Windows 中的虚拟内存，当物理内存不够使用的时候，就会调用这个硬盘上的 swap 分区来存放临时文件。单击图 2-24中的"添加…"按钮。

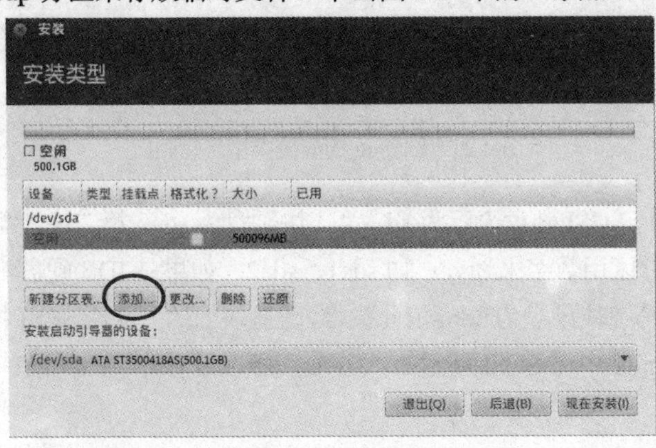

图 2-24　添加分区

设定“root 分区”时，设定“新分区的类型：”为“主分区”，为“新建分区容量(MB)：”选择合适的容量。将“新分区的位置：”设为“起始”，将“用于：”设为“Ext4 日志文件系统”，将“挂载点：”设为“/”。设定参数如图 2-25 所示。

(8) 设定“swap 分区”时，设定“新分区的类型：”为“逻辑分区”，为“新建分区容量(MB)：”选择合适的容量，一般容量大于两倍的物理内存即可。将“新分区的位置：”设为“起始”，将“用于：”设为“交换空间”，“挂载点：”采用默认设定即可。设定参数如图 2-26 所示。

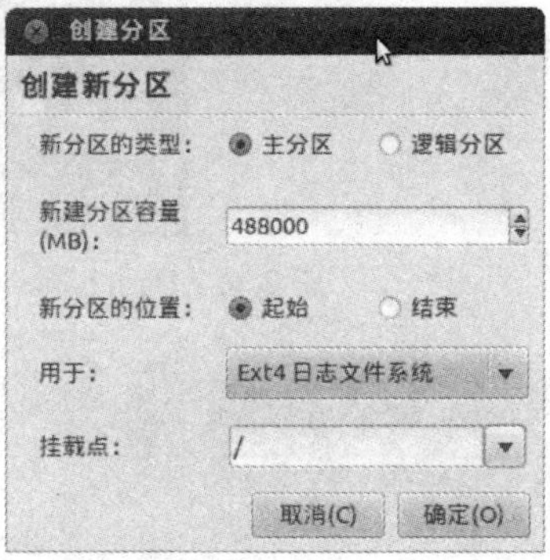

图 2-25　设定“root 分区”参数

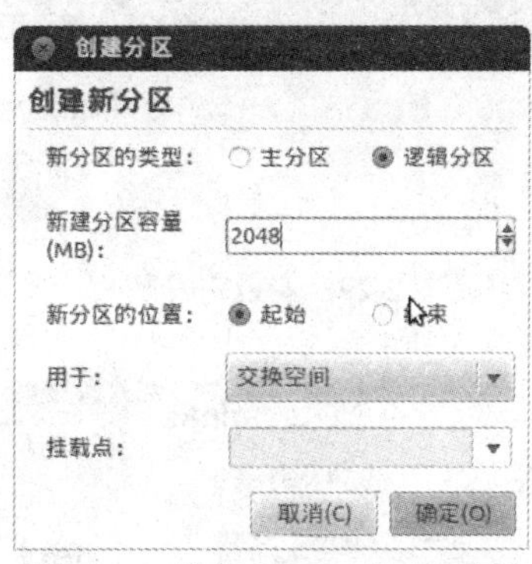

图 2-26　设定“swap 分区”参数

(9) 设置好分区之后，返回“安装类型”画面，如图 2-27 所示，单击“现在安装”按钮，就可以进行安装了。

(10) 在安装过程中会有选择所在地、键盘布局等相关配置的选项，这些都相对比较简单，一般只要单击“继续”按钮即可。当提示用户设置密码时，请输入适当的内容，单击“继续”按钮，继续安装。图 2-28 所示的设定内容可供参考。

(11) 安装结束画面显示后，如图 2-29 所示。单击“现在重启”按钮，重新启动计算机。待提示拔除 U 盘时，将 U 盘取出，按回车键，再次启动后会进入硬盘，启动 Ubuntu 操作系统。

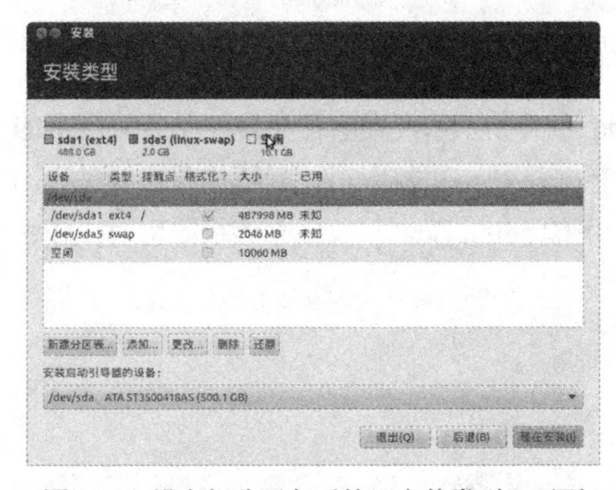

图 2-27　设定好分区之后的“安装类型”画面

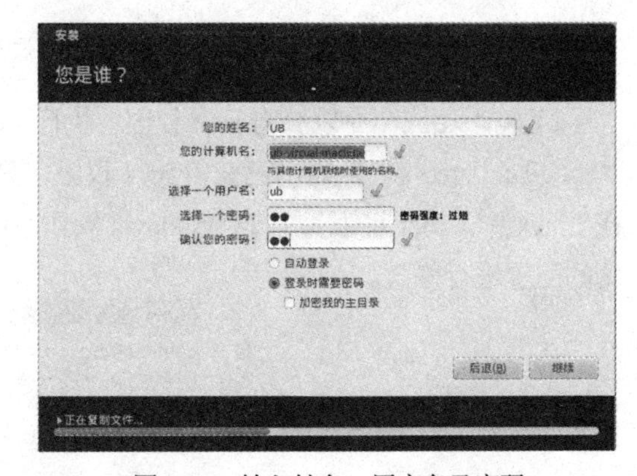

图 2-28　输入姓名、用户名及密码

(12) 安装触摸屏驱动。Ubuntu 重新启动后，在操作触摸屏幕时会发现光标在 Y 方向上和触摸位置相反，需要校正才能使用。Ubuntu 11.10 采用 Kernal 3.0.0 以上版本，触屏驱动程序已预先安装好，但还需要安装 xinput-calibrator 软件方能进行屏幕校准。操作步骤如下：

a) 执行 terminal 程序，进入命令行方式。单击屏幕左侧工具条中的 Dash home 图标，如图 2-30 所示。系统会显示如图 2-31 所示的 Dash home 窗口，在 Search 栏中输入 terminal 字符串，会显示如图 2-31 中所示的 Terminal 图标，单击此图标，启动该应用程序。

图 2-29　安装完成　　　　图 2-30　Dash home 图标

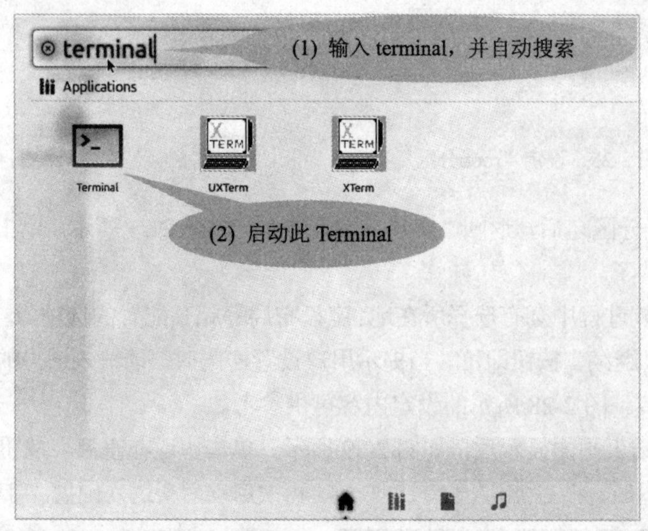

图 2-31　启动 XTerm

b) 输入相应命令以获得 root 权限：执行 sudo su-并回车后，提示符变为如图 2-32所示的“root@ubuntu:~#”，表示已获得 root 权限。只有在获得 root 权限后，后续修改才能进行。在 Linux 中，root 权限类似于 Windows 操作系统下的 administrator 权限，该权限可对操作系统的配置进行修改。

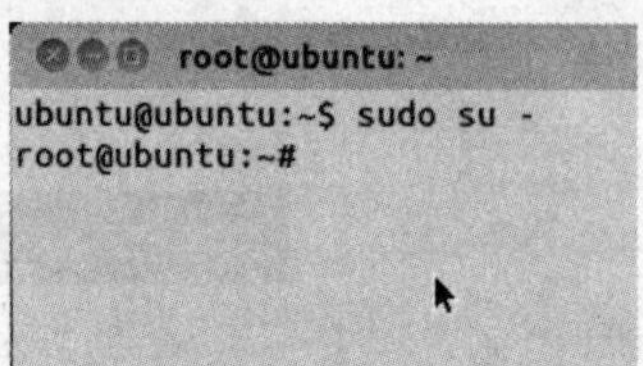

图 2-32　获得 root 权限

c) 检查网络已连接到 Internet 且可下载文件。在“root@ubuntu:~#”提示符下执行命令 apt-get，安装相关程序：

```
root@ubuntu:~# apt-get   install   utouch                (此命令安装触摸屏相关应用包)
root@ubuntu:~# apt-get   install   xinput-calibrator     (此命令安装触摸屏校准包)
```

如果在安装过程中出现找不到软件包的错误，可尝试先执行以下命令，再执行上述命令：

```
root@ubuntu:~#   apt-get update                          (此命令更新包列表)
root@ubuntu:~#   apt-get upgrade                         (此命令更新安装包)
```

d) 下载安装正常完成后，在命令行状态执行以下命令(注意，此处命令中间的连接符是“_”而不是减号“-”)：

```
root@ubuntu:~#   xinput_calibrator
```

校正屏幕的程序在启动后，会在屏幕上显示红色十字光标，请用触摸笔精确单击相应位置，使十字光标变为白色，并依次执行相同操作，对 4 个点进行校准。执行结束后，会在 Terminal 窗口中显示已经校准的信息，如图 2-33 所示。用鼠标选中“Option "Calibration" "79 1955 1849 142"”并复制下来。

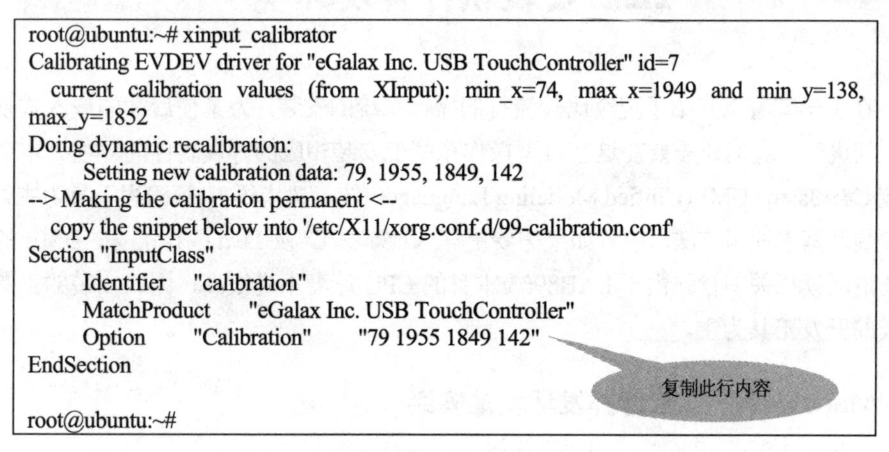

```
root@ubuntu:~# xinput_calibrator
Calibrating EVDEV driver for "eGalax Inc. USB TouchController" id=7
  current calibration values (from XInput): min_x=74, max_x=1949 and min_y=138,
max_y=1852
Doing dynamic recalibration:
        Setting new calibration data: 79, 1955, 1849, 142
--> Making the calibration permanent <--
  copy the snippet below into '/etc/X11/xorg.conf.d/99-calibration.conf'
Section "InputClass"
        Identifier    "calibration"
        MatchProduct       "eGalax Inc. USB TouchController"
        Option      "Calibration"       "79 1955 1849 142"
EndSection

root@ubuntu:~#
```


图 2-33　运行触摸屏校准程序后的显示信息

e) 在命令行执行以下命令，启动 gedit 文本编辑器，将校正数据写入配置文件：

```
root@ubuntu:~#   gedit   /usr/share/X11/xorg.conf.d/10-evdev.conf
```

打开文件后，找到与图 2-34 所示内容一致的部分，将刚才复制的内容粘贴到图中所示位置，保存为 10-evdev.conf 文件后退出 gedit。

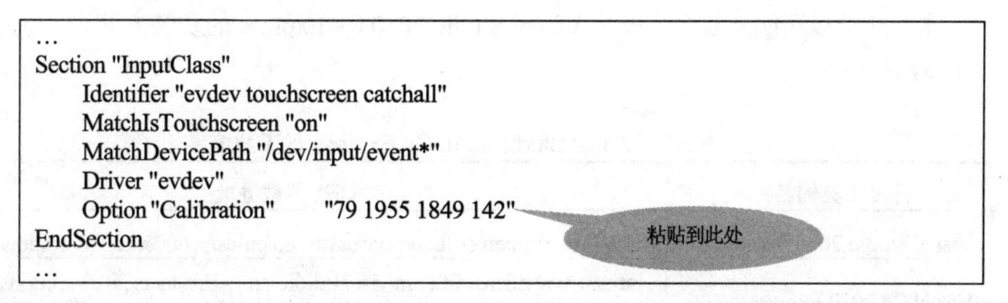

```
…
Section "InputClass"
        Identifier "evdev touchscreen catchall"
        MatchIsTouchscreen "on"
        MatchDevicePath "/dev/input/event*"
        Driver "evdev"
        Option "Calibration"        "79 1955 1849 142"
EndSection
…
```


图 2-34　在“10-evdev.conf”配置文件中添加校正信息

f) 通过 Ubuntu 窗口右上角工具条中的命令关闭计算机，如图 2-35 所示。

7:31 PM
执行此图标鼠标右键菜单中的 Shut down 命令

图 2-35　执行关机

g) 重新启动计算机，再次进入 Ubuntu 窗口后，操作触摸屏，应该可以正常动作。如果使用启动盘再次启动 Ubuntu，将会出现找不到启动盘的问题。可以在关机状态下，拔下启动盘，然后再插上，启动计算机；或者拔掉 LAB8903 的电源插头，使计算机断电 30 秒之后再次启动，即可解决该问题。

上述设定是在 Ubuntu 11.10 的 kernal 3.0.0-12-generic 和 X.org X Server 1.10.4 环境下验证通过的。读者可在 terminal 下，使用"uname -r"命令检查 kernal 的版本号，并使用"X–version"命令检查 X.Org X Server 的版本号是否符合要求。

2.2　安装软件开发环境

我们在上一节着重介绍了现今比较流行的操作系统的安装，为了使后续的嵌入式软件开发能够顺利进行，我们还需要在这些典型操作系统上安装相应的开发软件的环境。本节将主要以安装 C#、Java，UML(Unified Modeling Language，统一建模语言)等编程工具为主，介绍它们的安装及基本使用方法。读者如果需要更深入地掌握 C#及 Java 编程语言、UML 的建模方法，还请阅读相关书籍。由于 LAB8903 本身的 CPU 速度不是很高，因此安装的工具环境以轻量级的开发工具为主。

2.2.1　Windows XP 下软件开发环境的安装

1. 安装 Visual Studio 2010 C# Express

Visual Studio 2010 Express 是微软推出的一款轻量级免费开发环境，其中包括 C++、C#、Basic、Web Developer、Windows Phone 等多个开发工具。本书着重以 C#作为本书的开发工具，所以只针对 C#的安装进行讲解，读者如果对开发语言感兴趣，也可下载离线的 Visual Studio 2010 Express 的 ISO 镜像，安装所有的开发工具。

本节介绍以在线安装方式安装 Visual Studio 2010 C# Express 的安装方法。下载地址见表 2-2所示。

表 2-2　Visual Studio 2010 C# Express 的下载信息

开发工具的名称	URL下载地址
Visual Studio 2010 Express	http://www.microsoft.com/visualstudio/en-us/products/2010-editions/express
Visual C# 2010 Express	http://www.microsoft.com/visualstudio/en-us/products/2010-editions/visual-csharp-express

安装步骤如下：

(1) 打开表 2-2 中 C#的 URL 下载地址，进入该网页，有英文版和中文版可供选择，如图 2-36 所示。下面以安装英文版为例介绍安装过程。单击“INSTALL NOW-ENGLISH”进入英文版 C#的安装。

图 2-36　Visual C# 2010 Express 下载网页

(2) 网页会弹出如图 2-37 所示的版本选择项，单击“Visual C# 2010 Express(English)”，页面提示下载保存 vcs_web.exe，请将其保存到硬盘的某个目录。

图 2-37　Visual C# 2010 Express 版本选择

(3) 下载完毕后，运行 vcs_web.exe，开始在线安装 Visual C#，程序启动后会显示如图 2-38 所示画面，单击“Next”进入下一步。

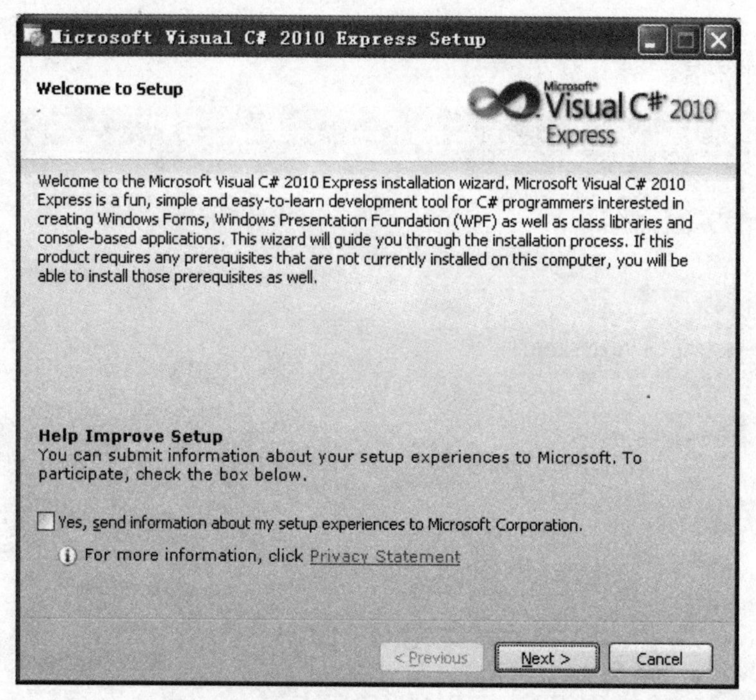

图 2-38　开始 Visual C# 2010 Express 在线安装

(4) 进入版权确认画面，如图 2-39 所示，选中“I have read and accept the license terms”并单击“Next”，进入下一步。

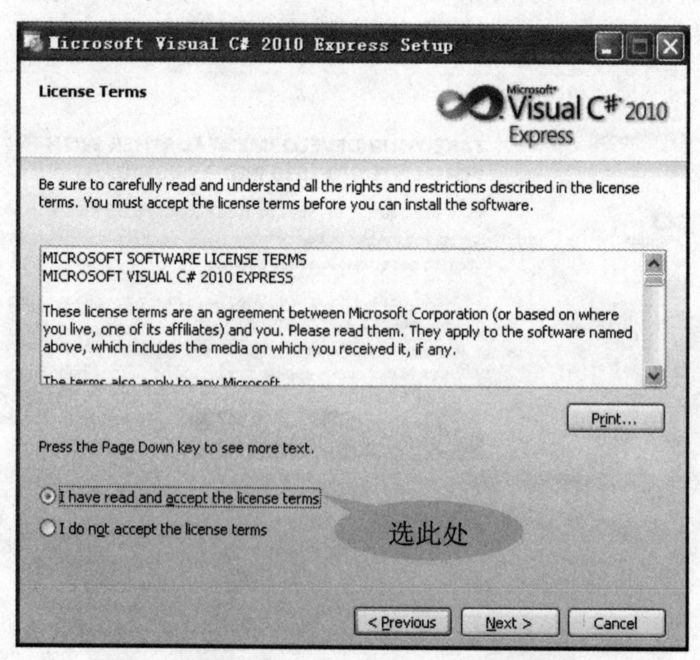

图 2-39　Visual C# 2010 Express 在线安装的版权信息

(5) 选择安装“SQL Server”。如果希望安装 SQL Server 2008 Express，请选中图 2-40 中的复选框，单击“Next”进入下一步。

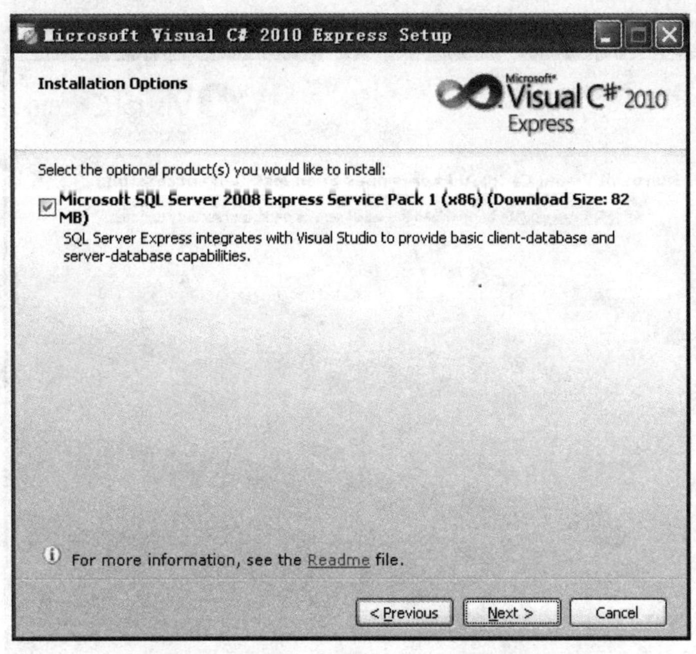

图 2-40　选择安装 SQL Server 2008 Express

(6) 完成上述步骤后，进入安装目标的目录设定界面，如图 2-41 所示。一般使用给出的目录，不需要变动，单击“Install>”按钮进入在线下载及安装 Visual C# 2010 Express 的过程。

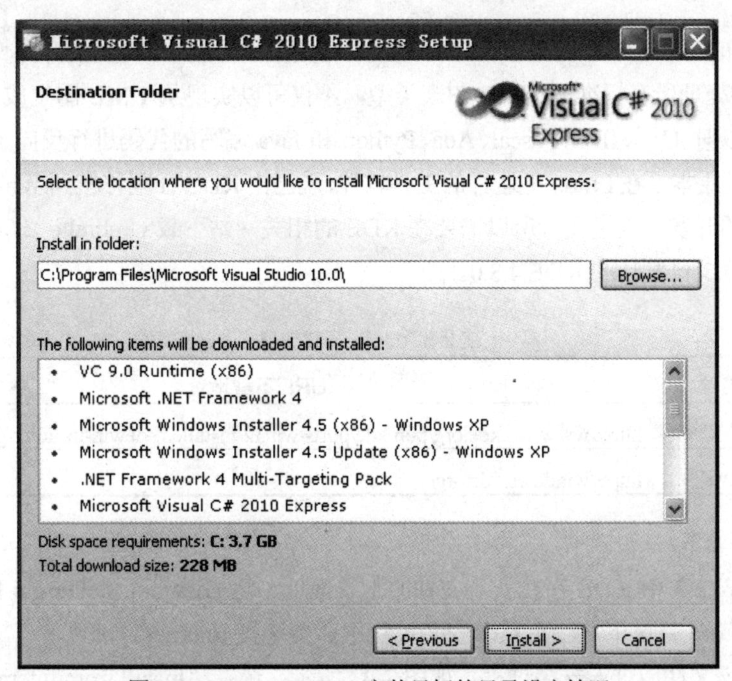

图 2-41　Visual C# 2010 安装目标的目录设定情况

(7) 安装结束后，请使用 Microsoft Update 进行补丁及安全漏洞更新(Service Pack 1)。单击图 2-42 中的“Exit”可退出安装。

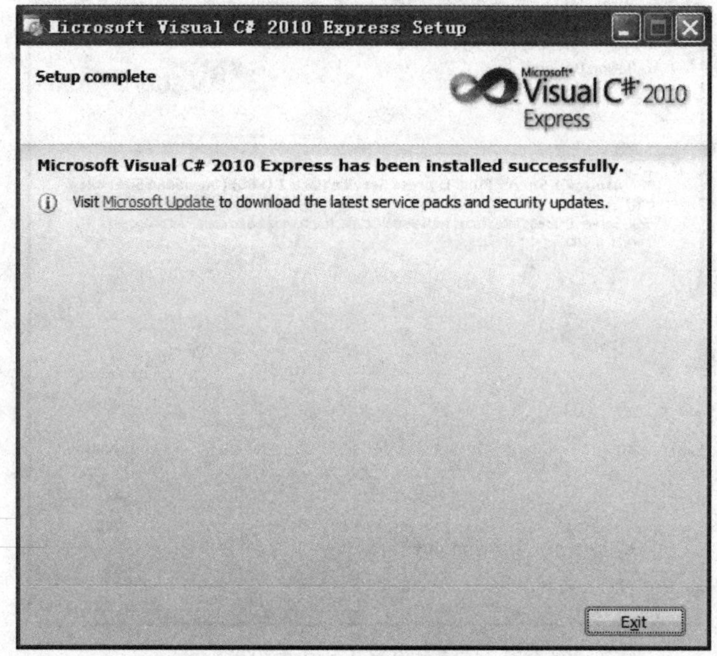

图 2-42　退出安装程序

2. 安装 UML 开发工具

此处介绍的 UML 开发工具是 Umbrello 2.0，这是用于绘制 UML 图的开源软件建模工具。Umbrello 能够处理所有标准的 UML 图表类型，不仅可以实现从 UML 图生成相应代码的正向工程，还可以对 C++、IDL、Pascal、Ada、Python 和 Java 编写的代码进行反向工程。Umbrello UML 建模工具原本是在 Linux 下运行的工具软件，现已由 KDE 社区移植到 Windows 平台下，集成在 KDE 的开发工具里面，所以需要在 KDE 的相关网站下载 Umbrello 2.0。最新版本是于 2012 年 2 月 3 日发行的 KDE 4.8.0。

表 2-3　UML 下载信息

开发工具的名称	URL 下载地址
KDE 在线安装文件	http://www.winkde.org/pub/kde/ports/win32/installer/kdewin-installer-gui-latest.exe
KDE 的 Windows 版	http://windows.kde.org/

安装步骤如下：

(1) 参照表 2-3 中 KDE 在线安装文件的下载地址，将 kdewin-installer-gui-latest.exe 保存到本地硬盘的某一目录下。注意整个安装过程中需要连接 Internet。

(2) 执行该文件，进入安装过程，如图 2-43 所示。选择“Install from Internet”，然后单击“Next”按钮进入下一步。

(3) 设定KDE的安装目录，可以使用给出的默认安装目录，如图2-44所示。单击“Next”按钮进入下一步。

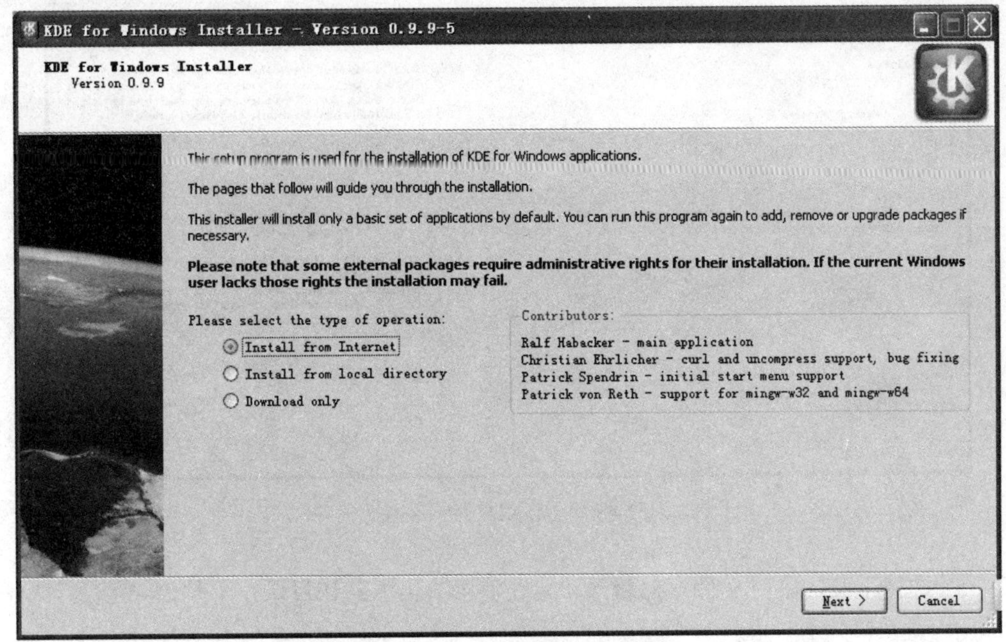

图 2-43　KDE 安装程序的启动界面

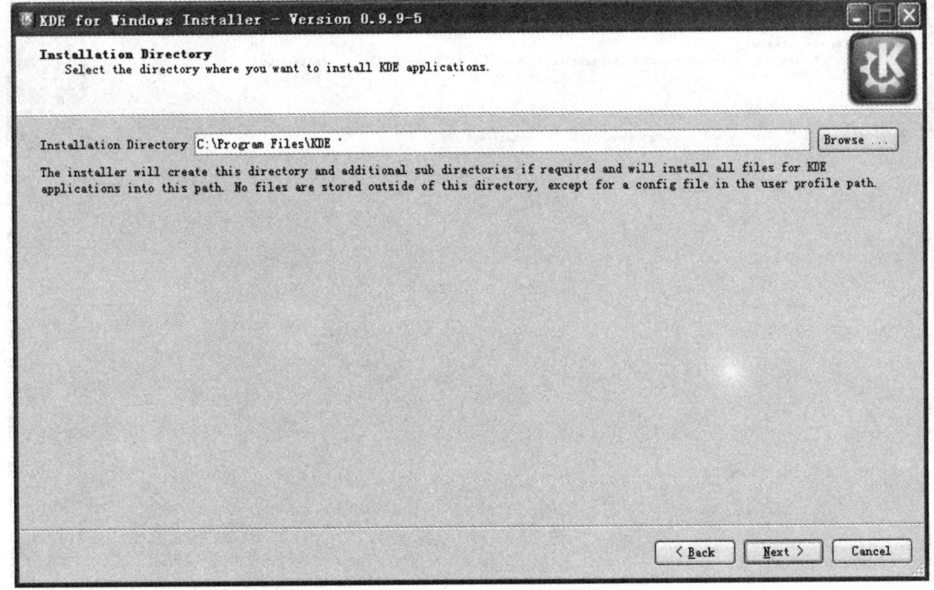

图 2-44　设定 KDE 的安装目录

(4) 设定安装模式。选择“End User”和“MSVC 2010 32bit”，如图2-45所示。单击“Next”按钮进入下一步。

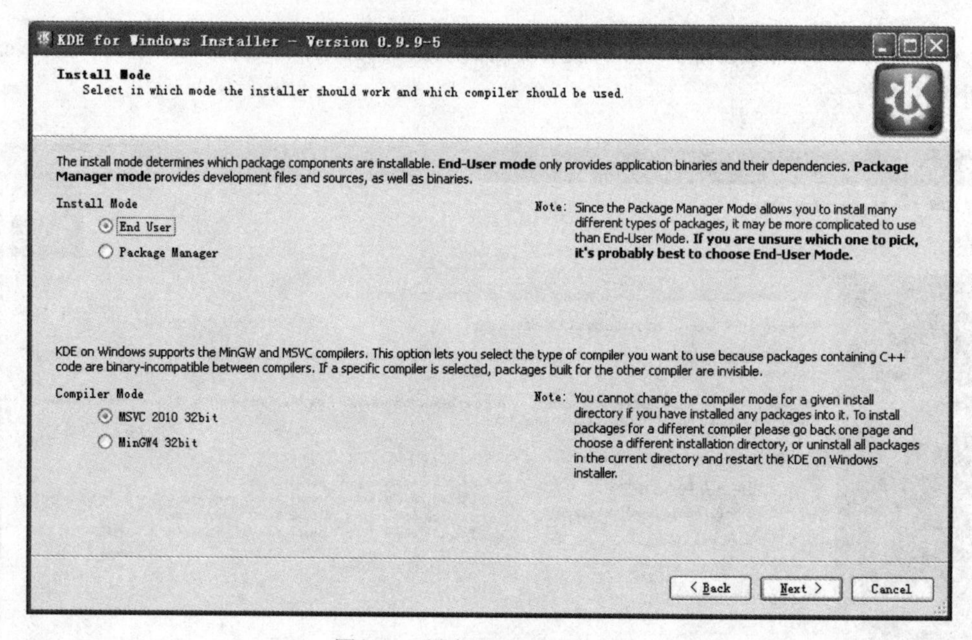

图 2-45　设定 KDE 的安装模式

(5) 选择下载的临时文件存储目录，此处使用给出的默认目录，如图 2-46 所示。单击“Next”按钮进入下一步。

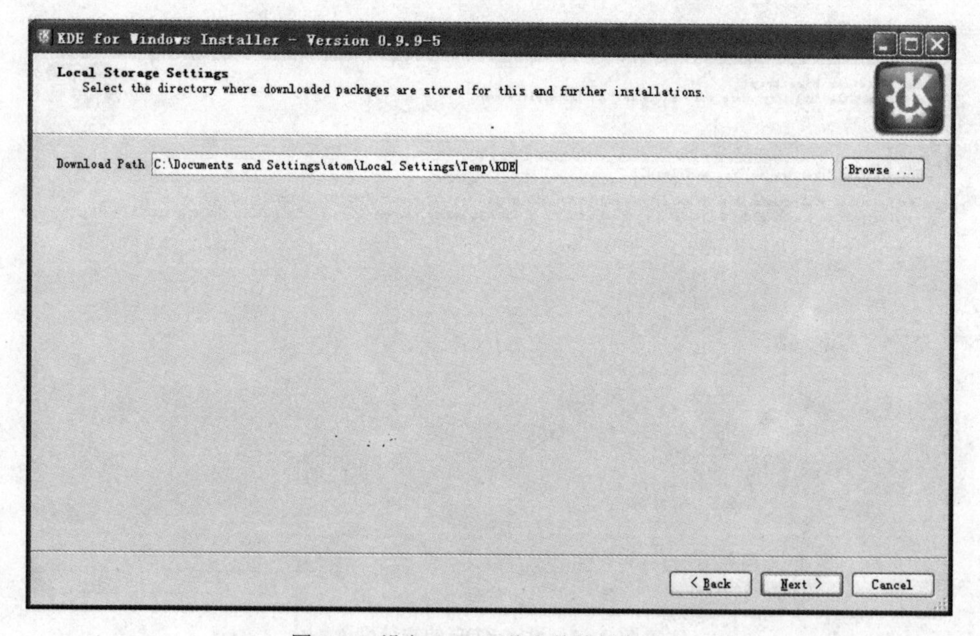

图 2-46　设定 KDE 下载文件的保存目录

(6) 选择安装包的下载服务器。可以选择较快的服务器来下载，如图 2-47 所示。单击“Next”按钮进入下一步。

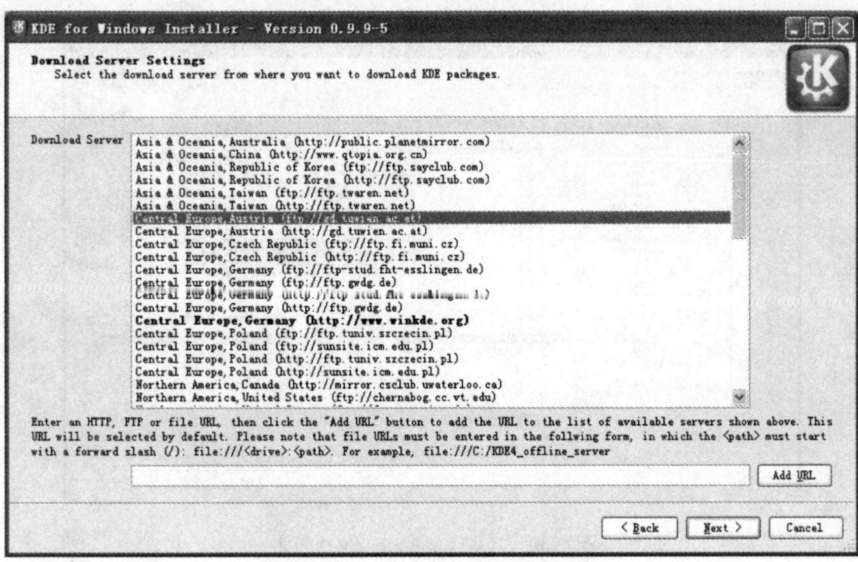

图 2-47　选择安装包的下载服务器

(7) 选择稳定的 KDE 发行版本。可以选择下载最新的版本，此处选择的是“stable 4.8.0”版，如图 2-48 所示。单击“Next”按钮进入下一步。

(8) 安装程序将从选择的 URL 下载 KDE 的安装包列表，显示下载列表的进度条，列表下载后的结果如图 2-49所示，选择安装 UML 工具“Umbrello 4.8.0”。单击“Next”按钮进入下一步。

(9) 显示要下载安装的其他关联安装包，这时单击“Next”按钮进入下一步。

(10) 开始下载安装包，需要持续一段时间才能完成下载和安装过程。

(11) 下载安装完毕，如图 2-50 所示，单击“Finish”可结束安装过程。

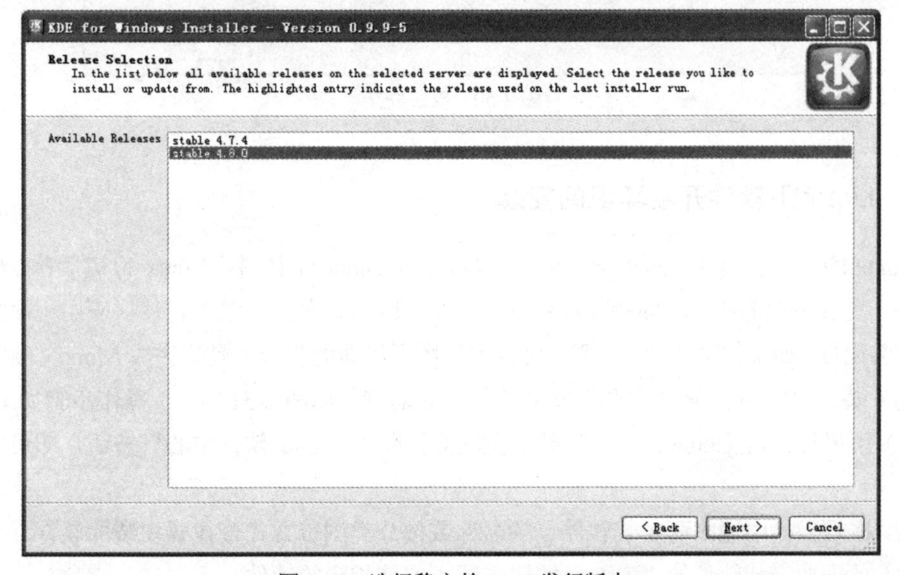

图 2-48　选择稳定的 KDE 发行版本

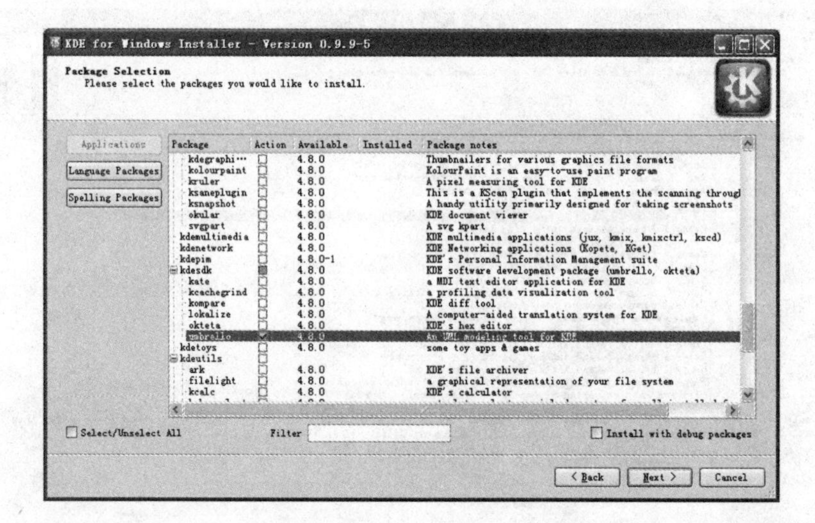

图 2-49　选择 Umbrella 4.8.0 版本

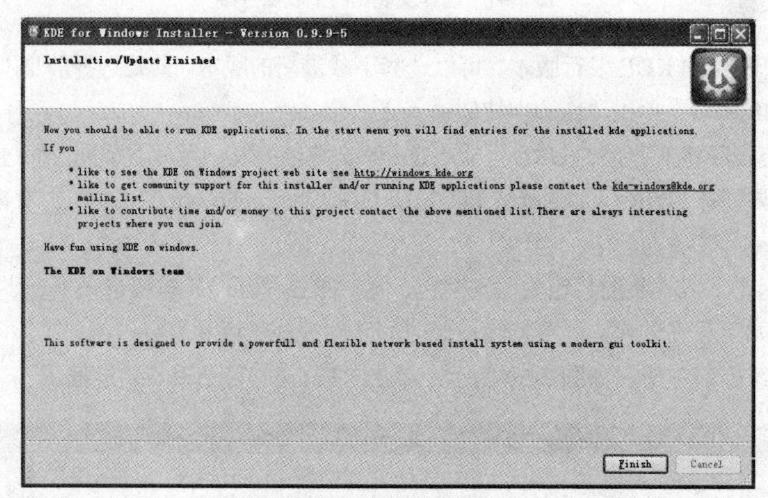

图 2-50　安装完毕

2.2.2　Linux 下软件开发环境的安装

Linux 的软件安装令许多初学者望而生畏，在 Ubuntu 11.10 中，Linux 为初学者提供了与以往相比更加方便的图形界面的软件包安装工具“Ubuntu 软件中心”，使得应用程序的安装变得非常简便。如果你是初学者，那么可以使用图形界面的安装工具来完成 Mono C#和 UML 工具的安装。“Ubuntu 软件中心”安装工具的启动方法如图 2-51所示。操作步骤如下：

(1) 用鼠标单击 Ubuntu 窗口左侧导航面板上的“Ubuntu 软件中心”按钮，即可启动该工具。

(2) 在搜索栏中输入要安装软件包的名称或按分类浏览方式查找要安装的软件。

(3) 单击要安装软件的“安装”按钮，即可安装相应的软件。

为了能更进一步掌握 Linux 系统丰富的命令行操作，进而有利于了解 Linux 的内在实质，希望读者学会通过命令行方式安装应用软件的操作方法，以便在今后的 Linux 软件开发中提高效率。

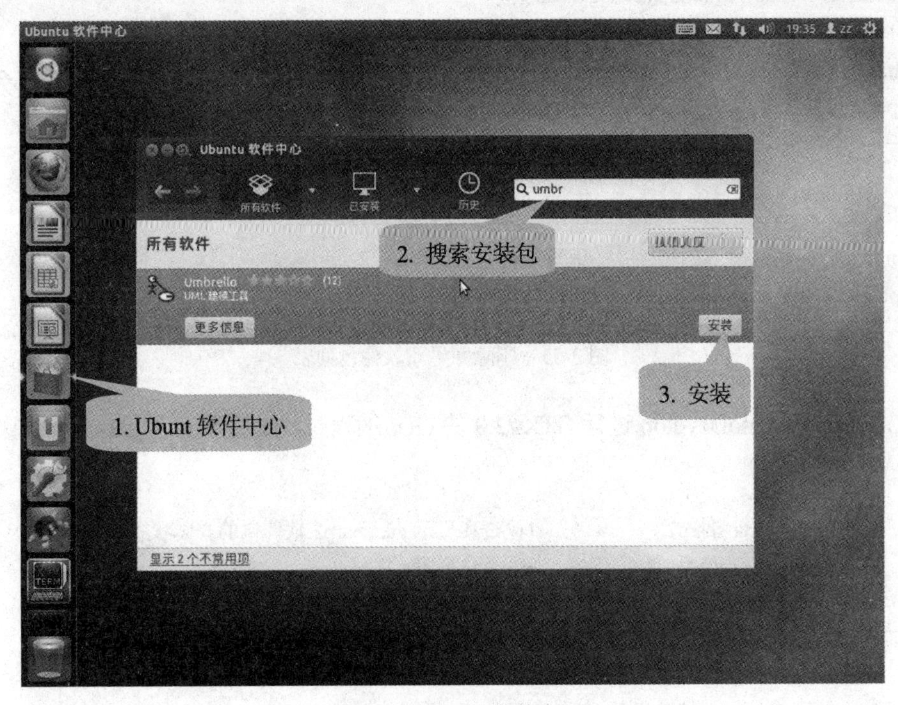

图 2-51　Ubuntu 软件中心

1. 安装 Mono C# Developer

Mono 是由 Novell 公司(先前是 Ximian)主持开发的项目。该项目的目标是创建一系列符合 ECMA 标准(Ecma-334 和 Ecma-335)的.NET 工具，包括 C#编译器和公共语言运行平台。与微软的.NET Framework 不同，Mono 项目不仅可以在 Windows 系统中运行，还可以在 Linux、FreeBSD、UNIX、Mac OS X 和 Solaris 系统中运行。

Mono 的 C#编译器及其相关工具发布于 GNU General Public License(GPL)之下，其运行库发布于 GNU Lesser General Public License(LGPL)之下，其类库发布于 MIT License 之下。这些均是开源协议，因此 Mono 是开源软件。

为了在 Ubuntu 系统下使用 Mono C#，需要安装 Mono Develop 软件包。安装步骤如下：

(1) 安装 MonoDevelop 软件包。启动 Terminal，进入命令行模式。执行如下命令：

```
sudo apt-get install monodevelop
```

上面使用 sudo 命令以管理员(root)身份进行 monodevelop 软件包的安装。这种方式可以在不使用 su 命令进入(root)状态的情况下，直接以管理员身份运行相应的命令。安装过程中需要下载安装相关的软件包，所以需要连接好网络，并保证 Internet 的畅通。此外，如果在执行该命令时出现如图 2-52 所示的错误信息，可以通过删除并更新软件包列表的方式解决，执行的命令如图 2-53所示。

```
E:Encountered a section with no Package: header,
E:Problem with MergeList /var/lib/apt/lists
/us.archive.ubuntu.com_ubuntu_dists_natty_main_binary-i386_Packages,
E:The package lists or status file could not be parsed or opened.
```

图 2-52　apt-get install 执行时的错误信息

```
sudo rm /var/lib/apt/lists/* -vf          (删除软件包列表)
sudo apt-get update                       (更新软件包列表)
```

图 2-53　删除并更新软件包列表

(2) 在使用 MonoDevelop 进行 GTK#2.0 的 GUI 编程时，还需要安装 gtk-sharp2 软件包。检查及安装命令如下：

```
sudo dpkg -l gtk-sharp2              (检查和显示 gtk-sharp2 软件包的安装状态列表)
sudo apt-get update                  (更新包列表)
sudo apt-get install gtk-sharp2      (安装 gtk-sharp2 软件包)
```

(3) 检查 MonoDevelop 的版本号。在命令行下执行命令，显示 Mono 的版本号(在本书写作时，Mono JIT 编译器的最新版本是 Mono 2.10.5)：

```
mono    --version
```

(4) 上述安装正常完成后，在命令行下执行 monodevelop 命令，即可启动 monodevelop 集成开发环境。

2. 安装 UML 开发工具

UML 建模工具 Umbrello 虽然在 Windows 下可以安装和使用，但由于本身还是在 Linux 系统下产生的，因此 Ubuntu 下同样支持 Umbrello 工具。安装步骤如下：

(1) 安装 Umbrello 建模工具。启动 Terminal，进入命令行模式。执行如下命令：

```
sudo apt-get install umbrello
```

(2) 检查 Umbrello 建模工具是否安装成功。执行如下命令(在本书写作时，Umbrello 的最新版本号是 Umbrello 4.7.4)：

```
sudo dpkg -l umbrello          (检查和显示 Umbrello 安装状态列表)
```

2.3 总　结

本章主要介绍了 Windows XP 和 Ubuntu 这两个典型操作系统在 Atom E6xx 硬件环境下

的安装方法，并介绍了在这两个系统中安装 C# .NET 开发工具和 UML 建模工具的安装步骤及方法。通过本章的安装过程，目的在于使读者学会典型操作系统的安装，并对一些特殊设备(比如触摸屏)的驱动程序安装及校准过程进行实践。软件开发环境的安装，主要目的是为后续章节的实践做好准备，并使读者初步掌握 Linux 系统一些常用命令的使用方法，为 Linux 系统下的编程打好基础。

思 考 题

1. 使用 Windows XP 系统的触摸屏，启动 Visual Studio C#。
2. 在 Ubuntu 系统下，利用命令行方式安装应用软件。
3. 在 Ubuntu 系统下，检查软件包的安装状态。
4. 以命令行方式启动 MonoDevelop 和 Umbrello 软件

参 考 文 献

[1] Intel, *Intel® Atom™ Processor E6xx Series-Based Platform for Embedded Computing,* http://download.intel.com/embedded/processors/prodbrief/324100.pdf

[2] 白中英. 计算机组成与系统结构(第 5 版). 北京：科学出版社，2011

[3] Intel, Intel® *Platform Controller Hub EG20T,* http://download.intel.com/embedded/processors/prodbrief/324211.pdf

[4] 华北工控. LAN-8903 嵌入式实验平台说明书 V1.0，2011

[5] Ubuntu，*Ubuntu Skill*，http://wiki.ubuntu.org.cn/index.php?title=UbuntuSkills&variant=zh-cn

[6] Upubuntu，*Calibrate Your Tablet Touchscreen On Ubuntu 11.04*，http://www.upubuntu.com/2011/08/calibrate-your-tablet-touchscreen-on.html

[7] UML，*Umbrello*，http://zh.wikipedia.org/zh-cn/Umbrello

第 3 章　Atom软件开发

本章将介绍 Atom E6xx 平台下的软硬件开发调试环境的使用方法。软件工具对于任何架构的软件开发都是至关重要的，当对新的系统平台进行开发时，了解软件开发工具的功能以及可以完成的开发需求非常必要。因此，本章在介绍 ATOM E6xx 的在线仿真工具的基础上，着重对 Windows XP 及 Ubuntu 下软件开发工具的使用方法进行讲解。读者应已基本掌握 C# 编程语言和.NET 框架下的编程方法，并已掌握统一建模语言的建模方法。对 C# .NET 和 UML 基本语法的描述已超出本书的讨论范围，请读者自行阅读本章参考资料中列出的相关书籍。

3.1　在线仿真工具

3.1.1　在线仿真工具简介

在线仿真工具(In Circuit Emulator，ICE)是对嵌入式设备进行软硬件调试的不可缺少的工具之一，可以用于验证被调试设备的硬件动作是否正确以及对软件进行调试。ICE 由软件和硬件两部分构成，硬件部分用于连接主机与被调试设备，软件部分运行于主机中，一般要有 Windows 或 Linux 操作系统的支持。现在使用比较多的 ICE 硬件多是以 JTAG(Joint Test Action Group)标准的形式出现，这一标准只需要较少的硬件连接端口便可以将主机与被调试的系统连接起来，被调试系统的运行命令和状态信息都可由主机来控制。典型的连接方式如图 3-1 所示。

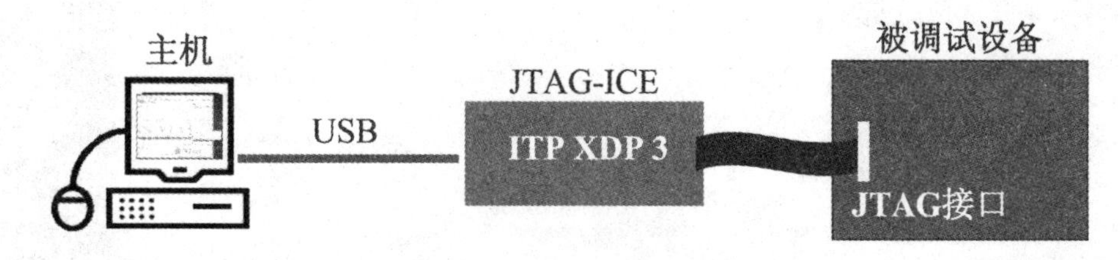

图 3-1　ICE 调试环境示意图

主机通过 USB 电缆与 JTAG-ICE 连接，JTAG-ICE 的 JTAG 连接头与被调试系统进行连接。常用的调试 Atom 硬件环境的 JTAG-ICE 是 Intel 的 ITP XDP 3，外观如图 3-2 所示。

在嵌入式系统的开发过程中，使用 JTAG-ICE 可以对上电初始化、操作系统内核及驱动程序进行调试，可以让调试人员快速高效地测试和鉴别系统中的硬件问题。对于新的硬件系统来说，上电初始化、操作系统及驱动程序等软件的正常运行都以被调试系统的硬件动作正常为前提。这时只有通过 ICE 才能进行这种软件和硬件相互作用的调试过程。主机通过 ICE

可以将这些底层软件下载到被调试系统的内存或 Flash ROM 中，并通过运行在主机上的调试工具远程控制被调试设备的程序运行。通常调试时，通过主机上的交叉编译软件，在主机上编译生成被测目标机的程序代码。通过主机上的调试软件将目标机的程序代码下载到目标机后，便可以使用 ICE 对目标机的硬件及软件进行调试。调试中可以设置的断点类型有：1) 代码断点，可以让程序执行到某一位置时停止程序执行；2) 变量监视断点，可以在被调试程序访问访问某一数据时停止程序执行；3) I/O 访问断点，访问某一 I/O 端口时停止程序执行；4) 汇编级单步执行，每次执行一条汇编指令；5) 高级语言层单步执行，每执行完一行源代码后停止程序执行；6) 分支单步，每执行一个程序分支后停止代码执行；等等。

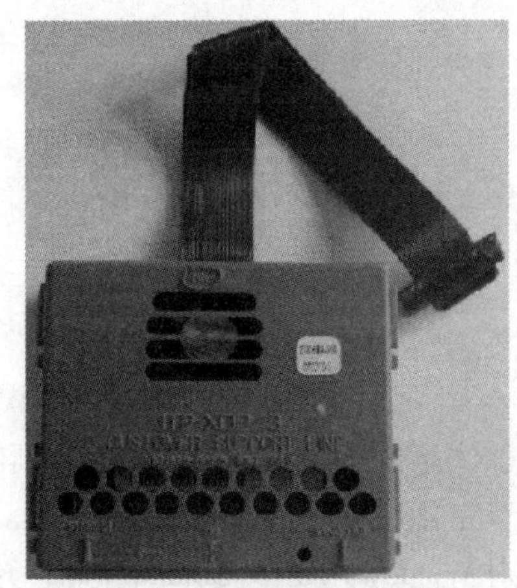

图 3-2　JTAG-ICE 的外观

下面就以上电初始化调试及 Linux OS 内核调试为例，简单说明 JTAG 的调试方法。调试软件的安装已超出本书的讨论范围，此处省略。

3.1.2　上电初始化调试及 Linux OS 内核调试

系统上电和处理器复位后，首先执行的是固化在 ROM 或 Flash ROM 上的硬件初始化程序(也称固件或 Firmware)。在这一阶段，因为软件的运行环境在被调试的设备上还没有建立，目标机上的软件调试还无法进行，此时调试的手段就是使用 JTAG 来完成调试，搭建的调试环境如图 3-3 所示。当主机上运行 JTAG 调试用的软件时，主机通过 USB 连接 JTAG 调试器，调试器的另一端通过电缆连接被调试设备的 JTAG 接口。

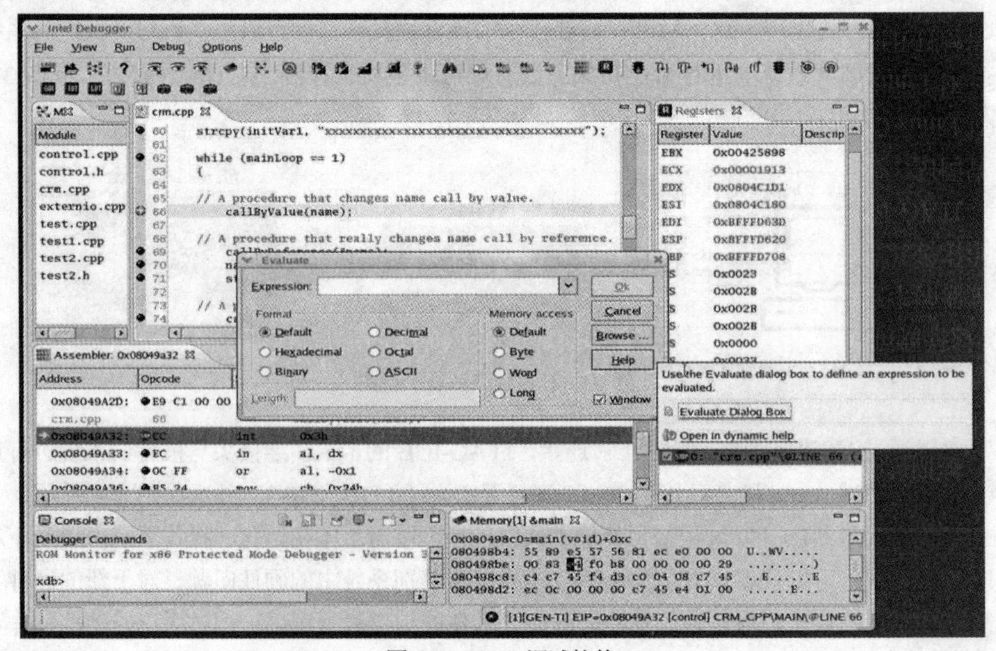

图 3-3　JTAG 调试软件

被调试的 Atom CPU 在上电复位后处于实模式，大多数寄存器都复位为初始值 0，程序指针复位为固定地址 0xF000:FFF0，指向固件的上电初始化指令，固件代码指令通过 JTAG 调试器与建立在被调试系统内部的支持 JTAG 标准的硬件接口从主机下载到被调试系统内部。这样就可以在主机上使用调试软件对被调试系统的上电初始化程序进行调试，使用 JTAG 调试器的丰富功能，检查 CPU 内部的寄存器、I/O 模块、存储器、中断向量等是否可以正常初始化等。

JTAG 调试器可以使用基于 Intel 技术的 JTAG Debugger，可以实现全功能的 C++/C/ASM 语言调试，支持全平台的硬件内部调试、片上跟踪功能，可以使用 Windows 或 Linux 作为主机对 Linux OS 的目标机进行调试，同时可以支持 Flash 存储器。

对 Linux OS 内核进行调试时，先确认硬件调试环境已连接好，目标机的 OS 镜像已在调试信息打开的条件下编译通过。也就是在编译内核时，在编译参数中增加-g 选项，以生成带有调试信息的目标文件，并且 OS 镜像已经下载到目标机，在运行 Linux OS 的主机上执行命令行./xdb.sh，建立 JTAG 调试器与目标机之间的通信。将 OS 镜像的调试信息载入调试器，由于此时内存映射还处于无效状态或只读状态，因此需要在 XBD>提示符下执行 set opt /hard=on，使能硬件断点(HW BP)功能，并将硬件断点设定在“start_kernel”位置，如图 3-4 所示。然后执行目标机程序，直至完成平台初始化，程序停止在“start_kernel”位置。目标机的程序执行顺序如图 3-5 所示。至此，可以使用单步或连续执行等功能调试内核的初始化代码。执行 run until sched_init 可以使程序运行到时间进度初始化的位置。执行 run until mwait_idle 命令可以使程序运行至 OS 循环等待，这时 OS 已经处于完成初始化状态，可以对完成初始化的 Linux OS 进行调试。

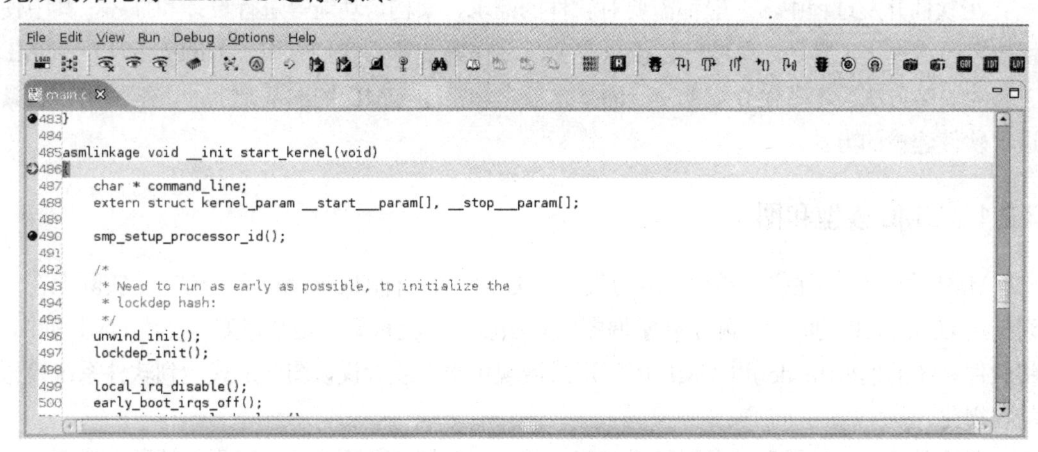

图 3-4　在 start_kernel 处设置断点

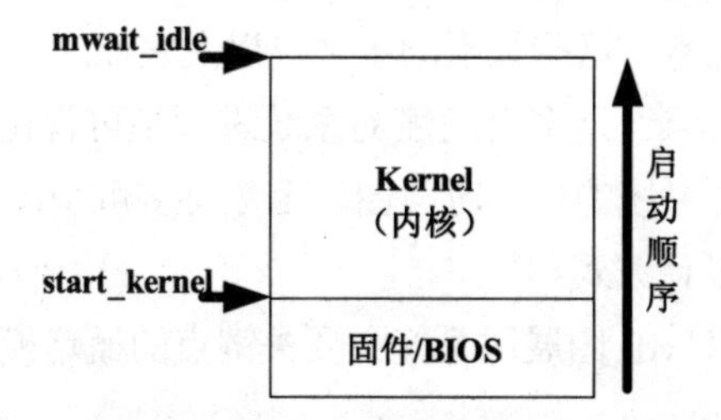

图 3-5　Linux OS 的程序启动顺序

Intel CPU 的 JTAG 调试工具的硬件由于比较昂贵，所以制约了使用范围。在没有 JTAG 硬件的情况下，可以预先在嵌入式开发板上设计好 LED 数码管和蜂鸣器，在调试代码中加入设定 LED 显示特定数值或蜂鸣器发声的代码来判断程序执行的状态，作为一种替代 JTAG 的解决方案。

在 Atom 处理器的软件调试过程中，主机上常用的开发工具套件的名称及功能如表 3-1 所示。

表 3-1　常用的 Atom 处理器调试工具

名　称	功　能
Intel(R) C++ Compiler	Intel C++编译器，用于生成优化的 Atom CPU 代码
Intel(R) Integrated Performance Primitives	Intel IPP 提供高度优化的多媒体、数据处理、通信等函数库，支持 Atom 处理器的优化
Intel(R) VTune(TM) Performance Analyzer	调整实际设备上运行的代码，检测和定位软件运行中的瓶颈部位。在调整过程中能提供辅助功能
Intel(R) JTAG Application and System Debuggers	支持 Atom 处理器及芯片组调试、内核及驱动程序调试、应用程序调试。内置有闪存工具，支持运行跟踪功能

3.2　软件建模工具

在软件开发过程中，一般都需要对软件的需求、架构、功能等进行设计和描述，其中使用较多的可视化工具之一是统一建模语言工具。在第 2 章，我们介绍了 Umbrello 这一 UML 工具的安装方法。本节在介绍 UML 的基本概念和常用 UML 图的基础上，讲解使用该工具进行软件建模的方法。

3.2.1　UML 模型和图

UML 的初学者往往容易把注意力集中在 UML 的各种图(diagram)的画法上。实际上在学习使用 UML 工具的时候，除了要掌握图的画法以外，更重要的是掌握如何使用 UML 的图，将软件系统的模型(model)以 UML 图的形式展现出来，或者说以图的形式达到软件系统模型的可视化。

某个特定 UML 图只是展现了系统某一部分的模型，并不需要展现系统的所有模型。一般是把模型分解到多个 UML 图中，它们可能是用例图、类图、活动图或其他类型的 UML 图，这些图构成了系统模型的元素，这些元素的集合，以及它们之间的关联就构成了整个系统的模型。也就是说，各个图元素，从多个角度对系统进行了可视化的模型展现。

使用 UML 来展现软件系统的模型时，图的个数可多可少，主要是根据实际需要由使用者确定。主要有以下几种设计方式：

- 系统概略设计：用 UML 图展现系统主要关键点的概略模型。这种设计一般是概略性的非正式设计。

- 蓝图式的详细设计：用UML提供系统的详细规格说明书。这种UML是需要一直使用的设计，用于反映软件系统及代码的详细规格，通常可以通过正向或逆向工程使软件模型与代码保持一致。
- 作为一种编程语言：这种方式用UML模型直接生成可执行代码。也就是说，系统的所有方面都被模型化，可以直接运行，而不是正向生成代码片段。理论上，这种方式可以在同一UML模型的基础上，使用代码转换和代码生成方式将其部署到不同的系统环境中。但这一方式对UML建模的完成度要求很高，还没有得到广泛应用。

具体使用哪一种方式对系统进行设计，取决于设计审查的强度和软件的开发流程。在一些要求严格的行业，如国防、医疗、交通等关系到国家、财产、生命安全的软件项目，因为每一项内容都非常关键，软件设计审查非常严格，所以要使用蓝图式的详细设计。而一些商业性项目，为了减少繁琐的建模过程，提高生产效率，只是使用一些架构设计方面的UML图和一些类图、顺序图来表现系统的主要关键点，这时可以采用系统概略设计。

使用UML进行系统建模，还与所使用的开发过程相关联。著名的软件开发过程有：

- 瀑布式开发：该过程强调在项目周期的早期就定下需求，待需求完全确定后，开始全面软件设计，设计完成后，实现软件代码。这种方法一旦有需求发生改变，对项目造成的影响可能就是毁灭性的，UML的设计等工作都要重新修改。
- 迭代式开发：这种方法主要试图克服瀑布式开发的缺点，采取允许需求变更的方式进行软件开发。统一过程(Unified Process)就是著名的迭代式开发过程——把项目分为多个阶段，每个阶段都包括“需求”、“设计”、“实现代码”的活动。这种开发流程通常使用UML概略设计，也可以采用UML详细设计。
- 敏捷开发：这种方法采用更短的迭代周期，总是保证有可以运行并扩展功能的可工作系统，以便把风险降到最低。另外，敏捷开发中还有一些有趣的开发实践，例如结对编程(pair programming，两人面对同一台计算机进行编程)和测试驱动开发。敏捷开发通常使用UML概略设计。

为了使用UML图进行建模，我们首先要了解一下UML图的种类和用途。现在，UML的最新版本是UML 2.0。UML 2.0兼顾了早期的UML 1.X版本的图，并在此基础上进行了扩充。UML 2.0图的主要类型见表3-2。

表3-2 UML 2.0图的类型

图的类型	内容说明	起始版本
Use Case(用例图)	对系统和用户或其他外部系统之间的相互作用进行模型化，在表现系统需求方面也很有用	UML 1.x
Activity(活动图)	表现系统内部顺序或并行的活动	UML 1.x
Class(类图)	表现类、类型、接口以及它们之间的关系	UML 1.x
Object(对象图)	表现系统中配置的重要类的实例化对象	非正式UML 1.x
Sequence(序列图)	重点表现对象之间在执行序列上的交互	UML 1.x
Communication(通信关系图)	表现对象交互的方式以及支持这种交互的连接方式，在UML 1.x中也称为协作图	UML 1.x

(续表)

图 的 类 型	内 容 说 明	起 始 版 本
Timing(时序图)	重点表现对象之间在时间上的交互	UML 2.0
Interaction Overview (交互概述图)	将序列图、通信关系图和时序图构成集合，以表现系统中发生的重要相互作用	UML 2.0
Composite Structure (复合结构关系图)	表现系统内部类或组件，并可以根据给定的系统上下文描述类的关系，在 UML 2.0 中增加了新的含义	UML 2.0
Component(组件图)	表现系统和接口中的重要组件以及它们之间的交互，在 UML 2.0 中增加了新的含义	UML 2.0
Package(包图)	表现一组类和组件的层次结构	UML 2.0
State Machine (状态机关系图)	表现对象在自己生命周期中的状态，以及使状态发生变化的事件	UML 1.x
Deployment(部署图)	表现系统最终在给定的现实世界中的部署方式	UML 1.x

3.2.2 模型的视图

以上介绍的图的各种类型，它们对系统模型描述的角度不同，人们常常把它们归类为不同的视图(View)组，其中使用较多的是 Kruchten 的 4+1 视图模型，如图 3-6 所示。由此可见，视图将 UML 模型分成多种视图类型以便系统地从不同角度反映软件的整体行为、属性等。

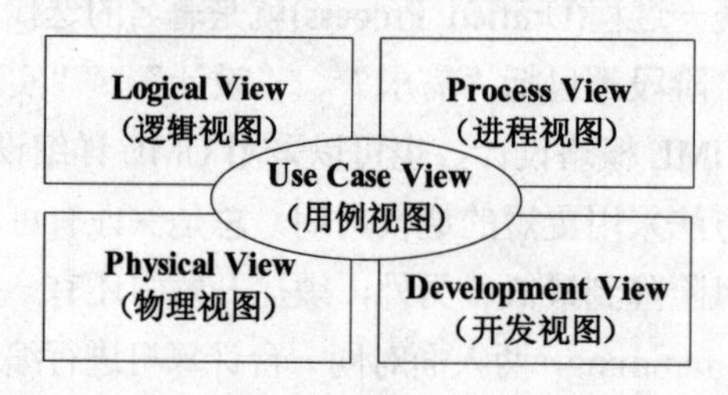

图 3-6　Kruchten 的 4+1 视图

- 逻辑视图(Logical View)：展示系统部件的抽象描述，对构成系统的各个部件以及这些部件之间的交互进行建模。这个视图里主要包括的 UML 图有类图、对象图、状态机关系图和交互概略图。
- 进程视图(Process View)：描述系统内的进程。对软件系统内一定会发生的进程建立可视化模型，有助于软件的开发。这种视图里通常包含活动图。
- 开发视图(Development View)：描述如何将系统的各个部件组织成模块和组件。此视图有助于在进行系统体系结构设计时对“层”进行管理。这种视图通常包含包图和组件图。
- 物理视图(Physical View)：描述如何在现实世界中实现上述 3 种视图的设计内容。此视图用于展示如何将抽象的部件映射到最终要部署的系统中。这种视图通常包含部署图。
- 用例视图(Use case View)：从外界的角度描述系统的功能模型。这种视图需要描述系统要做的事。此视图是上述 4 种视图的核心。这也正是为什么称为 4+1 视图的原因。这种视图中通常包含用例图以及用例图的描述信息。

下面将对几种常用 UML 图进行讲解。

3.2.3　用例图

用例图是所有 UML 模型的核心，通常用来描述系统的需求，或是描述系统提供的功能。在面向对象的系统开发过程中，用例图从系统外部对系统的需求进行描述，规定了系统最终为用户提供的功能，因此是项目开始时首先需要做成的模型。由于用例图是以可视化的模型方式展现系统的需求，因此有助于与用户在需求方面进行沟通。用例图还可以帮助项目管理者，管理项目进度、工作负荷，降低项目的开发风险。因为用例图是精确反映用户需求的模型，所以也有助于构建软件测试计划和测试用例。

“系统”的用例图就是由参与者(Actor)、用例(Use Case)以及它们之间关系(Association)构成的图。其中的参与者是指存在于“系统”之外的、与“系统”进行交互的各类用户、组织和外部系统，参与者可以是人，也可以是第三方的软件系统。用例则是表示参与者在“系统”的帮助下执行的活动。此处的“系统”是指被设计的软件系统。除此之外，用例图中还有其他一些常用的表示符号，归纳总结如表 3-3所示。

表 3-3　用例图的常用符号

用例图的主要元素	符　　号	说　　明
参与者(Actor)		存在于系统之外的与系统进行交互的人、组织和外部其他系统
用例(Use Case)	用例	用户对系统的需求，也就是系统要完成的功能
关系(Association)		参与者与用例之间的交互关系
泛化(Generalization)		表示专用用例，表示通用用例的特定实现，箭头应指向更通用的用例
包括(Include)	<<包括>>	显示用例的细节，表明一个用例用于描述另一个用例的一些细节，箭头应指向描述细节的那个用例
扩展(Extend)	<<扩展>>	表明一个用例可以在特定情况下向另一个用例添加功能，箭头应指向被扩展的主用例

下面通过实例来说明如何根据已有的系统需求描述，分析并做出用例图模型。

需求描述：内容管理系统(Content Management System，CMS)允许管理员为作者创建新的博客账户，也可以为作者创建新的个人 Wiki，创建的条件是作者的详细信息必须通过“作者全权认证数据库”的验证。

在这个需求中，我们可以将存在于系统之外的“参与者”分离出来，分析该需求后可以得到参与者是“管理员”和“作者全权认证数据库”，而系统的功能则是创建新的博客账户和个人 Wiki，创建的这些内容都包括“验证作者身份”的功能。因此，可以得到如图 3-12 所示的用例图模型。此外，用例的详细规格说明见表 3-4、表 3-5 和表 3-6。

实际制作用例图时，详细规格说明可以记录在相关用例的 Document 栏内。

表 3-4　创建新的博客账户时的详细规格说明

用例名称	创建新的博客账户	
相关需求	允许管理员为作者创建新的博客账户，创建的条件是作者的详细信息必须通过“作者全权认证数据库”的验证	
上下文目标	新的或已有的作者向管理员请求新的博客账户	
前置条件	作者有适当的身份证明	
成功的结束条件	为作者创建新的博客账户	
失败的结束条件	新博客账户的申请被拒绝	
主要参与者	管理员	
其他参与者	无	
触发器	管理员要求内容管理系统(CMS)创建新的博客账户	
包含用例	验证作者身份	
主要事件流	步骤	动作
	1	管理员请求系统创建新的博客账户
	2	管理员选择账户类型
	3	管理员输入作者信息
	4	验证作者的身份信息
	5	新账户被创建
	6	新建的博客账户的信息摘要被发送给作者

表 3-5　创建新的个人 Wiki 时的详细规格说明

用例名称	创建新的个人 Wiki	
相关需求	可以为作者创建新的个人 Wiki，创建的条件是作者的详细信息必须通过“作者全权认证数据库”的验证	
上下文目标	新的或已有的作者向管理员请求新的个人 Wiki	
前置条件	作者有适当的身份证明	
成功的结束条件	为作者创建新的个人 Wiki	
失败的结束条件	新的个人 Wiki 的申请被拒绝	
主要参与者	管理员	
其他参与者	无	
触发器	管理员要求内容管理系统(CMS)创建新的个人 Wiki	
包含用例	验证作者身份	
主要事件流	步骤	动作
	1	管理员请求系统创建一个新的个人 Wiki
	2	管理员输入作者信息
	3	验证作者的身份信息
	4	新的个人 Wiki 被创建
	5	新建个人 Wiki 的信息摘要被发送给作者

表 3-6　验证作者身份的详细规格说明

用例名称	验证作者身份	
相关需求	见表 3-4、表 3-5 的“相关需求”	
上下文目标	作者的信息需要被检查和验证以保证无误	
前置条件	被检查的作者有适当的身份证明	
成功的结束条件	作者信息验证通过	
失败的结束条件	作者信息没有验证通过	
主要参与者	作者全权认证数据库	
其他参与者	无	
触发器	作者的证书被提交给系统以进行验证	
主要事件流	步骤	动作
	1	作者信息被提交给系统
	2	“作者全权认证数据库”验证信息
	3	“作者全权认证数据库”返回经验证的信息
扩展	步骤	分支动作
	2.1	“作者全权认证数据库”没有验证信息
	2.2	返回未经验证的信息

下面将给出如何使用 Umbrello 的 UML 建模工具，创建上述用例图。Windows 及 Ubuntu 系统下的 Umbrello 操作方法基本一致，此处仅以在 Ubuntu 系统下使用 Umbrello 创建用例图为例，操作方法如下：

(1) 启动 Umbrello。

(2) 启动后，在 Umbrello 窗口左侧的 TreeView 处选择 Use Case View ➔New➔Use Case Diagram…，操作方法见图 3-7。在弹出的如图 3-8 所示的对话框中输入用例图名称“CMS 系统用例图”。

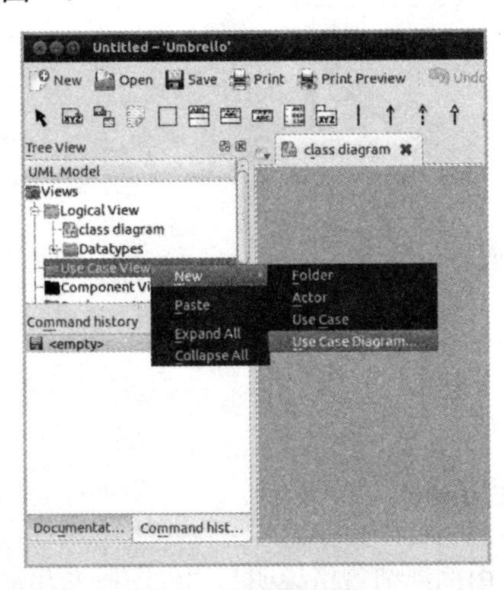

图 3-7　创建用例图

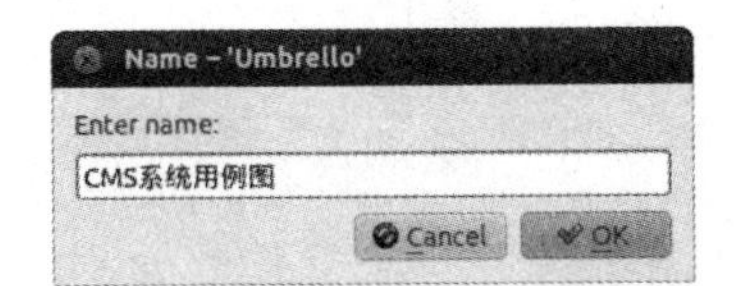

图 3-8　输入用例图名称

(3) 在 Umbrello 右侧的工作区窗口处创建参与者。用鼠标右键在工作区打开上下文菜单，选择 New➔Actor…，在弹出的对话框里，如图 3-9 所示，输入参与者名称“管理员”。使用同样方法创建参与者“作者全权认证数据库”。

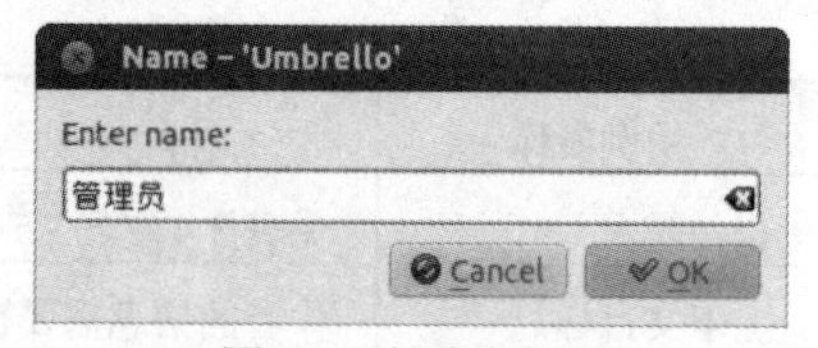

图 3-9　创建参与者

(4) 在 Umbrello 右侧的工作区窗口处创建用例。用鼠标右键在工作区打开上下文菜单，选择 New➔Use Case…，在弹出的对话框里输入用例名称“创建一个新的博客账户”。使用同样方法建立“创建一个新的个人 Wiki”和“验证作者身份”用例。

(5) 在 Umbrello 右侧的工作区窗口处创建关联。单击工具条上的 Association 连线(见图 3-10)，在工作区将参与者与用例连接起来。单击工具条上的 Dependency 连线，分别连接“创建一个新的博客账户”和“验证作者身份”、“创建一个新的个人 Wiki”和“验证作者身份”。为了表示“包括”泛型，需要在选择 Dependency 连线的状态下，用鼠标右键的上下文菜单“Change Association Name…”，修改依赖关系为”<<包括>>”，修改结果如图 3-11 所示。

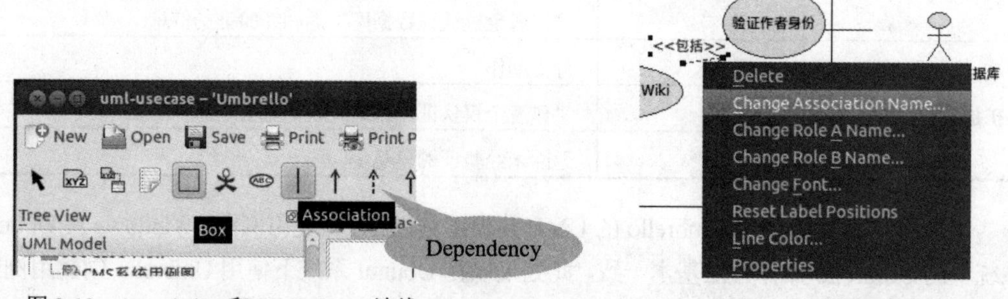

图 3-10　Association 和 Dependency 连线　　　　图 3-11　修改依赖关系

(6) 单击工具条上的 Box，标记 CMS 系统的范围。用鼠标右键在工作区打开上下文菜单，选择 New➔Text Line…，在弹出的对话框里输入用例图名称“内容管理系统”。

(7) 创建好的用例图见图 3-12。

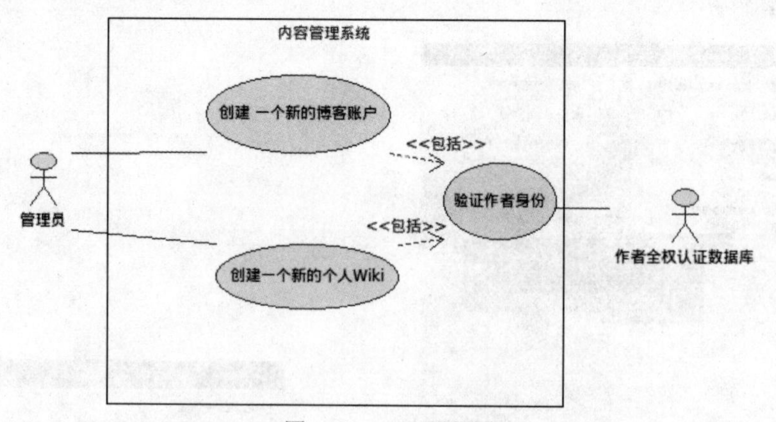

图 3-12　CMS 用例图

(8) 输入用例的详细规格说明。为了能够将用例详细规格说明与用例图联系起来，可选择要添加详细规格说明的用例，使用鼠标右键的上下文菜单中的“Properties”，在

“Documentation”区域输入相应的详细规格说明。输入结果见图 3-13。

图 3-13　CMS 用例的详细规格说明

至此，用例图的创建就完成了。如果需要进行更详细的 UML 建模，例如一些常用的 UML 图——类图、活动图、顺序图、状态机关系图等，读者可参照相关的 UML 参考书进行自学，此处不再赘述。

3.3　在.NET 框架下使用 C#进行软件开发

C#是微软推出的一种基于.NET 框架、面向对象的高级编程语言。C#继承了 C 语言的高性能、C++的面向对象结构、Java 的垃圾收集、高安全等特性，同时又以.NET 框架类库作为基础，拥有类似 Visual Basic 的快速开发能力。此外，C#本身也增添了其他语言所不具备的 LINQ(Language INtegrated Query，语言集成查询)等新特性，使之在信息查询方面可以针对多种数据源(对象、XML、数据库、内存数据)进行灵活查询，而不仅仅局限于数据库。

C#语言是由著名的安德斯·海尔斯伯格(同时也是著名的 Borland Turbo Pascal 语言的主要作者)主持开发，微软在 2000 年发布了这种语言。C#特别适合用来开发基于组件的、多层次的分布式客户端和 Web 应用程序。

C#的发音为 C Sharp，看起来像是“C++”中的两个加号重叠在一起，而且在音乐中“C#”表示 C 大调，表示比 C 高一点的音阶。微软借助这样的命名，表示 C#在一些语言特性方面对 C++的提升。C#已经成为 Ecma 国际和国际标准组织的标准规范。

C#和.NET 自从 2000 年发布以来，已经历了多个版本的升级，其发展时间表如表 3-7 所示。现在，最新的正式发布版本是 C# 4.0 和.NET 4.0。C#不仅在 Windows 桌面应用程序方面得到越来越广泛的应用，在 Smartphone、Xbox 360 游戏方面、网络编程方面也得到广泛的应用。Novell 公司还主持了被称为 Mono 的软件项目，目标是创建一系列符合 ECMA 标准

(Ecma-334 和 Ecma-335)的.NET 工具，包括 C#编译器和通用语言执行平台。与微软的.NET Framework 不同，Mono 项目不仅可以运行于 Windows 系统上，还可以运行于 Linux、FreeBSD、UNIX、Mac OS X 和 Solaris 等系统上。

表 3-7　C# .NET 的版本

日　期	C#版本	.NET 框架的版本	Visual Studio 版本
2002 年	C# 1.0	.NET Frame Work 1.0	Visual Studio .NET 2002
2003 年	C# 1.2	.NET Frame Work 1.1	Visual Studio .NET 2003
2005 年	C# 2.0	.NET Frame Work 2.0	Visual Studio 2005
2007 年	C# 3.0	.NET Frame Work 3.5	Visual Studio 2008
2010 年	C# 4.0	.NET Frame Work 4.0	Visual Studio 2010

C#语言和.NET 框架的相关技术内容较多，已超出本书的介绍范围，请读者参照相关书籍自学。本书主要介绍如何使用 C#集成开发环境来编写相关的应用程序。

3.3.1　使用 Mono 开发控制台程序

本节以一个简单的需求为例，讲解使用 C#语言在 MonoDevelop 集成开发环境下的编程方法。

需求 3.3.1：使用 MonoDevelop 编写 C#语言程序，将从命令行输入的字符串输出到控制台屏幕，并且要求字符串的前景为白色，背景为蓝色。

实际操作步骤：

(1) 启动 MonoDevelop，在 MonoDevelop 主界面选择 File➔New➔Solution 或者操作按键组合 Ctrl+Shift+N，弹出的对话框如图 3-14 所示。

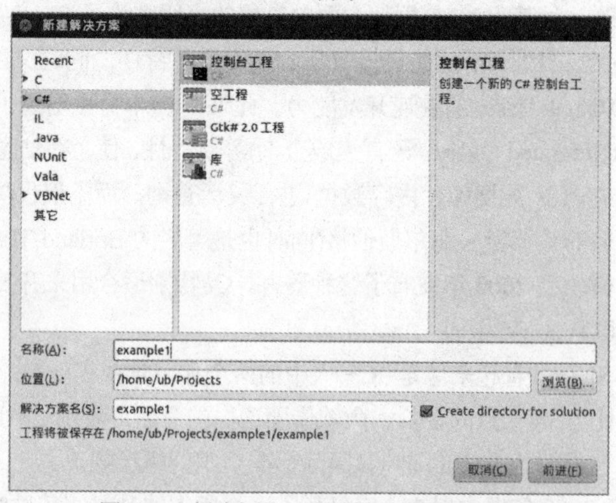

图 3-14　创建新的 C#控制台程序解决方案

(2) 在弹出来的对话框中选择 C# ➔控制台工程，在工程名称处输入“example1”。单击“前进”按钮进入 Project Features 对话框，此对话框中的选项无须选择，直接单击“确定”。完成解决方案的创建，系统自动生成的“Hello World！”控制台程序如图 3-15 所示。这时可以按 Ctrl+F5 键，编译并执行自动生成的程序。应该会在控制台窗口显示“Hello World！”执行结果。

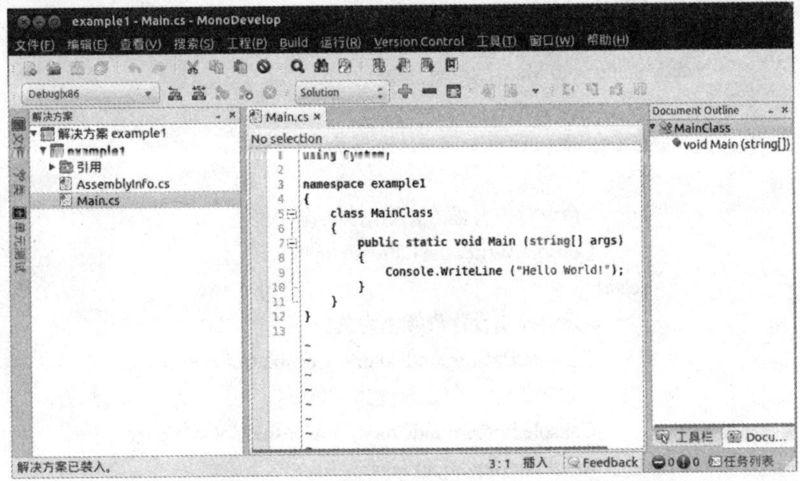

图 3-15　“Hello World！”控制台程序

(3) 完成其余代码。

a) 为了设定输出字符串的前景和背景颜色，需要使用 System 命名空间中 Console 类的 BackgroundColor 和 ForegroundColor 属性，颜色数值使用 enum 类型的 ConsoleColor.Blue 和 ConsoleColor.White。

b) 读入命令行参数，使用 Main(string[] args)函数的参数，即使用 string[] args 即可。命令行参数在调试时可以在集成环境菜单“工程(P)”➔“example1 Option”对话框中的“运行/常规”➔“参数(E)”里设定，设定方法见图 3-16。此处输入的字符串为“This is a test for colorful console!”。

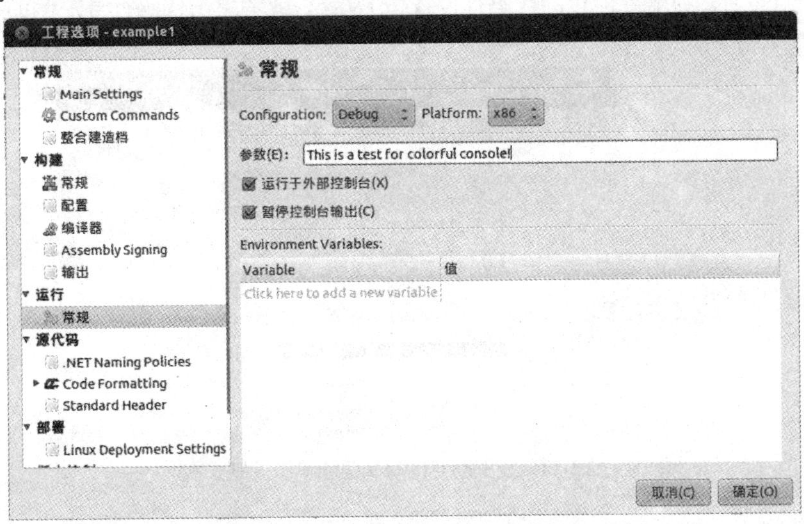

图 3-16　调试时设定命令行内容

(4) 主要代码及注释。编写的代码全部放在 Main.cs 中，如下所示：

```
using System;  //使用 System 命名空间
```

```
namespace example1
{
    class MainClass
    {
        public static void Main (string[] args)
        {
            if(args.Length ==0)
            {
                //命令行没有输入参数时提示输入信息
                Console.WriteLine ("Please input text!");
            }else{
                //设定控制台背景颜色为黄色
                Console.BackgroundColor = ConsoleColor.Blue ;
                ///设定控制台前景颜色为白色
                Console.ForegroundColor    = ConsoleColor.White;
                foreach(string arg in args)
                {
                    //将命令行的内容输出到控制台
                    Console.WriteLine(arg );
                }
                //恢复初始的前景和背景颜色
                Console.ResetColor();
            }
        }
    }
}
```

(5) 断点设置。在需要停止的代码行位置按 F9 键，或者单击代码行号左侧的控制条，设定结果见图 3-17。

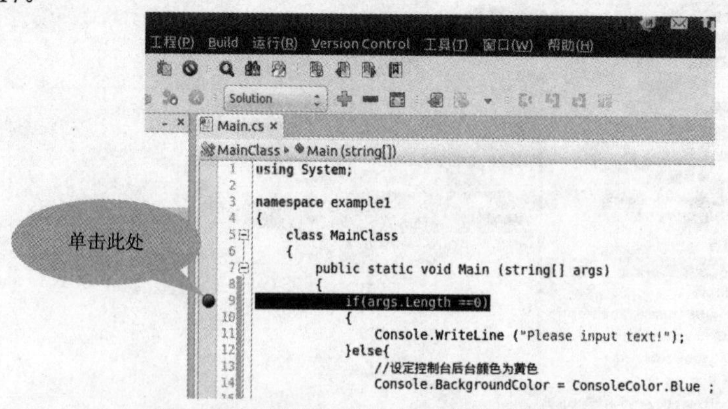

图 3-17　设置断点(按 F9 键或单击控制条)

(6) 调试程序。按 F5 键执行调试过程，程序运行后会暂停在已经设定的断点处，此时如果把光标悬停在 args 变量处，即可显示如图 3-18 所示的 args 变量的内容。从图中可以看到：args 变量的内容是字符串数组，其中的内容正是在上述第 3 步中输入的命令行参数，只不过当存储在 args 数组中时，系统已经把以空格分开的字符串分别存到了相应的字符串数组中。

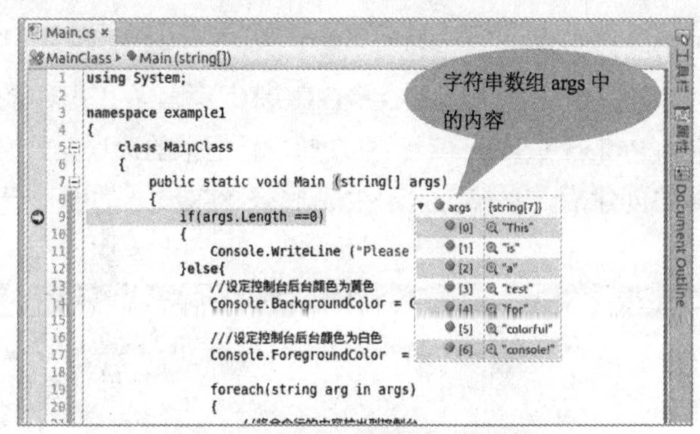

图 3-18 命令行参数 args 的内容

(7) 继续执行程序。按 F5 键继续执行调试过程，得到的结果如图 3-19 所示。

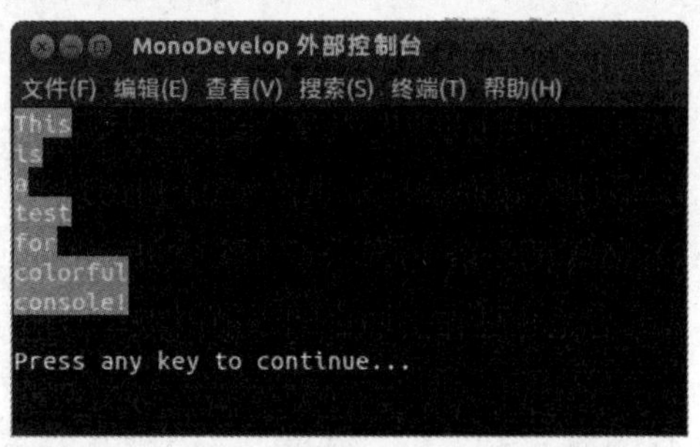

图 3-19 Mono 控制台程序的执行结果

3.3.2 使用 MonoDevelop 开发基于 GTK#2.0 的图形界面程序

本节介绍使用 MonoDevelop 的 GTK#2.0 在 Unbutu 11.10 环境下开发图形界面程序。这里仍然以一个简单的需求为例，说明编程方法。

需求 3.3.2：用 C#语言实现 CRC(Cyclic Redundancy Check)校验和计算，并在图形界面下显示 CRC 的计算结果。该算法可对多个字节的信息进行连续 CRC 校验和计算。信息的格式是以逗号、分号或空格分开的十六进制数据字符串，计算 CRC 时需要把数据字符串信息分离，并转换为字节(Byte 类型)数据。CRC 计算的逻辑描述如下：

(1) 将 16 位的 CRC 寄存器的初始值设置为 0xFFFF。

(2) 取信息中的 1 个字节(8 位)与 16 位的 CRC 的低 8 位进行异或(XOR)运算，结果放回 CRC 寄存器。

(3) 保存 CRC 寄存器的 LSB，然后 CRC 寄存器右移一位(向 LSB 方向)，MSB 填入零。

(4) 如果上一步保存的 LSB 为 0，重复步骤(3)。否则，如果 LSB 为 1，就将 CRC 寄存器的值与多项式值 0xA001 进行异或运算后放回 CRC 寄存器。

(5) 对步骤(3)和(4)重复执行 8 次。完成 1 个字节信息的处理。

(6) 重复步骤(2)~(5)，直到所有的字节都被处理完。

(7) 最终，CRC 寄存器的内容即为 CRC 值。

实际操作步骤如下：

(1) 启动 MonoDevelop，在 MonoDevelop 主界面选择 File➔New➔Solution 或者操作按

键组合 Ctrl+Shift+N。

(2) 弹出的对话框如图 3-20 所示，选择 C#➔GTK#2.0 工程。在工程名称处输入“example2”。单击“前进”按钮进入 Project Features 对话框，此对话框中的选项无须设置，直接单击“确定”。完成解决方案的创建后，系统会自动生成基于 GTK#2.0 的图形界面解决方案的基本框架。

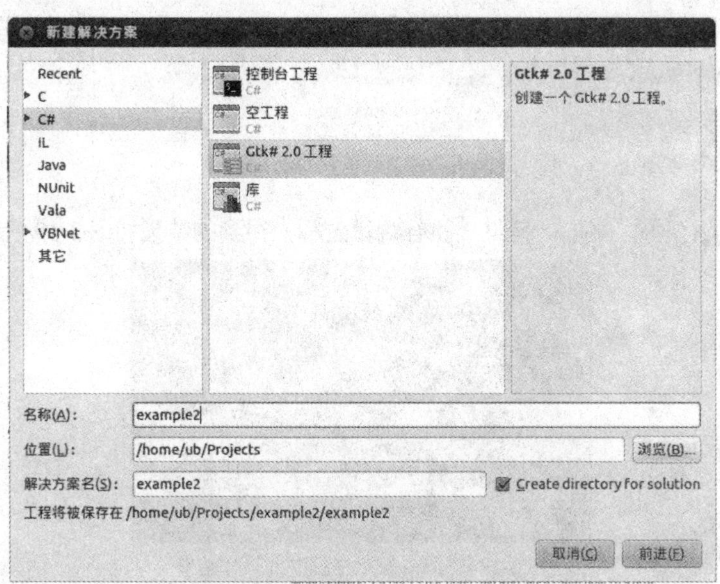

图 3-20　创建 GTK#2.0 图形界面解决方案

(3) 系统自动生成基于 GTK#2.0 的图形界面解决方案，基本框架如图 3-21 所示。

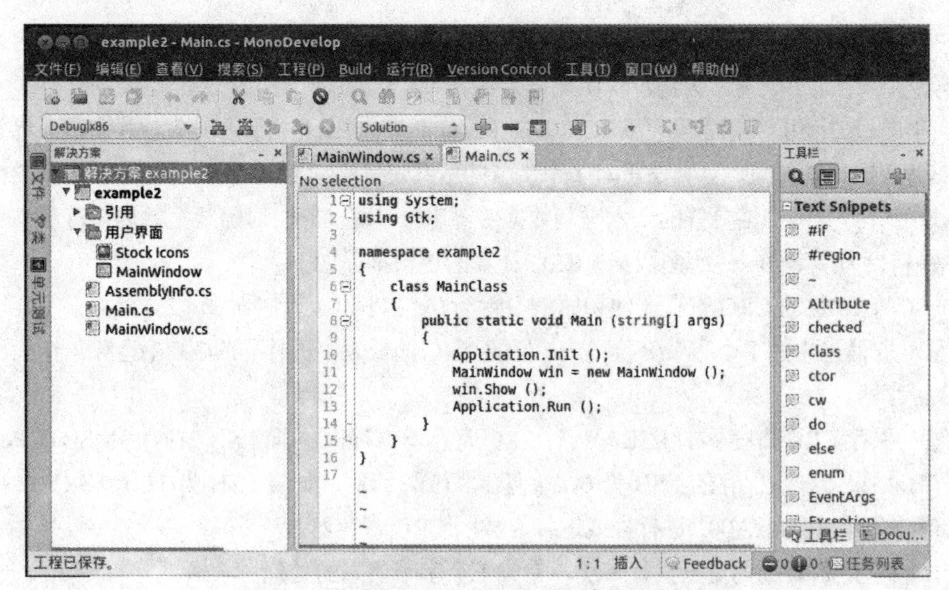

图 3-21　创建 GTK#2.0 图形界面程序的基本框架

(4) 单击 MonoDevelop 窗口左侧的“解决方案”➔“用户界面”➔MainWindow，进入 GUI 布局设计画面，结果如图 3-22 所示。

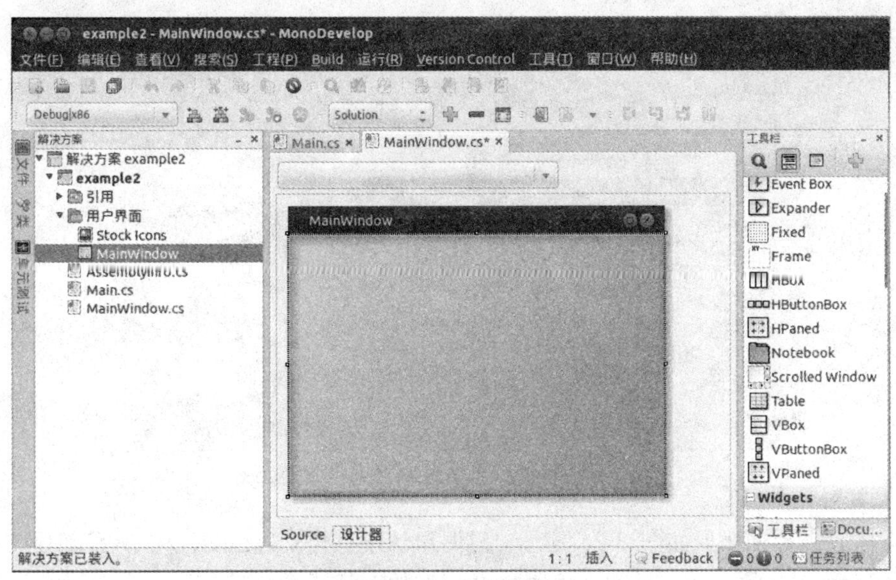

图 3-22　GUI 布局设计

(5) GUI 中需要放置的控件如表 3-8 所示。设定控件的属性时，先选 GUI 中的控件，然后使用 MonoDevelop 窗口右侧 Pads 栏的“属性”，如图 3-23 所示，或者使用热键 Alt+Shift+P 调出控件的属性设置。

表 3-8　GUI 设计内容

控件名称	图　标	属 性 设 定	功 能 描 述
Fixed	Fixed	无须设定	供绝对位置布局使用的容器控件。还有其他一些供相对位置布局使用的容器控件，如 Vbox、HBox、Table 等。首先将 Fixed 控件从右侧“工具栏”(图 3-22)拖放到 GUI 界面上，这样其他控件才能正常放置
Label	An Label	LabelProp: “Message”	用于表示要输入信息的标签。Name 的属性不需设定。LabelProp 在属性的 Label Properties 分类中
Label	An Label	LabelProp: “CRC Result”	用于表示 CRC 结果的标签。Name 的属性不需设定
Label	An Label	LabelProp:” ” Name:lbCRCResult WidthRequest:350	用于显示 CRC 计算结果。需要设定水平方向大小。WidthRequest 在属性的 Common Widget Properties 分类中
Entry	ABI Entry	Text:” ” Name:” txtMsg” WidthRequest:350	用于输入要进行 CRC 校验的信息。需要设定水平方向大小。WidthRequest 在属性的 Common Widget Properties 分类中
Button	OK Button	Label: “Calc” Name:” btnCalc”	把输入的 txtMsg 内容进行处理并计算 CRC 校验和

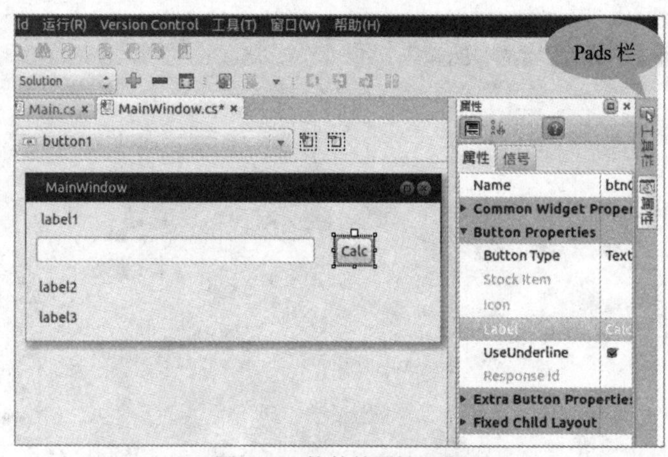

图 3-23　控件的属性设定

(6) 设计的界面布局如图 3-24 所示。这时虽然没有建立自己的代码部分，但可以按 F5 键编译运行一下，检查一下自动生成的 GUI 框架的运行结果。

图 3-24　CRC 校验和计算 GUI

(7) 添加 CRC 校验类。这里将需求 3.3.2，单独用 CRCCalc 类来实现这一功能。添加新类的操作方法是选择 MonoDevelop 左侧“解决方案”栏中的项目名(本例为 example2，如图 3-25 所示)，单击鼠标右键，打开上下文菜单，选择 Add➔新建文件(F)...，在弹出的对话框中选择 General➔空类，在“名称”编辑框中输入“CRCCalc”，单击“新建”按钮创建该类的 C#文件。在生成的类框架下，实现需求 3.3.2 的代码，参考代码如下：

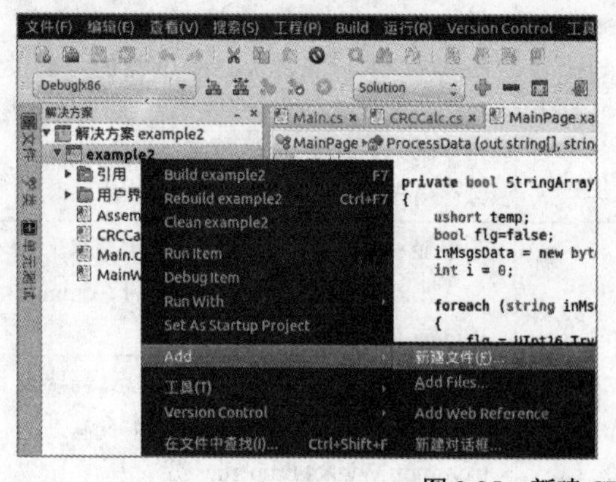

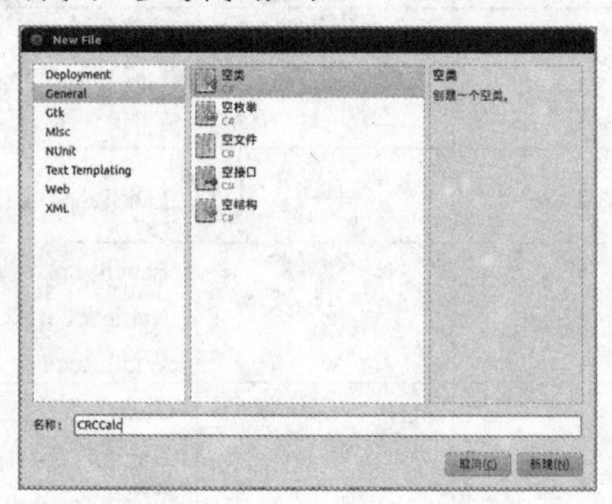

图 3-25　新建 CRCCalc 类的文件

```
using System;
namespace example2
{
    public class CRCCalc
```

```
{
    public ushort crcReg{get;set;}
    public ushort feedBack { get; private set; }
    public CRCCalc ()   //构造函数对 CRC 计算进行初始化
    {
        //1. 将 16 位的 CRC 寄存器的初始值设置为 0xFFFF
        crcReg =0xFFFF;
        //多项式 0xA001 设定
        feedBack = 0xA001;
    }

    public ushort MySoftwareCRC(params   byte[] msgs)
    {
        //多项式 0xA001 设定
       ushort seed = this.feedBack;
        //6. 重复步骤(2)到(5)，直到所有的字节都被处理完
       foreach (byte msg in msgs)
       {
        //2. 取信息中的 1 个字节(8 位)与 16 位的 CRC 的低 8 位进行
        //    异或(XOR)运算, 结果放回 CRC 寄存器
       crcReg ^= (ushort)msg;
        //5. 对步骤(3)和(4)重复执行 8 次，完成 1 个字节信息的处理
        for (int i = 0; i < 8; i++)
        {
            //3. 保存 CRC 寄存器的 LSB(此处进行了顺序调整)
            //然后将 CRC 寄存器右移一位(向 LSB 方向)，MSB 填入零
          if ((crcReg & 0x0001) != 0)
          {
               //3-1.然后将 CRC 寄存器右移一位(向 LSB 方向)，MSB 填入零
               crcReg >>= 1;
               //4-1.如果上一步保存的 LSB 为 1
               //就将 CRC 寄存器与多项式值 0xA001 进行异或运算
               crcReg ^= seed;
          } else{
               //3-0.然后将 CRC 寄存器右移一位(向 LSB 方向)，MSB 填入零
               //4-0.如果上一步保存的 LSB 为 0，就重复步骤(3)
               crcReg >>= 1;
        }
      }
   }
   //7. 最终，CRC 寄存器的内容即为 CRC 值
   return (crcReg);
  }
 }
}
```

(8) 实现代码部分。需要建立 Calc 按钮的“信号”属性中 Clicked 事件的处理方法。首先选中 Calc 按钮，打开“属性”面板的“信号”标签页，找到 Button Signals 中的 Clicked，双击 Clicked 位置，MonoDevelop 会自动产生默认的 Clicked 事件的处理方法，此处为 OnBtnCalcClicked，操作方法如图 3-26 所示。

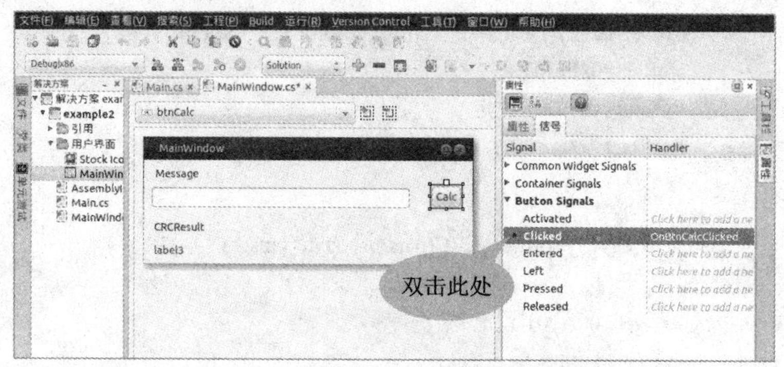

图 3-26　创建按钮单击事件的处理方法

(9) 为 OnBtnCalcClicked()方法添加字符串数据的处理代码。此外，为了处理输入的字符串，还添加了 ProcessData 和 StringArrayToByteArry 方法，如下所示：

```
using System;
using System.Collections.Generic;
using System.Globalization;
using Gtk;
//using namesapce of example2 for CRCCalc class
using example2;
public partial class MainWindow: Gtk.Window
{
    public MainWindow (): base (Gtk.WindowType.Toplevel)
    {
        Build ();
        //初始化 CRC 结果
        lbCRCResult.Text    = "Please Input message.";
    }
    protected void OnDeleteEvent (object sender, DeleteEventArgs a)
    {
        Application.Quit ();
        a.RetVal = true;
    }
    //Calc 按钮的单击事件处理方法
    protected void OnBtnCalcClicked (object sender, System.EventArgs e)
    {
        byte[] inMsgData;   //用于存储转换后的数据信息
        bool flg;           //用于判断是否有非法数据标志
        string[] inMsgs;    //用于存储转换前的字符串信息
```

```
    //判断字符串是否为空
    if (txtMsg.Text == string.Empty) {
        lbCRCResult.Text = "Please Input data!";
        return;
    } else{
        ProcessData(out inMsgs, txtMsg.Text); //将字符串分离成数组
        flg = StringArrayToByteArry(inMsgs, out inMsgData); //将字符串数组转换成 Byte 数组
        if (flg == true)
        {   //数据正确，进行 CRC 计算
                CRCCalc cr1 = new CRCCalc();
                ushort crcResult = cr1.MySoftwareCRC(inMsgData);
                lbCRCResult.Text= string.Format("0x{0:X4}",crcResult);
        }else{
                lbCRCResult.Text = "Input data error!(0-9,A-F)"; //数据错误，显示提示信息
        }

    }
}
///将字符串分离成字符串数组，返回数组元素个数
private int ProcessData(out string[] inMsgs, string inTxt)
{
    string[] stringSeparators = new string[] { ",", " ", ";" };
    inMsgs = inTxt.Split(stringSeparators, StringSplitOptions.RemoveEmptyEntries);

    return inMsgs.Length;
}
///将字符串数组转换成 Byte 数组，返回 true 表示转换正常，返回 false 表示转换错误
private bool StringArrayToByteArry(string[] inMsgs, out byte[] inMsgsData)
{
    ushort temp;
    bool flg=false;
    inMsgsData = new byte[inMsgs.Length];
    int i = 0;
    foreach (string inMsg in inMsgs)
    {
            flg = UInt16.TryParse(inMsg, NumberStyles.HexNumber, null, out    temp);
            if (flg == false)
            {
                inMsgsData[i] = 0;
                break;
            }else{
                inMsgsData[i] = (byte)(temp&0x00FF);
            }
            i++;
    }
```

```
            return flg;
        }
    }
```

(10) 按 F5 键进行调试。读者可使用设置断点的方法，对本例中的代码进行调试。如果要直接执行编译好的 C#可执行文件，那么还需要选择可执行文件(本例是 example2.exe)，用鼠标右键打开上下文菜单，选择“用 Mono Runtime 打开”来执行，如图 3-27 所示。

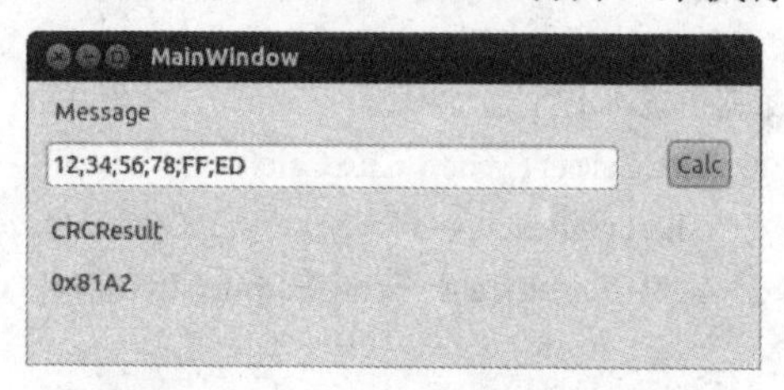

图 3-27 CRC 计算程序的执行示例

3.3.3 使用 Visual Studio 开发 WPF 图形界面程序

Windows Presentation Foundation(WPF)是下一代显示系统，用于生成能带给用户震撼视觉体验的 Windows 客户端应用程序。使用 WPF 可以创建独立的应用程序以及基于浏览器的应用程序。

WPF 的核心是与分辨率无关并且基于向量的呈现引擎，旨在利用现代图形硬件的优势。WPF 通过一整套应用程序开发功能扩展了这一关键技术，主要功能包括 Extensible Application Markup Language(XAML)、控件、数据绑定、布局、2D 和 3D 图形、动画、样式、模板、文档、媒体、文本和版式。WPF 是.NET Framework 中的一种编程架构，能够生成融合了.NET Framework 类库中其他元素的应用程序。

WPF 的编程特点就在于把用户界面和代码进行了分离，使得 WPF 为 Windows 客户端应用程序开发提供了更多编程增强功能。明显的增强功能之一就是使用标记(XAML)和后台代码(Code-Behind)开发应用程序，ASP.NET 开发人员应该熟悉此方式。通过使用 XAML 标记实现应用程序的外观，而使用托管编程语言的后台代码实现其行为。这种外观和行为的分离具有以下优点：

- 降低了开发和维护成本，因为外观特定的标记并没有与行为特定的代码紧密耦合。
- 开发效率更高，因为设计人员可以在开发人员实现应用程序行为的同时实现应用程序的外观。
- 可以使用多种设计工具实现和共享 XAML 标记，以满足应用程序开发参与者的要求；Microsoft Expression Blend 提供了适合界面设计人员的体验，而 Visual Studio 则是针对代码开发人员的编程环境。
- WPF 应用程序的全球化和本地化得以大大简化。

正是由于这些优点，XAML+Code-Behind 技术在 Windows 桌面平台、Windows Phone 移动平台及网页编程方面得到越来越广泛的应用。

下面以一个例子，简单介绍 WPF 的 XAML+Code-Behind 的技术实现方法。更详细的技术内容请参考相应的参考文献。

XAML 是一种基于 XML 的标记语言，用于以声明的方式实现应用程序的外观，通常用于创建窗口、对话框、页面和用户控件，并用控件、形状和图形填充它们。下面的 XAML 示例实现了一个窗口的外观，该窗口中只包含一个按钮，如图 3-28 所示。此 XAML 分别使用 Window 和 Button 元素来定义窗口和按钮。每个元素均配置了特性，比如 Window 元素的 Title 特性，用于指定窗口的标题栏文本，Width 和 Height 特性分别用于定义窗口的宽和高。在运行时，WPF 将标记中定义的元素和特性转换为 WPF 类的实例。例如，Window 元素被转换为 Window 类的实例，该类的 Title 属性是 Title 特性的值。

```
<Window xmlns=http://schemas.microsoft.com/winfx/2006/xaml/presentation
        xmlns:x=http://schemas.microsoft.com/winfx/2006/xaml
        x:Class="SDKSample.AWindow"
        Title="Window with Button" Width="250" Height="100">
  <!-- Add button to window -->
  <Button Name="button" Click="button_Click"> Click Me! </Button>
</Window>
```

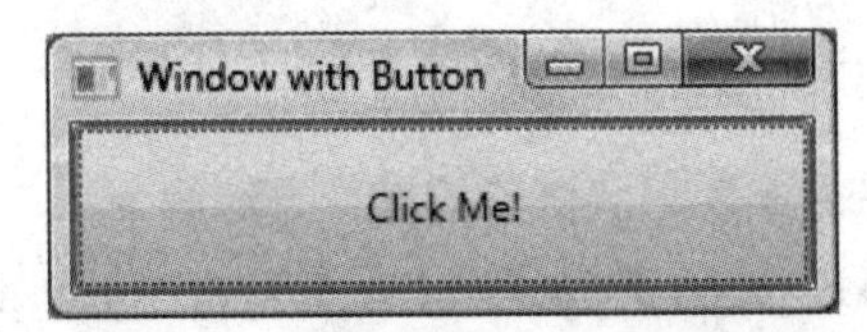

图 3-28　上述 XAML 标记描述的 UI

应用程序的主要行为是实现响应用户的交互功能，包括处理事件(比如单击菜单、工具栏或按钮)，并调用业务逻辑和数据访问逻辑作为响应。在 WPF 中，此行为通常在与标记关联的代码中实现。此类代码称为 Code-Behind。下面是实现代码：

```
using System.Windows; // Window, RoutedEventArgs, MessageBox
namespace SDKSample
{
    public partialclass AWindow:Window //对应 XAML 的 x:Class="SDKSample.AWindow"
    {
            public AWindow()
            {
                // InitializeComponent 将把 XAML 里定义的 UI 实例与此 Class 的实例合并
                // 还包括设定属性和事件句柄
                 InitializeComponent();
            }
            // 对应 XAML 的 button 的 Click="button_Click"
            void button_Click(object sender, RoutedEventArgs e)
            {
                // 显示单击按钮的信息
                MessageBox.Show("Hello, Windows Presentation Foundation!");
            }
```

```
    }
}
```

在此例中，Code-Behind 实现了从 Window 类派生的 Awindow 类。XAML 中的 x:Class 特性用于将标记与后台代码类相关联。InitializeComponent 是从后台代码类的构造函数中调用的，用于将XAML 中定义的UI与后台代码类相合并(生成应用程序时将自动生成InitializeComponent，不需要手动实现)。x:Class 和 InitializeComponent 的组合确保类的实例无论何时创建都能得到正确初始化。后台代码类还为按钮的 Click 事件实现了事件处理程序 button_Click。当单击按钮时，事件处理程序将通过调用 MessageBox.Show 方法显示一个消息框，结果如图 3-29 所示。

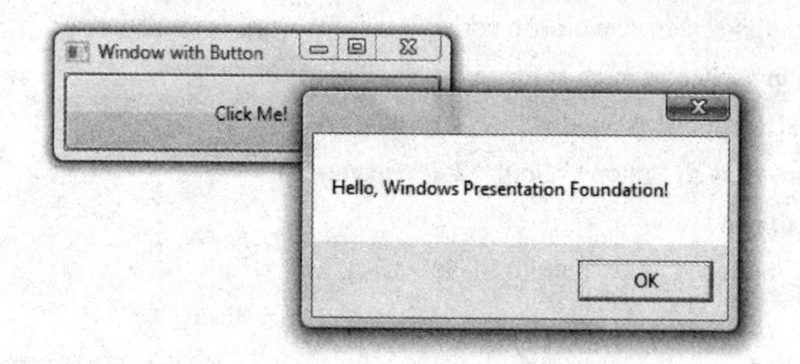

图 3-29　WPF 示例的执行结果

用 Visual C# 2010 Express 实现上述例子的操作方法如下：

(1) 运行 Visual C# 2010 Express，选择菜单 File➔New Project… 或使用热键 Ctrl+Shift+N，进入如图3-30所示的新建项目对话框。选择Installed Template➔Visual C#中的WPF Application，在项目名称 Name 处输入 Example3 作为本项目名。单击 OK 按钮进入下一步。

图 3-30　创建 WPF 应用程序

(2) 这时，Visual Studio会自动生成WPF项目的框架，如图3-31 所示。在窗口右侧的Solution Explorer 的树状结构中可以看到 App.xaml、MainWindow.xaml 和与之对应的 Code-Behind 代码App.xaml.cs、MainWindow.xaml.cs。App.xaml 和 App.xaml.cs 是 WPF 应用程序初始化 XAML

的启动代码，是系统自动生成的，不需要编辑。读者可以打开这两个文件，阅读一下里面的内容，了解 WPF 的初始化及启动原理。MainWindow.xaml 和 MainWindow. xaml.cs 则是本例中需要编程人员设计的界面描述和代码文件。如果看不到 Solution Explorer 窗格，可以用热键 Ctrl+W，然后按 S 键调出。

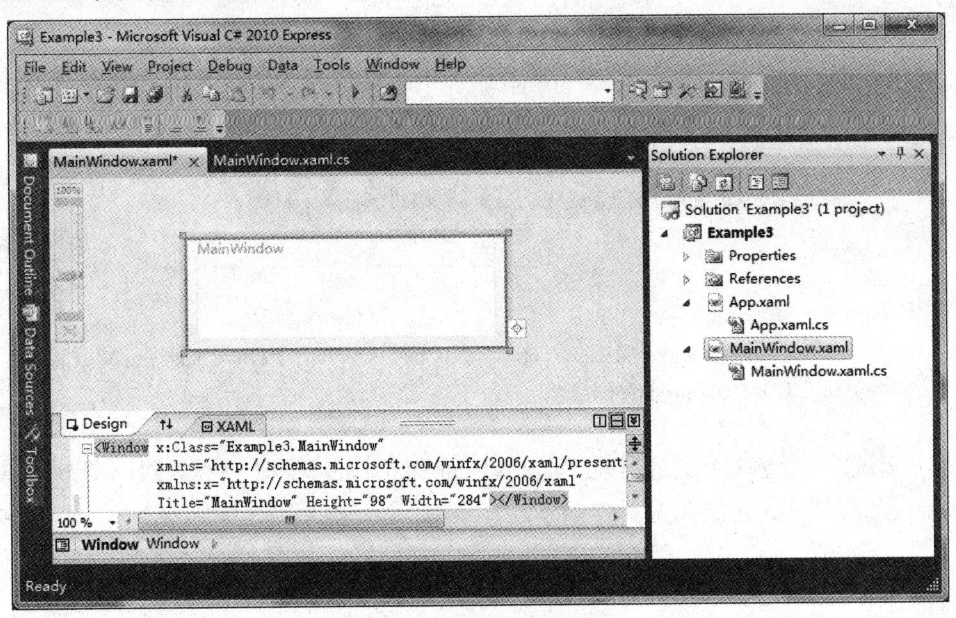

图 3-31　WPF 应用程序的框架

(3) 进行界面设计。WPF 应用程序的界面可采用可视化的布局方式进行设计，也就是在显示的界面中，通过拖曳工具箱里的控件进行布局。在熟悉 XAML 后，也可以对 MainWindow .xaml 进行手工编辑，从而达到界面设计目的。使用工具箱进行设计时，选择 Visual Studio 窗口中的 MainWindow.xaml*文件标签，进入窗口的设计状态(如图 3-31 所示)，使用热键 Ctrl+W，然后按 X 键，调出工具箱，在工具箱中找到 Button 控件并将之放到窗口中，调整好大小。使用鼠标右键的上下文菜单打开 Button 控件的属性窗格，修改 Name 和 Content 属性，如图 3-32 所示。也可直接在 MainWindow.xaml 里修改此 Button 控件的这些属性。

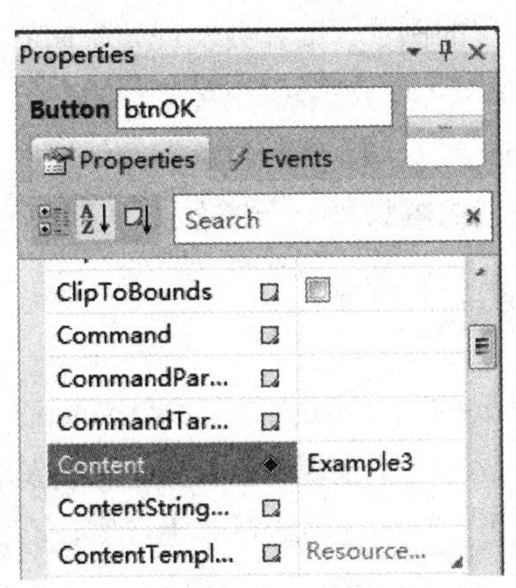

图 3-32　Button 控件的属性

(4) 创建 Code-Behind 代码。用鼠标双击上一步中放置在界面中的按钮，Visual Studio 会自动生成用于处理按钮单击事件的空方法 btnOK_Click(…)。在此方法中输入显示消息框的相关代码，完成按钮单击后要完成的功能。另外，为了使用 ToolTip 实现按钮功能提示，可以在 MainWindow.xaml 的 Button 特性中输入如下语句，这样当光标悬停在按钮上时就会显示 Tool- Tip 的内容。

```
//MainWindow.xaml.cs文件
private void btnOK_Click(object sender, RoutedEventArgs e)
  {
     MessageBox.Show("Example3, This is a C# WPF example!");
  }


//MainWindow.xaml文件:
<Button Content="Example3" Height="68" Name="btnOK" Width="236" Click="btnOK_Click"
ToolTip="This is a button demo!" />
```

(5) 调试并执行编写好的应用程序。在 Visual Studio 环境下按 F5 键，进入 Debug 模式，执行 Example3 程序，结果如图 3-33 所示。

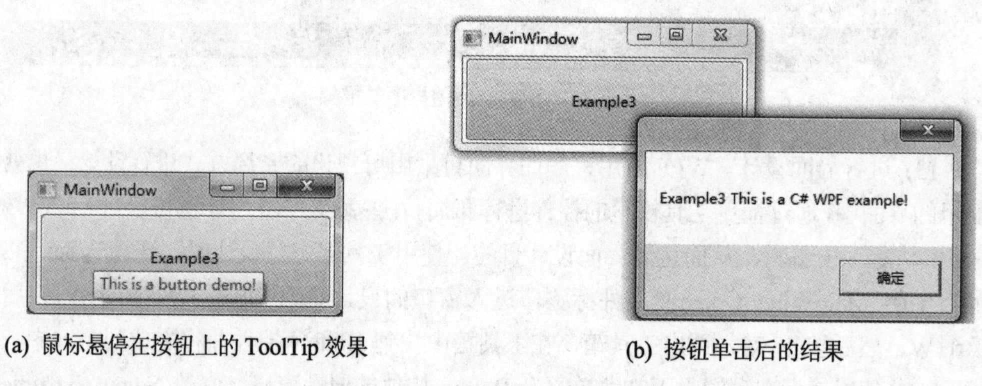

(a) 鼠标悬停在按钮上的 ToolTip 效果　　　　(b) 按钮单击后的结果

图 3-33　Example3 的执行结果

此处给出的是一个非常简单的例子，读者会发现如果向界面中再次添加控件时，就没有办法放进去了，这是因为 WPF 界面一般采用相对位置的布局方式，需要首先放置相对布局用的容器控件，例如 Stack Panel 或 Grid。然后再放置按钮等其他控件，这样就可以对多个控件进行布局设计了。本例介绍的内容只有一个按钮，所以没有使用这样的界面布局容器。

3.3.4　C#程序的跨平台特点

使用 Visual Studio 2010 开发的项目与使用 MonoDevelop 2.6 开发的项目是可以互相通用的。也就是说，在其中某个开发环境下实现的解决方案(sln)及源程序等内容，在另一个开发环境下无须更改就可以直接使用，在源程序级基本上兼容，有些功能调用还要在移植过程中进行局部修改才能使用。

在生成的可执行代码方面，两个开发环境下生成的可执行文件在一定程度上也可以直接执行，例如 3.3.1 节给出的例子就可以在 Windows XP 和 Ubuntu 11.10 环境下执行。虽然文件名是 EXE 文件，但实质都是由中间语言(IL)构成的，可以很容易地在兼容版本的.NET 虚拟机上实现跨平台执行。此外，还可以使用 Mono 提供的 MoMA 工具软件对移植程序是否可跨平台移植进行检查并给出移植评价报告，根据评价报告的内容对源程序进行适当修改，这样就可以将 Windows 平台下的应用软件移植到 Linux 的 Mono 环境。读者可参考本章的参考文献进行相关实践。

3.4 总　结

本章对 Atom 系统下的开发工具及软件的使用方法进行了介绍。读者可以根据实际开发过程的需要，深入学习相关的知识。在后续课程中，可以使用本章的软件开发工具进行软件开发。

思 考 题

1. 使用 UML 建模工具，学习建立类图的方法。
2. 将需求 3.3.1 中的每一个命令行参数以不同的前景和背景颜色显示。
3. 将需求 3.3.1 中命令行参数显示处理的操作改为：在相同类中添加非静态方法以实现同样的功能。
4. 在 Windows 下使用 C#语言实现需求 3.3.2 的 WPF 应用程序。
5. 使用 MonoDevelop 和 MoMA 将开源软件 NClass 移植到 Linux 环境下。

参 考 文 献

[1] Intel, *Intel® Atom™ Processor E6xx Series-Based Platform for Embedded Computing,* http://download.intel.com/embedded/processors/prodbrief/324100.pdf

[2] 白中英. 计算机组成与系统结构(第 5 版). 北京：科学出版社，2011

[3] Intel, *Intel® Platform Controller Hub EG20T,* http://download.intel.com/embedded/processors/prodbrief/324211.pdf

[4] 华北工控，LAN-8903 嵌入式实验平台说明书 V1.0，2011

[5] Jesse Liberty, Donald Xie. 李愈胜等 译. Programming C# 3.0 中文版(第 5 版). 北京：电子工业出版社，2008

[6] By Kim Hamilton，Russell Mile s.*Learning UML 2.0*(O'Reilly，2006)

[7] 张银奎.嵌入式系统调试浅谈.中国计算机学会通讯，第 8 卷，第 2 期，2012 年 2 月，39~43

[8] MSDN，*UML Use Case Diagrams: Guidelines*，http://msdn.microsoft.com/zh-cn/library/dd409432.aspx

[9] Wiki, C#维基百科, http://zh.wikipedia.org/zh-cn/C_Sharp

[10] MSDN, WPF 体系结构, http://msdn.microsoft.com/zh-cn/library/ms750441.aspx

[11] MSDN, WPF 介绍, http://msdn.microsoft.com/zh-cn/library/aa970268.aspx

[12] MONO, *Guide: Porting Winforms Applications*, http://www.mono-project.com/Guide:_Porting_Winforms_Applications

第 4 章　Linux系统软硬件开发

本章将介绍 LAB8903 实验箱在 Linux 环境下的外设驱动程序及应用程序的开发方法。在驱动程序方面，将主要介绍 GPIO、硬件看门狗、触摸屏、串行口、打印口等外设的驱动方法；在应用程序开发方面，将主要介绍 Linux 环境下的网络编程、进程管理和多线程的应用程序开发方法。在本章的最后，还将简要介绍 Linux 系统驱动程序的开发方法。

4.1　GPIO

GPIO 是嵌入式系统中常见的一种通用输入输出接口，具有灵活和易于操作的特点，通常用作一些逻辑较为简单的设备的控制口，或者成组地被用于模拟某些简单的总线，实现对系统的扩展。

4.1.1　GPIO 简介

General Purpose Input Output，即通用可编程输入输出接口，简称为 GPIO。

在嵌入式系统中，常常有很多结构比较简单的外部设备/电路，对于这些设备/电路来说，有的需要 CPU 为之提供控制手段，有的则需要被 CPU 用作输入信号。而且，许多这样的设备/电路只要求一位，也就是说，只要有开/关两种状态就够了，比如电灯的亮与灭。在实现这些控制时，使用传统的串行口或并行口都不合适。所以在微控制器芯片上一般都会提供“通用可编程输入输出接口”，即 GPIO。有无 GPIO 接口也是微控制器区别于微处理器的重要特征之一。

所以，GPIO 通常作为一种常见的接口，可为用户提供方便的输入输出操作。例如，当使用输出功能时，可以分别将输入置高或置低。当使用输入功能时，可以方便地读出外部输入的高低电平。而所有的配置均可通过寄存器的配置方便地实现。

GPIO 接口至少有两种寄存器：“通用 IO 控制寄存器”与“通用 IO 数据寄存器”。控制寄存器用来控制 GPIO 接口的信号方向，用来决定当前接口处于输出状态还是输入状态。数据寄存器中的每一位都对应着一个 GPIO 引脚的状态。当接口为输出状态时，可以通过数据寄存器的写入来控制接口输出电平；当接口为输入状态时，可以通过数据寄存器读入当前接口的电平状态。

GPIO 的使用非常广泛。用户可以通过 GPIO 接口与硬件进行数据交互、控制硬件(如 LED、蜂鸣器等)工作、读取硬件的工作状态信号(如中断信号)等。一些协议相对简单的低速总线(如 I^2C、SPI 总线等)，也可以通过软件控制一组 GPIO 接口，从而模拟总线协议的通信。

因此，GPIO 接口是嵌入式系统中应用最广泛和最灵活的接口之一。

4.1.2 GPIO 接口的定义

在 EG20T 架构下，系统共提供了 26 路 GPIO 接口资源。其中，Intel Atom Processor E6xx 芯片提供了 14 路 GPIO 接口，这些接口大多已经在系统中使用。例如，GPIO-5 被用于系统软开关的控制。

因此，真正能够被用于进行二次开发的 GPIO 接口主要是 12 路由 EG20T 芯片提供的接口。实验箱中的 JGP 接口将其中的 8 路 GPIO 进行引出。JGP 在实验箱中的位置如图 4-1 所示。

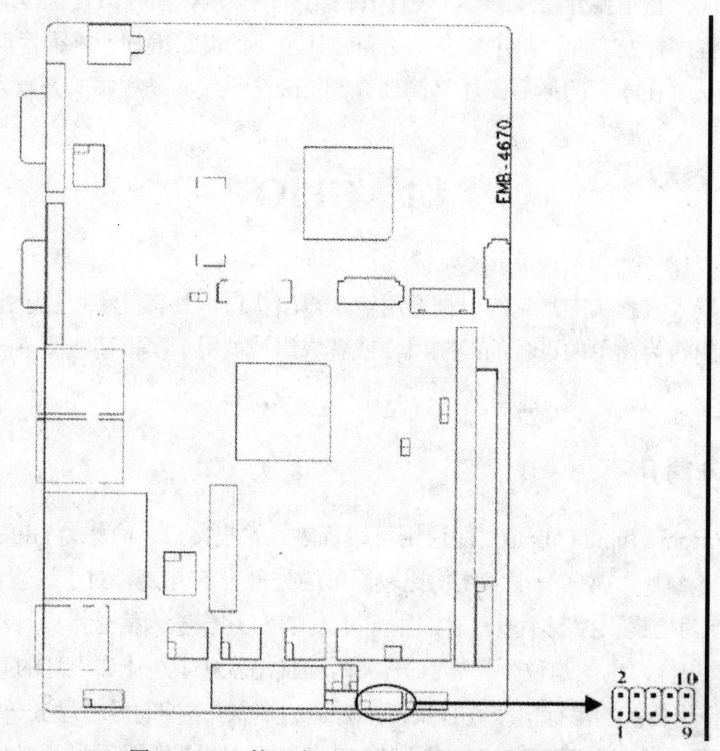

图 4-1　JGP 接口在 LAB8903 实验箱中的位置

JGP 接口中共有 10 个引脚，其中 8 个为 GPIO 口(3.3V)，1 个为 VCC(5V)，1 个为 GND。其中接口的具体定义见表 4-1。

表 4-1　JGP 接口的引脚定义

信号名称	引脚编号		信号名称
GPIO 248	1	2	VCC
GPIO 249	3	4	GPIO 252
GPIO 250	5	6	GPIO 253
GPIO 251	7	8	GPIO 254
GND	9	10	GPIO 255

4.1.3　GPIO 应用开发方法

在 Linux 的应用层程序中，可以使用系统中的 GPIOLIB 模块在用户空间提供的 sysfs 接口，实现应用层对 GPIO 的独立控制。本节介绍的 GPIO 的这种操作方式是在 Linux 2.6.35 内核之后引入的一种 GPIOLIB 的管理机制，GPIOLIB 提供了很好的用户接口封装，为用户提供了一个动态导出的接口。

在实验箱中运行的 Linux 系统的/sys/class/gpio 目录下，共有 5 个文件，其中有 3 个文件为符号链接(gpiochip0、gpiochip5、gpiochip244)，指向管理对应设备的目录。这 3 个符号链接分别对应实验箱中能够分别控制对应 GPIO 的 3 个管理芯片。上一节中涉及的 GPIO 都是从与 gpiochip244 对应的芯片中引出的。因此，本节主要讨论 gpiochip244 对应芯片的 GPIO 管理，但是此处介绍的操作方法同样也适用于 gpiochip0 和 gpiochip5。

在/sys/class/gpio/gpiochip244 目录下，共有 3 个文件和 3 个文件夹，主要作用见表 4-2。

表 4-2　gphichip244 目录下文件的作用

文件名	类　型	属　性	作　用
label	文件	只读	设备信息
base	文件	只读	设备所管理的 GPIO 初始编号
ngpio	文件	只读	设备所管理的 GPIO 总数
power	目录		设备供电方面的相关信息
subsystem	目录		符号链接，指向父目录
uevent	文件	读写	内核与 udev(自动设备发现程序)之间的通信接口

在这个目录下，base 和 ngpio 这两个文件为开发人员提供了重要的信息。在 gpiochip244 目录下，base 文件中的内容为“244”(字符串类型)，ngpio 文件中的内容为“12”。这两条信息说明，该外设管理了编号从 244 到 255 的 12 个 GPIO 接口。在实验箱中只有编号在 248 到 255 之间的 8 个 GPIO 被引出。

对其中某个 GPIO 接口的控制主要需要进行如下包含 3 个步骤的操作：

(1) 导出 GPIO 接口

在/sys/class/gpio 目录中有两个只具有写属性的文件：export 和 unexport。通过对这两个文件进行操作可以实现对 GPIO 接口的导出。

下面举例说明，为了对 255 号 GPIO 接口进行导出，可以在终端中通过下面的操作来完成：

```
cd   /sys/class/gpio              //进入相应的目录
echo 255 > export                 //将“255”(字符串类型)写入文件 export
```

将“255”写入 export 文件后，系统会自动在/sys/class/gpio 下创建 gpio255 目录。这说明对编号为 255 的 GPIO 接口导出成功。

(2) 设置 GPIO 属性

在 gpio255 目录下，系统会自动产生 6 个文件。其中，power、subsystem 和 uevent 这 3 个文件的功能与表 4-2 中描述的功能相同。

其他的 3 个文件——value、direction 和 active_low 都具有读写属性，用于完成对 GPIO 接口的控制。

- value：具有读写属性，表示当前 GPIO 接口的电平状态。当 GPIO 的方向为输入时，可以通过 value 读出当前 GPIO 接口的电平状态高低(“1” / “0”，均以 ASCII 码表示)；当 GPIO 方向为输出时，可以向该文件写入“1” / “0”，控制当前 GPIO 接口的高/低电平。
- direction：具有读写属性，控制 GPIO 接口的输入输出方向。如果将“out”写入该文件，该 GPIO 接口为输出状态；如果将“in”写入该文件，该 GPIO 接口为输入状态；如果将“high”写入该文件，那么在将 GPIO 接口置为输出状态的同时，也将 value 的值置为“1”；如果将“low”写入 value 文件，那么在将 GPIO 接口置为输出状态的同时，将“0”写入 value 文件。通过对 direction 文件的读操作还可以判断当前 GPIO 接口的输入/输出状态(“in” / “out”)。
- active_low：具有读写属性，值为“0”或“1”，用于决定 value 中的值是否进行翻转。当值为“0”时，value 中的“0”表示低电平，“1”表示高电平；当值为“1”时，value 中的“1”表示低电平，“0”表示高电平。

(3) GPIO 接口导出的取消

将取消导出的 GPIO 编号写入文件 unexport 中，对应的 GPIO 接口将会被取消导出。相对的，在文件系统中创建的目录也会消失。

例如，取消 255 号 GPIO 接口的导出：

```
echo 255 > unexport                    //将“255”(字符串类型)写入文件 unexport
```

4.1.4 GPIO 接口开发实例

下面通过实例来说明 GPIO 接口的使用方法。创建如下应用程序，使 255 号 GPIO 接口产生周期为两秒的方波输出：

```
#include <stdio.h>
#include <sys/types.h>
#include <sys/stat.h>
#include <fcntl.h>

int main (void)
{
 int i;

 //导出 255 号 GPIO 接口
 int fd = open("/sys/class/gpio/export", O_RDWR);
 if (fd < 0) {
        printf("Open file /sys/class/gpio/export failed!\n");
        return -1;
 }
write(fd, "255", 3);
```

```
close(fd);

//将 GPIO 接口方向设置为输出
fd = open("/sys/class/gpio/gpio255/direction", O_RDWR);
 if (fd < 0) {
        printf("Open file /sys/class/gpio/gpio255/direction failed!\n");
        return -1;
 }
write(fd, "out", 3);
close(fd);

//输出 100 个周期的方波
fd = open("/sys/class/gpio/gpio255/value", O_RDWR);
 if (fd < 0) {
        printf("Open file /sys/class/gpio/gpio255/value failed!\n");
        return -1;
 }

 for (i=0; i<200; i++) {
        if (i%2)
               write(fd, "1", 1);
        else
write(fd, "0", 1);
        sleep(1);
}

close(fd);

//取消 255 号 GPIO 接口的导出
 fd = open("/sys/class/gpio/unexport", O_RDWR);
 if (fd < 0) {
        printf("Open file /sys/class/gpio/unexport failed!\n");
        return -1;
 }
write(fd, "255", 3);
close(fd);

return 0;
}
```

4.2　LPT 接口

并行接口是指采用并行传输方式来传输数据的接口标准，这种接口可以将多个数据位同时进行传送。由于数据位同时并行传送，因此并口数据传送在相同的数据传送速率下速度较串口快，但传送距离相对较短。从最简单的并行数据寄存器或专用接口集成电路芯片，比如 8255、6820 等，直至较复杂的 SCSI 或 IDE 并行接口，并行接口的种类有数十种之多。

并行接口的特性可以从两个方面进行描述：并行传输数据的宽度，即接口传输的位数；用于协调并行数据传输的额外接口控制线的特性。数据宽度可以是 1~128 位甚至更宽，其中最常用的数据宽度为 8 位，也就是可通过接口一次传送 8 个数据位。在计算机中最常见的并行接口是通常所说的 LPT 接口。

4.2.1　LPT 接口简介

LPT(Line Print Terminal 或 Local Print Terminal)是一种原始的但却非常通用的并行数据接口。LPT 接口最早主要被设计作为 8 位 ASCII 扩展码点阵字符打印机的数据接口，因此 LPT 接口的数据宽度为 8 位。实际上，目前 LPT 接口已经支持通用的文本打印与图形打印的设备数据交换，并在 20 世纪 90 年代成为 IEEE 的通行标准(IEEE 1284)。

LPT 接口一般用来连接打印机或扫描仪。默认的中断号是 IRQ7，并口的工作模式主要有三种：

- SPP 标准工作模式：SPP 数据是半双工单向传输，传输速率较慢，仅为 15KB/s，但应用较为广泛，一般设为默认的工作模式。
- EPP 增强型工作模式：EPP 采用双向半双工数据传输，传输速度比 SPP 高很多，可达 2MB/s，目前已有不少外设使用此工作模式。
- ECP 扩充型工作模式：ECP 采用双向全双工数据传输，传输速率比 EPP 还要高一些，但支持的设备不是很多。

4.2.2　LPT 接口的定义

目前主流的 PC 机主板上提供的 LPT 接口采用 IEEE 1284 标准中的 A 型接口 DB-25，如图 4-2 所示。LPT 接口的定义如图 4-3 所示。

图 4-2　LPT 接口主机端的 25 孔插座(DB-25)

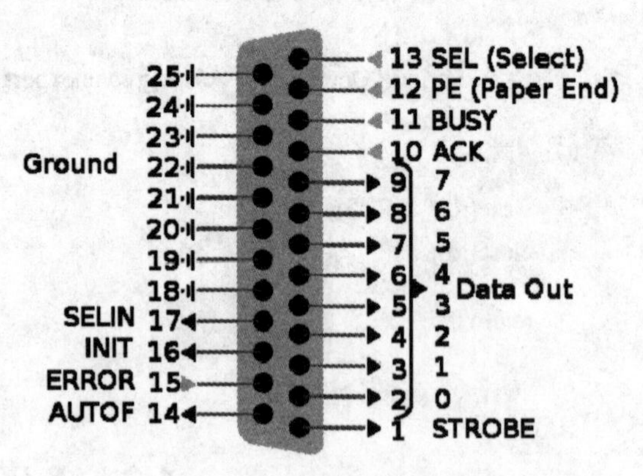

图 4-3　LPT 接口的定义

各引脚的定义见表 4-3。

表 4-3　LPT 接口各引脚说明(DB-25)

引脚编号	信号名称	信号方向	用途	备注
1	Strobe	I/O	控制	低电平有效

(续表)

引脚编号	信号名称	信号方向	用途	备注
2	Data 0	OUT	数据	
3	Data 1	OUT	数据	
4	Data 2	OUT	数据	
5	Data 3	OUT	数据	
6	Data 4	OUT	数据	
7	Data 5	OUT	数据	
8	Data 6	OUT	数据	
9	Data 7	OUT	数据	
10	ACK	IN	状态	低电平有效
11	BUSY	IN	状态	
12	Paper-Out/Paper-End	IN	状态	
13	Select	IN	状态	
14	AUTOF	I/O	控制	低电平有效
15	ERROR/FAULT	IN	状态	低电平有效
16	INIT	I/O	控制	
17	Select-Printer/Select-In	I/O	控制	低电平有效
18～25	Ground	-	GND	

在 LAB8903 实验箱中，系统也提供了一组 LPT 接口。不同于 PC 机主板的 DB-25 接口，实验箱提供了一组具有 20 个引脚的 LPT 接口。与 DB-25 接口相比，这组接口只是减少了 Ground 信号的引脚数量，其他的引脚定义并没有发生变化。在实验箱中，LPT 接口所在位置如图 4-4 所示。

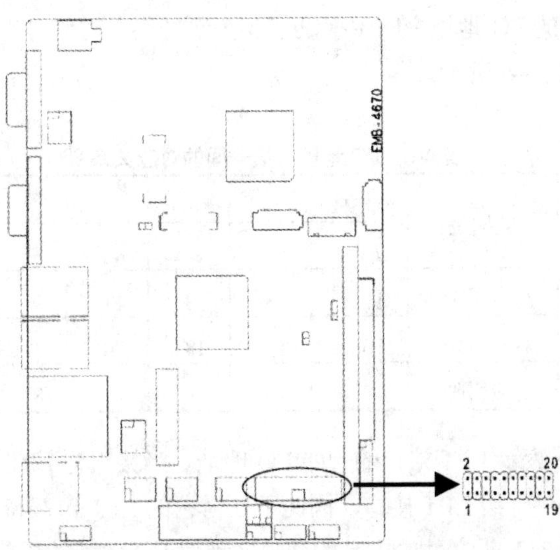

图 4-4 LPT 接口在 LAB8903 实验箱中的位置

实验箱提供的 LPT 接口定义如表 4-4 所示。

表 4-4　LAB8903 实验箱提供的 LPT 接口中各引脚说明

信号名称	引脚编号		信号名称
STROBE	1	2	Auto-Linefee
Data 0	3	4	ERROR/FAULT
Data 1	5	6	INIT
Data 2	7	8	Select-Printer/Select-In
Data 3	9	10	Ground
Data 4	11	12	Ground
Data 5	13	14	Ground
Data 6	15	16	BUSY
Data 7	17	18	Paper-Out/Paper-End
ACK	19	20	Select

4.2.3　LPT 应用开发方法

在 x86 体系结构下，LPT 接口被分配到表 4-5 所示的 I/O 端口地址空间中。

表 4-5　LPT 接口的 I/O 端口分配

接口名称	中断号	起始 I/O 端口	终止 I/O 端口
LPT 1	5	0x378h	0x37Fh
LPT 2	5	0x278h	0x27Fh

在每个 LPT 接口的 I/O 地址空间中提供了 3 个地址用于对信号进行控制，地址与表 4-4 中信号的对应关系如表 4-6 所示。

表 4-6　I/O 地址与信号间的对应关系

地址	用途	数据位	MSB							LSB
			7	6	5	4	3	2	1	0
base	数据	对应引脚	17	15	13	11	9	7	5	3
base+1	状态	对应引脚	16	19	18	20	4	-	-	-
base+2	控制	对应引脚	-	-	-	-	8	6	2	1

在表 4-5 中，base 表示 LPT 接口的起始 I/O 地址。当接口为 LPT 1 时，base 为 0x378h。由于 LAB8903 中只提供一组 LPT 接口，因此下面讨论的 LPT 口都特指 LPT 1 接口。

程序可以通过 sys/io.h 头文件中定义的函数实现对 I/O 地址的访问，如表 4-7 所示。

表 4-7　I/O 地址访问函数说明

函 数 声 明	功　能	
unsigned char inb(unsigned short int port);	从地址 port 读 1 个字节	读操作
unsigned short int inw(unsigned short int port);	从地址 port 读 1 个字	
unsigned int inl(unsigned short int port);	从地址 port 读 1 个双字	
void outb(unsigned char value, unsigned short int port);	向地址 port 写 1 个字节	写操作
void outw(unsigned short int value, unsigned short int port);	向地址 port 写 1 个字	
void outl(unsigned int value, unsigned short int __port);	向地址 port 写 1 个双字	
int ioperm(unsigned long int from, unsigned long int num, int turn_on);	为当前进程设置 I/O 端口访问权限，仅限于 0h～0x3ffh 端口	权限申请
int iopl(int __level);	改变当前进程 I/O 端口的权限级别	

在此需要说明的是 ioperm 函数，在 Linux 系统中，只有在当前进程获得了超级用户权限后才能用此函数。通过对此函数的调用，能声明当前进程对指定端口的读写访问权限。该函数的具体参数如表 4-8 所示。

表 4-8　ioperm 函数参数说明

参　数	说　明
from	起始端口地址
num	需要修改的端口数
turn_on	端口的权限位

当 ioperm 函数成功执行时，返回值为 0；失败时，返回值为 1。当访问失败时，可以通过 errno 确定具体的出错情况：值为 EINVAL，说明参数无效；值为 EIO，说明这一调用不被系统支持；值为 EPERM，说明调用进程没有获得超级用户权限。

在访问 I/O 地址之前，必须调用 ioperm 函数来获取权限，然后可以使用 inb 和 outb 函数来对信号进行读取和写入操作。例如：

```
outb(0x5A, 0x378);                    //将 8 位数据线(Data 7~Data 0)的值置为 0x5A
unsigned char b = inb(0x379) & 0x80;  //读取 busy 信号：0 表示低电平，非 0 表示高电平
```

4.2.4　LPT 接口开发实例

下面通过实例来说明 LPT 接口的使用方法。将 LPT 接口与共阳极七段 LED 数码管连接，实现七段数码管的显示。

LED 数码管是由多个发光二极管封装在一起组成“8”字形器件，是一种常用的电子元器件，经常应用于仪表、家电等具有简单数字信息显示需求的嵌入式设备中。

从图 4-5 所示的共阳极七段数码管的原理图中可以看出，如果需要点亮对应位置的发光

管，那么需要将相应的引脚电平置为低。

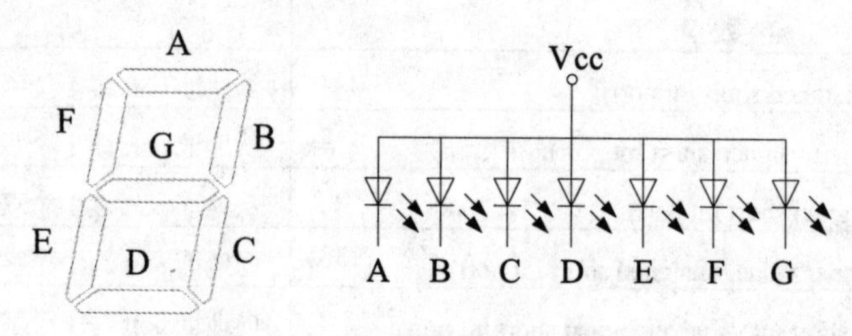

图 4-5　共阳极七段 LED 数码管的原理图

将 LPT 接口与七段数码管进行连接，连接方法如图 4-6 所示。图中的限流电阻可使用 470 欧姆的电阻。将七段数码管的 A～G 分别连接到 LPT 接口的 Data 0~Data 6 接口来进行控制。

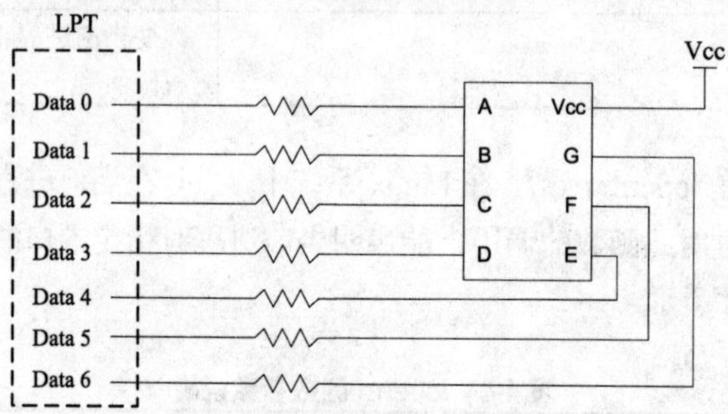

图 4-6　LED 数码管与 LPT 接口的连接示意图

LED 数码管上待显示数字与数据线信号的关系如表 4-9 所示。

表 4-9　数字与数据线信号的对应关系

待显示数字	数据[Data 7~Data 0]	待显示数字	数据[Data 7~Data 0]
0	0x40	5	0x12
1	0x74	6	0x02
2	0x44	7	0x38
3	0x30	8	0x00
4	0x0d	9	0x01

下面给出使用 LPT 控制七段 LED 数码管循环显示 0～9 的程序实例，数字之间的显示间隔为 1 秒：

```
#include <stdio.h>
#include <stdlib.h>
#include <unistd.h>
#include <sys/io.h>
#include <sys/types.h>
#include <fcntl.h>
#define BASEPORT 0x378      // LPT 1 地址端口地址

int main() {
```

```
    int i;
    //保存显示内容与数据线对应数据的查找表
    unsigned char num[] = {0x40, 0x74, 0x44, 0x30, 0xd, 0x12, 0x2, 0x38, 0x0, 0x1};

    //申请 LPT I/O 端口(0x378h~0x37ah)的操作权限
    if (ioperm(BASEPORT, 3, 1)) {
            printf("ioperm error!\n");
            return 0;
        }

    //循环显示 100 次
    for (i=0; i<100; i++) {
          //修改 Data 0~Data 7 的信号，循环显示 0~9
          outb(num[i%10], BASEPORT);
          //每次显示维持 1 秒的时间
          sleep(1);
    }

    //释放 LPT1 I/O 端口的权限
    if (ioperm(BASEPORT, 3, 0)) {
          printf("ioperm error!\n");
          return 0;
    }

    return 0;
}
```

4.3　I^2C 总线与 SPI 总线

I^2C 总线和 SPI 总线都是嵌入式系统设计中常用的两种总线，具有丰富的外设资源。虽然在 LAB8903 实验箱中并没有直接提供对 I^2C 总线和 SPI 总线设备的支持，但是通过前面介绍的 GPIO 接口或 LPT 接口，可以利用软件来模拟 I^2C 或 SPI 总线逻辑，进而实现对相应设备的控制。

4.3.1　I^2C 简介

I^2C(Inter-Integrated Circuit)总线是Philips 公司开发的两线式串行总线，用于连接微控制器及其外围设备，是微电子通信控制领域广泛采用的一种总线标准，具有接口线数少、控制方式简单、器件封装形式小、通信速率较高等优点。目前已有种类繁多的存储芯片、传感器、交互设备采用 I^2C 总线与微处理器进行通信并实现控制。

4.3.2　I^2C 协议

I^2C 总线在物理上由两条信号线和一条地线构成。两条信号线分别为串行数据线(SDA)和串行时钟线(SCL)，它们通过上拉电阻连接到正电源。处理器与外设之间使用 I^2C 总线连接，如图 4-7 所示。

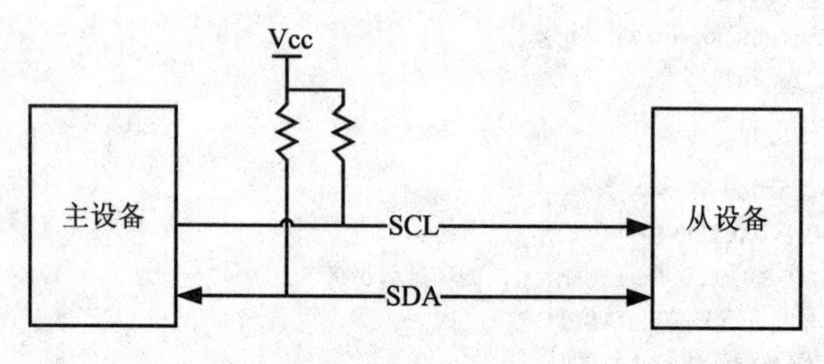

图 4-7　I^2C 总线接口

在一条 I^2C 总线上可以连接多个从设备，当微处理器与其中的某个从设备地址进行通信时，主要使用设备地址来实现对不同从设备的区分。I^2C 设备地址有 7 位和 10 位两种方式，常见的是 7 位地址的方式。使用 0~127 之间的某个数字作为设备的标识。主机开始通信时，首先发出目标设备的地址，以便总线上的相应设备与主机间进行响应。通常，设备的地址会由厂商在说明书中预先给出。

I^2C 总线的通信过程(见图 4-8)主要包含三个主要阶段：起始阶段、数据传输阶段和终止阶段。

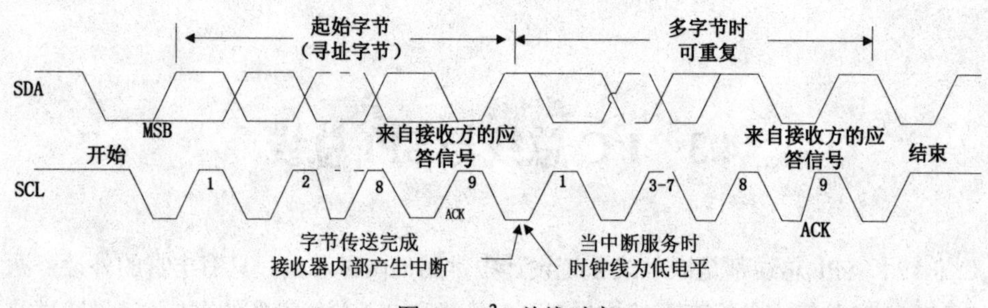

图 4-8　I^2C 总线时序

1. 起始阶段

在 I^2C 总线不工作的情况下，SDA(数据线)和 SCL(时钟线)上的信号均为高电平。如果此时主机需要发起新的通信请求，那么需要首先通过 SDA 和 SCL 发出起始标志。当 SCL 为高电平时，SDA 电平从高变低，这一变化表示完成了通信的起始条件。

在起始条件和数据通信之间，通常会有延时要求，具体的指标会在设备厂商的规格说明书中给出。

2. 数据传输阶段

I²C 总线的数据通信是以字节(8 位)作为基本单位在 SDA 上进行串行传输的。一个字节的传输需要 9 个时钟周期。其中，字节中每一位的传输都需要一个时钟周期，当新的 SCL 到来时，SCL 为低电平，此时数据发送方根据当前传输的数据位控制 SDA 的电平信号。如果传输的数据位为“1”，就将 SDA 电平拉高；如果传输的数据位为“0”，就将 SDA 的电平拉低。当 SDA 上的数据准备好之后，SCL 由低变高，此时数据接收方将会在下一次 SCL 信号变低之前完成数据的接收。当 8 位数据发送完成后，数据接收方需要一个时钟周期以使用 SDA 发送 ACK 信号，表明数据是否接收成功。当 ACK 信号为“0”时，说明接收成功；为“1”时，说明接收失败。每个字节的传输都是由高位(MSB)到低位(LSB)依次进行传输。

I²C 总线协议中规定，数据通信的第一个字节必须由主机发出，内容为此次通信的目标设备地址和数据通信的方向(读/写)。在这个字节中，第 1～7 位为目标设备地址，第 0 位为通信方向，当第 0 位为“1”时表示读，即后续的数据由目标设备发出主机进行接收；当第 0 位为“0”时表示写，即后续的数据由主机发出目标设备进行接收。在数据通信过程中，总是由数据接收方发出 ACK 信号。

3. 终止阶段

当主机完成数据通信，并终止本次传输时会发出终止信号。当 SCL 是高电平时，SDA 电平由低变高，这个变化意味着传输终止。

4.3.3　使用 GPIO 模拟 I²C 总线进行通信

下面给出了模拟 I²C 总线进行读写的伪代码，用以说明如何使用 GPIO 实现 I²C 通信：

```
#define SDA 254                              //定义 SDA 所对应的 GPIO 接口编号
#define SCL  255                             //定义 SCL 所对应的 GPIO 接口编号
#define OUTP 1                               //表示 GPIO 接口方向为输出
#define INP  0                               //表示 GPIO 接口方向为输入
/* I2C 起始条件 */
int i2c_start()
{
    //初始化 GPIO 口
    set_gpio_direction(SDA, OUTP);           //设置 SDA 方向为输出
    set_gpio_direction (SCL, OUTP);          //设置 SCL 方向为输出
    set_gpio_value(SDA, 1);                  //设置 SDA 为高电平
    set_gpio_value(SCL, 1);                  //设置 SCL 为高电平
    delay();                                 //延时

    //起始条件
    set_gpio_value(SDA, 0);                  //SCL 为高电平时，SDA 由高变低
    delay();
}
```

```
/* I2C 终止条件 */
void i2c_stop()
{
    set_gpio_value(SCL, 1);
    set_gpio_direction(SDA, OUTP);
    set_gpio_value(SDA, 0);
    delay();
    set_gpio_value(SDA, 1);                    //SCL 高电平时，SDA 由低变高
}

/*
    I2C 读取 ACK 信号(写数据时使用)
    返回值 ：0 表示 ACK 信号有效；非 0 表示 ACK 信号无效
*/

unsigned char i2c_read_ack()
{
    unsigned char r;
    set_gpio_direction(SDA, INP);              //设置 SDA 方向为输入
    set_gpio_value(SCL,0);                     // SCL 变低
    r = get_gpio_value(SDA);                   //读取 ACK 信号
    delay();
    set_gpio_value(SCL,1);                     // SCL 变高
    delay();
    return r;
}
/* I2C 发出 ACK 信号(读数据时使用) */
int i2c_send_ack()
{
    set_gpio_direction(SDA, OUTP);             //设置 SDA 方向为输出
    set_gpio_value(SCL,0);                     // SCL 变低
    set_gpio_value(SDA, 0);                    //发出 ACK 信号
    delay();
    set_gpio_value(SCL,1);                     // SCL 变高
    delay();
}

/* I2C 字节写 */
void i2c_write_byte(unsigned char b)
{
    int i;
    set_gpio_direction(SDA, OUTP);             //设置 SDA 方向为输出
    for (i=7; i>=0; i--) {
    set_gpio_value(SCL, 0);                    // SCL 变低
    delay();
```

```
        set_gpio_value(SDA, b & (1<<i));          //从高位到低位依次准备数据进行发送
        set_gpio_value(SCL, 1);                   // SCL 变高
        delay();
    }
        i2c_read_ack();                           //检查目标设备的 ACK 信号
}

/* I2C 字节读 */
unsigned char i2c_read_byte()
{
    int i;
    unsigned char r = 0;
    set_gpio_direction(SDA, INP);                 //设置 SDA 方向为输入
    for (i=7; i>=0; i--) {
        set_gpio_value(SCL, 0);                   // SCL 变低
        delay();
        r = (r <<1) | get_gpio_value(SDA);        //从高位到低位依次准备数据进行读取
        set_gpio_value(SCL, 1);                   // SCL 变高
        delay();
    }

    i2c_send_ack();                               //向目标设备发送 ACK 信号
    return r;
}

/*
    I2C 读操作
    addr：目标设备地址
    buf：读缓冲区
    len：读入字节的长度
*/
void i2c_read(unsigned char addr, unsigned char* buf, int len)
{
    int i;
    unsigned char t;

    i2c_start();                                  //起始条件，开始数据通信

    //发送地址和数据读写方向
    t = (addr << 1) | 1;                          //低位为 1，表示读数据
    i2c_write_byte(t);

    //读入数据
    for (i=0; i<len; i++)
    buf[i] = i2c_read_byte();

    i2c_stop();                                   //终止条件，结束数据通信
```

```
}

/*
    I²C 写操作
    addr：目标设备地址
    buf：写缓冲区
    len：写入字节的长度

*/
void i2c_write (unsigned char addr, unsigned char* buf, int len)
{
    int i;
    unsigned char t;

    i2c_start();                            //起始条件，开始数据通信

    //发送地址和数据读写方向
    t = (addr << 1) | 0;                    //低位为 0，表示写数据
    i2c_write_byte(t);

    //写入数据
    for (i=0; i<len; i++)
        i2c_write_byte(buf[i]);
    i2c_stop();                             //终止条件，结束数据通信
}
```

在上面的代码中，i2c_read 和 i2c_write 这两个函数可以实现 GPIO 接口对 I^2C 总线的模拟读写。

4.3.4 SPI 简介

SPI(Serial Peripheral Interface)是一种由摩托罗拉公司命名的同步串行数据连接标准，是一种高速的同步通信总线，可以在主从设备间以全双工方式实现通信。与 I^2C 总线不同，SPI 是一种 4 线的串行总线结构。在 SPI 总线上可以同时挂载多个从设备。当主设备发起数据通信时，总线通过每个设备独立的片选信号来决定与之通信的从设备。SPI 接口主要应用在 E^2PROM、FLASH、实时时钟、AD 转换器、数字信号处理器和数字信号解码器等外围设备之间。由于 SPI 总线硬件功能很强，因此相关软件部分的逻辑设计变得相对简单。

4.3.5 SPI 协议

SPI 总线在物理上由 4 条信号线和一条地线构成。4 条信号线分别是：数据输出 MOSI、数据输入 MISO、串行同步时钟 SCLK 和从设备使能线 SS(片选)。处理器与外设之间使用 SPI 总线连接，如图 4-9 所示。

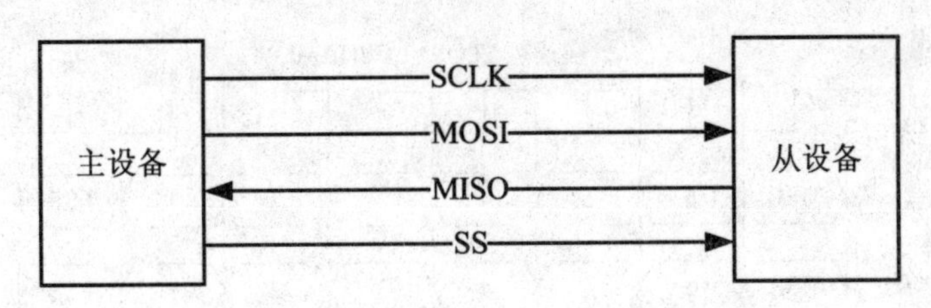

图 4-9　SPI 总线接口

当通信发起时，首先会将 SS 使能(低电平有效)，然后进行数据通信。因此当 SPI 总线上出现一主多从的连接情况时，主设备通过使能不同的 SS 信号来区分与之通信的从设备。

SPI 总线以字节作为基本单位进行串行传输，每个时钟周期在 MISO/MOSI 上可以传输一位数据。在数据传输过程中，按照高位(MSB)在前、低位(LSB)在后顺序进行传输。与 I^2C 总线不同，SPI 总线在当某个字节数据传送完成后不需要 ACK 信号实现数据同步。

SPI 协议中规定，可以根据外设的工作要求配置输出串行同步时钟(SCLK)的极性和相位。时钟极性(CPOL)对传输协议没有重大影响，只是规定了串行同步时钟在空闲时的状态：如果 CPOL=0，串行同步时钟的空闲状态为低电平；如果 CPOL=1，串行同步时钟空闲状态为高电平。时钟相位(CPHA)用于规定数据采样时使用的时钟沿：如果 CPHA=0，数据在串行同步时钟的第一个跳变沿(上升或下降，由 CPOL 决定)被采样；如果 CPHA=1，数据在串行同步时钟的第二个跳变沿被采样。

由于时钟相位和极性的可配置，在 SPI 应用过程中，有 4 种工作模式可以被选择使用。原则上，SPI 通信时主机与外设间的串行同步时钟相位和极性应做到一致。图 4-10 给出了 4 种工作模式下的总线工作时序。

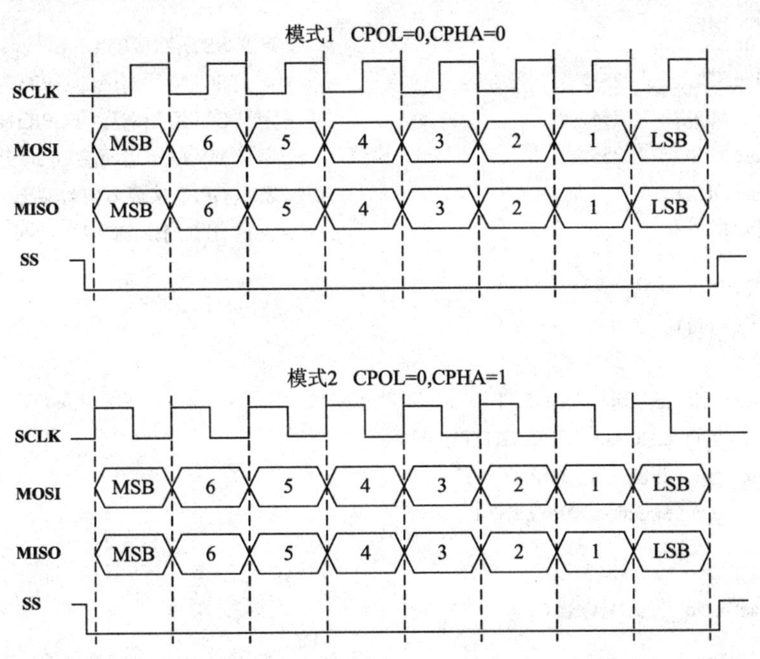

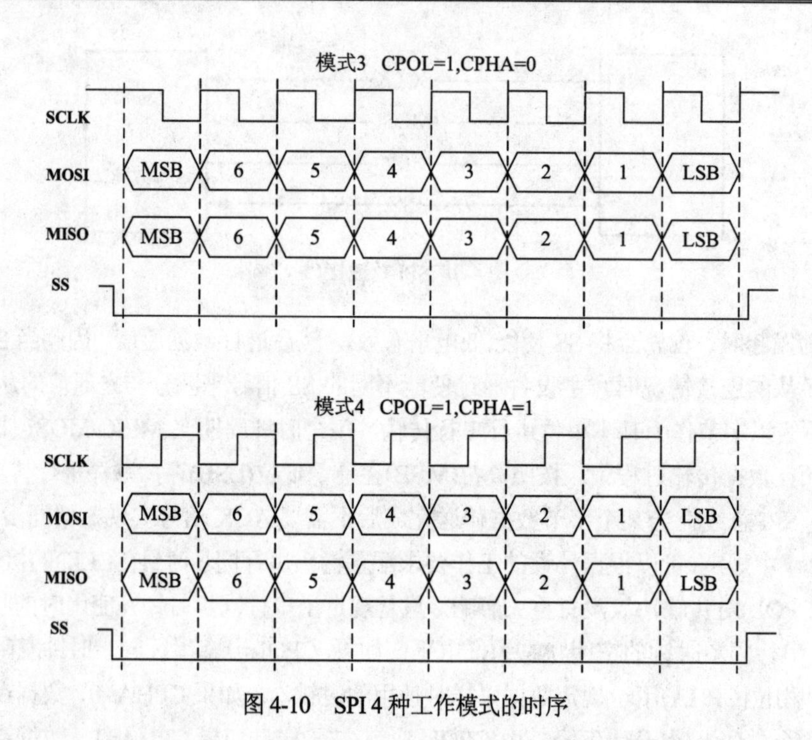

图 4-10　SPI 4 种工作模式的时序

4.3.6　使用 GPIO 模拟 SPI 总线进行通信

下面给出了模拟 SPI 总线在模式 1 下进行读写的伪代码，用以说明如何使用 GPIO 实现 SPI 通信：

```
#define SS        252                //定义 SS 所对应的 GPIO 接口编号
#define SCLK      253                //定义 SCLK 所对应的 GPIO 接口编号
#define MOSI      254                //定义 SCLK 所对应的 GPIO 接口编号
#define MISO      255                //定义 MISO 所对应的 GPIO 接口编号
#define OUTP      1                  //表示 GPIO 接口方向为输出
#define INP  0                       //表示 GPIO 接口方向为输入

/* SPI 端口初始化 */
void spi_init()
{
    set_gpio_direction(SS, OUTP);
    set_gpio_direction(SCLK, OUTP);
    set_gpio_direction(MOSI, OUTP);
    set_gpio_direction(MISO, INP);

    set_gpio_value(SCLK, 0);         //CPOL=0
    set_gpio_value(MOSI, 0);
}

/*
    从设备使能
```

```
        enable：为 1 时，使能信号有效，SS 低电平
                为 0 时，使能信号无效，SS 高电平
    */
    void ss_enable(int enable)
    {
        if (enable)
            set_gpio_value(SS, 0);                  //SS 低电平，从设备使能有效
        else
            set_gpio_value(SS, 1);                  //SS 高电平，从设备使能无效
    }

    /* SPI 字节写 */
    void spi_write_byte(unsigned char b)
    {
        int i;

        for (i=7; i>=0; i--) {
            set_gpio_value(SCLK, 0);
            set_gpio_value(MOSI, b&(1<<i));         //从高位 7 到低位 0 进行串行写入
            delay();                                //延时
            set_gpio_value(SCLK, 1);                // CPHA=1，在时钟的第一个跳变沿采样
            delay();
    }
}

/* SPI 字节读 */
unsigned char spi_read_byte()
{
    int i;
    unsigned char r = 0;

    for (i=0; i<8; i++) {
        set_gpio_value(SCLK, 0);
        delay();                                    //延时
        set_gpio_value(SCLK, 1);                    // CPHA=1，在时钟的第一个跳变沿采样
        r = (r <<1) | get_gpio_value(MISO);         //从高位 7 到低位 0 进行串行读出
        delay();
    }
}

/*
    SPI 写操作
    buf：写缓冲区
    len：写入字节的长度
*/
void spi_write (unsigned char* buf, int len)
{
```

```
    int i;

    spi_init();                                  //初始化 GPIO 接口

    ss_enable(1);                                //从设备使能有效，通信开始
    delay();                                     //延时

    //写入数据
    for (i=0; i<len; i++)
        spi_write_byte(buf[i]);

    delay();
    ss_enable(0);                                //从设备使能无效，通信结束
}

/*
    SPI 读操作
    buf：读缓冲区
    len：读入字节的长度
*/
void spi_read(unsigned char* buf, int len)
{
    int i;

    spi_init();                                  //初始化 GPIO 接口

    ss_enable(1);                                //从设备使能有效，通信开始
    delay();                                     //延时

    //读入数据
    for (i=0; i<len; i++)
        buf[i] = spi_read_byte();

    delay();
    ss_enable(0);                                //从设备使能无效，通信结束
}
```

在上面的代码中，spi_read 和 spi_write 这两个函数可以实现 GPIO 对 SPI 的模拟读写。

4.4　RS-232C 总线

RS-232C 总线是嵌入式系统中常用的一种串行数据总线，用于实现主机与终端间的通信。在嵌入式系统的开发和调试过程中，RS-232C 总线也发挥了重要的作用。

4.4.1　RS-232C 简介

RS-232C 是美国电子工业协会(Electronic Industry Association，EIA)于 1962 年公布的一种

串行物理接口标准。这种标准对串行通信接口的有关问题，比如信号线功能、电器特性都作了明确规定。由于通信设备厂商都生产与 RS-232C 制式兼容的通信设备，因此 RS-232C 作为一种标准，目前已在微机通信接口中广泛采用。

RS-232C 早期用于实现数据终端设备(Data Terrminal Equipment，DTE)和数据通信设备(Data Communication Equipment，DCE)之间的串行通信(见图 4-11)。目前，RS-232C 广泛应用于计算机与终端之间、计算机与计算机之间或计算机与其他串行接口设备之间的近距离串行通信，最大通信距离在 15 米左右。

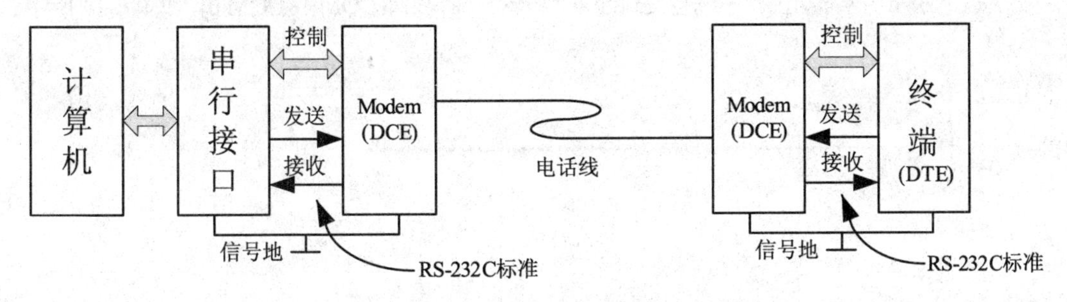

图 4-11　RS-232C 在早期的典型应用

4.4.2　RS-232C 接口的定义

RS-232C 规定采用 DB-25 作为接口连接器，然而由于这项规定并不严格，以致后来出现了 DB-9(见图 4-12)以及其他的连接形式。

RS-232C 规定了两个信道：主信道和辅助信道。由于辅助信道的传输速率比主信道慢，因此一般并不被使用。常见的 DB-9 接口中只使用主信道进行数据传输，接口定义如图 4-13 所示。

图 4-12　RS-232C 接口的 9 针插座(DB-9)

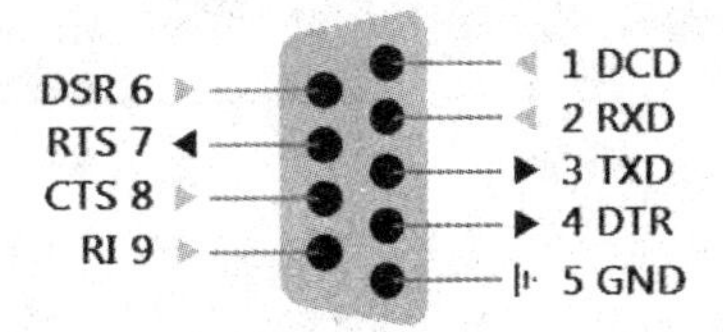

图 4-13　RS-232C 接口的定义

各引脚定义见表 4-10。

表 4-10　RS-232C 接口各引脚说明(DB-9)

引 脚 编 号	信 号 名 称	信 号 方 向	功　　能
1	DCD	IN	载波检测
2	RXD	IN	接收数据
3	TXD	OUT	发送数据
4	DTR	OUT	数据终端就绪
5	GND	-	信号地

(续表)

引脚编号	信号名称	信号方向	功　能
6	DSR	IN	数据传输就绪
7	RTS	OUT	请求发送
8	CTS	IN	允许发送
9	RI	IN	振铃指示

在 LAB8903 实验箱中，系统也提供了 6 组 RS232C 接口(COM 1~COM 6)，如图 4-14 所示。

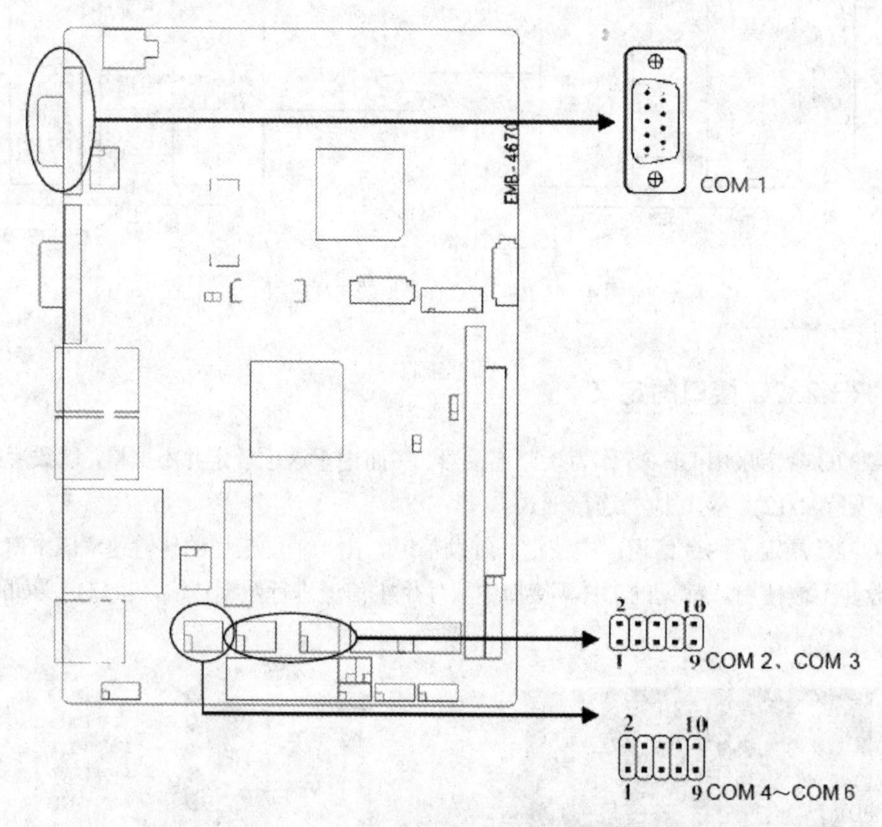

图 4-14　COM 1～COM 6 接口在 LAB8903 实验箱中的位置

其中，COM 1 为标准 DB-9 接口(接口定义同表 4-9)，COM 2 与 COM 3 为 2×5 PIN 接口(见表 4-11)，COM 4～COM 6 只有 RXD 和 TXD 信号(见表 4-12)。

表 4-11　LAB8903 实验箱 COM 2 与 COM 3 各引脚说明

信号名称	引脚编号		信号名称
DCD	1	2	DSR
RXD	3	4	RTS
TXD	5	6	CTS
DTR	7	8	RI
GND	9	10	GND

表 4-12　LAB8903 实验箱 COM 4～COM 6 各引脚说明

信 号 名 称	引 脚 编 号		信 号 名 称
COM4_RXD	1	2	COM4_TXD
COM5_RXD	3	4	COM5_TXD
COM6_RXD	5	6	COM6_TXD
GND	7	8	GND
CANH	9	10	CANL

4.4.3　RS-232C 接口的连接

从连接距离的远近上，可以将 RS-232C 的连接方法分为两类。

1. 远距离连接

两个远距离设备之间使用 RS-232C 接口的连接需要借助 DCE(Modem 或其他远程传输设备)和电话线，如图 4-15 所示。

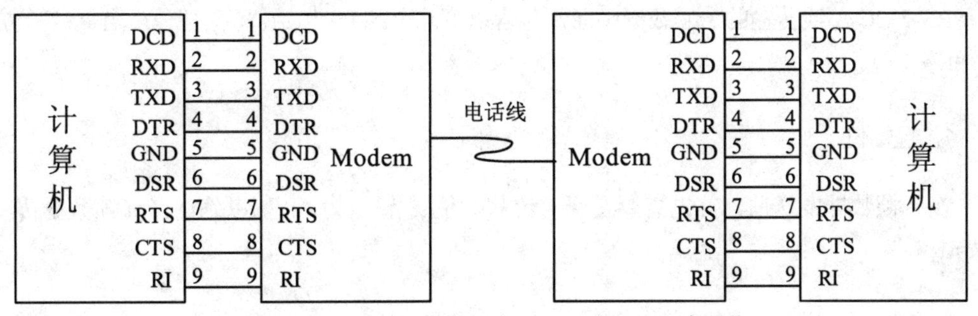

图 4-15　RS-232C 终端通过 Modem 实现远距离通信

2. 近距离连接

当两个设备距离较近时(15 米以内)，不需要使用 DCE。可以直接将两个设备的 RS-232C 接口相连。RS-232C 直连有两种接法：标准接法和简单接法。

标准接法(见图 4-16)使用 DB-9 接口中的所有引脚，支持对数据传输的流量控制，主要应用于对数据使用较为严谨的场合。

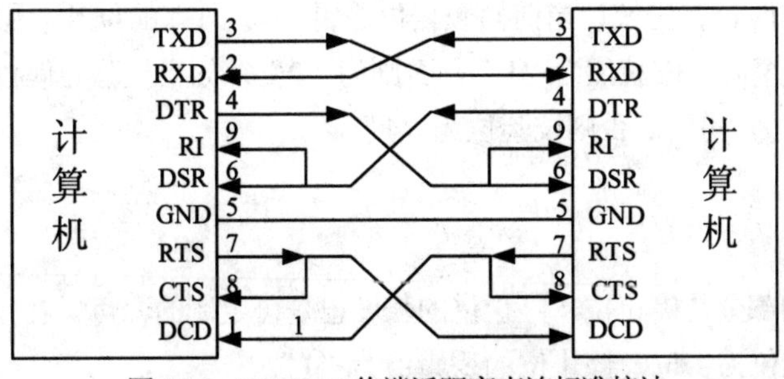

图 4-16　RS-232C 终端近距离直连标准接法

简单接法(见图 4-17)只使用数据发送(TXD)、数据接收(RXD)和地(GND)三个引脚，连接方式简单，但不具备流量控制功能，适用于数据吞吐量不大或对数据传输要求不严格的场合。

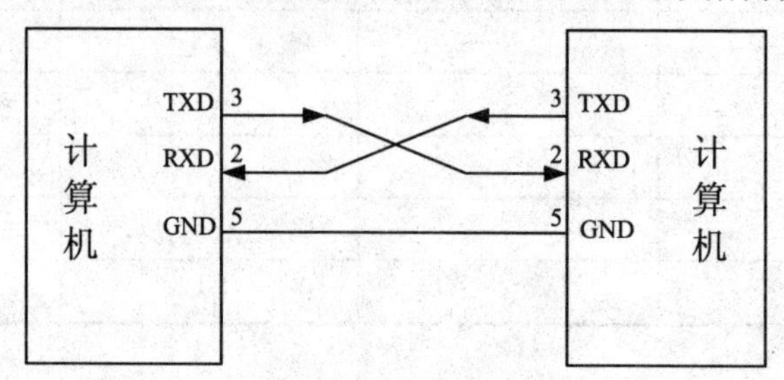

图 4-17　RS-232C 终端近距离直连简单接法

4.4.4　RS-232C 协议

和前面介绍的 I^2C 和 SPI 总线不同，RS-232C 总线在数据传输过程中并不使用同步时钟，而是预先在终端完成波特率的约定。因此在 RS-232C 接口中，并不存在同步时钟线。常用的波特率有 9600bps、19200bps、38400bps、57600bps、115200bps 等。

RS-232C 总线传输的一帧数据中通常包含以下几个部分：起始位、数据位、奇偶校验位(可选)和停止位。

1. 起始位

在一帧数据发送前，首先需要发送 1 位起始位(逻辑值为“0”)以确认当前帧数据传输的开始。

2. 数据位

起始位之后紧接着发送数据位，数据位的长度是可定制的，可以在 5、6、7、8 之间进行选择。数据位从低位(LSB)向高位(MSB)串行发送。

3. 奇偶校验位

如果终端需要发送奇偶校验位，那么在数据位发送后发送 1 位奇偶校验位，用于确认该帧的数据位是否成功传输。校验有两种方式：奇校验和偶校验。

在计算校验位时，首先统计当前帧数据位逻辑值为“1”的位数，如果校验为奇校验，那么当位数为奇数个时，校验位为“1”，否则为“0”；如果校验为偶校验，那么当位数为奇数个时，校验位为“0”，否则校验位为“1”。

4. 停止位

数据帧最后的部分是停止位，停止位的长度也是可定制的，可以在 1、1.5、2 之间进行选择。常用的停止位为 1 位，停止位的逻辑值为“1”。

上述 RS-232C 的参数：数据位的长度、停止位的长度以及奇偶校验位的配置都是在通信开始前完成配置的。

RS-232C 使用的是负电平逻辑，也就是逻辑 “1” 用低电平表示，逻辑“0” 使用高电平表示。图 4-18 给出了使用 RS-232C 发送 0x55aah 两个字节数据时 TXD 上的波形图。

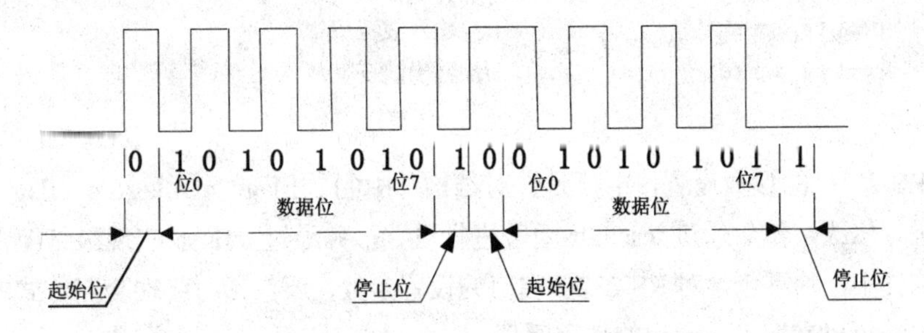

图 4-18　RS-232C 发送 0x55aah 的时序图

在 RS-232C 中，CTS 与 RTS 两个信号被用于实现数据传输过程中的流量控制，信号为高电平有效。在标准连接中，RTS 与另一终端的 CTS 进行连接，当 RTS 为高电平时，说明当前终端可以正常接收数据。当 CTS 为高电平时 ，说明对方终端无法接收数据，所以当前终端完成数据的发送。通过这种方式实现的数据流量控制，可以保证终端两方能够在对方的处理能力之内获得较高的数据传输效率。

4.4.5　RS-232C 应用开发方法

在 Linux 中，每个 RS-232C 端口都对应着/dev 目录下的某个设备文件，命名规则为 ttySn，其中的 n 从 0 开始。在 LAB8903 实验箱中有 6 个串口，依次对应 ttyS0~ttyS5。通过对这些设备文件进行操作，就可以实现对相应接口的控制。

在通信之前，需要对 RS-232C 接口的参数进行配置，设置波特率、数据位的长度、停止位的长度以及奇偶校验位等。这需要使用 termios.h 头文件中定义的函数，使用到的主要函数见表 4-13。

表 4-13　配置 RS-232C 参数时使用的函数

函 数 声 明	功　能
int cfsetospeed(struct termios *_termios_p, speed_t _speed);	生成发送波特率
int cfsetispeed(struct termios *_termios_p, speed_t _speed);	生成接收波特率
int tcgetattr(int _fd, struct termios *_termios_p);	获得属性
int tcsetattr(int _fd, int _optional_actions, _const struct termios *_termios_p);	设置属性
int tcflush(int _fd, int _queue_selector);	清空缓冲区

可以在 termios 这个结构体中实现对对应参数的设定。termios 结构体在头文件 bits/termios.h 中被定义，具体定义如下：

```
struct termios {
    tcflag_t c_iflag;                /* 输入模式*/
    tcflag_t c_oflag;                /* 输出模式 */
```

```
    tcflag_t c_cflag;                  /* 控制模式 */
    tcflag_t c_lflag;                  /* 本地模式 */
    cc_t c_line;                       /* 行控制 */
    cc_t c_cc[NCCS];                   /* 控制字符 */
    speed_t c_ispeed;                  /* 输入波特率 */
    speed_t c_ospeed;                  /* 输出波特率 */
};
```

对于 RS-232C 的参数设置，主要是针对结构体中的 c_iflag、c_oflag、c_cflag、c_ispeed、c_ospeed 进行修改，然后通过 tcsetattr 函数进行设置，并通过 tcflush 实现最终配置的生效。在这个结构体中，除了包含对 RS-232C 端口的设置参数，还包括对终端交互方式的设定，具体的使用方法可以参照 Linux 中的使用手册。

当配置好 RS-232C 端口参数后，程序可以通过标准的文件访问函数 read 和 write 来实现数据的收发。

4.4.6 RS-232C 接口开发实例

下面通过实例来说明RS-232C接口的使用方法，实现没有数据流控制的数据发送功能(波特率为 115200 bps、8 位数据位、无奇偶校验、1 位停止位)。

```
#include <stdio.h>
#include <string.h>
#include <unistd.h>
#include <termios.h>
#include <fcntl.h>

/*
    设置波特率
    fd：文件操作句柄
    speed：波特率
    返回值：0 表示成功；1 表示失败
*/
int set_speed(int fd, int speed)
{
    int status;
    struct termios Opt;
    tcgetattr(fd, &Opt);                          //获得接口属性
    cfsetispeed(&Opt, speed);                     //格式化输入波特率
    cfsetospeed(&Opt, speed);                     //格式化输出波特率
    tcflush(fd, TCIOFLUSH);                       //在新设置生效前，清空原有缓冲区
    status = tcsetattr(fd, TCSANOW, &Opt);        //更新修改波特率后的属性
    if (status != 0) {
        perror("tcsetattr fd1");
        return -1;
    }
```

```
        return 0;
}

/*
        设置参数(数据位、停止位、奇偶校验位)
        fd：文件操作句柄
        databits：数据位(7、8)
        stopbits：停止位(1、2)
        parity：奇偶校验位(N 表示无奇偶校验；O 表示奇校验；E 表示偶校验)
*/
int set_parity(int fd, int databits, int stopbits, int parity)
{
        struct termios options;
        if (tcgetattr(fd, &options) != 0) {            //获得接口属性
              perror("SetupSerial 1");
              return -1;
        }

        options.c_cflag &= ~CSIZE;                     //将对应数据位的长度标志清空
        switch (databits) {
        case 5:
              options.c_cflag |= CS5;                  //设置数据位的长度为 5
              break;
        case 6:
              options.c_cflag |= CS6;                  //设置数据位的长度为 6
              break;
        case 7:
              options.c_cflag |= CS7;                  //设置数据位的长度为 7
              break;
        case 8:
              options.c_cflag |= CS8;                  //设置数据位的长度为 8
              break;
        default:
              fprintf(stderr, "Unsupported data size\n");
              return -1;
        }

        switch (parity) {
        case 'n':
        case 'N':                                      //无奇偶校验
              options.c_cflag &= ~PARENB;              //奇偶校验使能无效
              options.c_iflag &= ~INPCK;               //对输入数据不进行奇偶校验检查
              break;
        case 'o':
        case 'O':
              options.c_cflag |= (PARODD | PARENB);          //使能校验并设置为奇校验
```

```
            options.c_iflag |= INPCK;                   //使能输入数据校验检查
            break;
        case 'e':
        case 'E':
            options.c_cflag |= PARENB;                  //使能校验
            options.c_cflag &= ~PARODD;                 //设置为偶校验
            options.c_iflag |= INPCK;                   //使能输入数据校验检查
            break;
        default:
            fprintf(stderr, "Unsupported parity\n");
            return -1;
        }

        switch (stopbits) {
        case 1:
            options.c_cflag &= ~CSTOPB;                 //设置为 1 位停止位
            break;
        case 2:
            options.c_cflag |= CSTOPB;                  //设置为 2 位停止位
            break;
        default:
            fprintf(stderr, "Unsupported stop bits\n");
            return -1;
        }

        options.c_cflag &= ~CRTSCTS;                    //设置为非硬件流控
        options.c_lflag = ICANON;             //启用标准模式，允许使用特殊字符并按行缓冲

        tcflush(fd, TCIOFLUSH);                         //在新设置生效前，清空原有缓冲区

        if (tcsetattr(fd, TCSANOW, &options) != 0) {    //更新属性
            perror("SetupSerial 3");
              return -1;
        }
        return 0;
    }

    /* 打开 RS-232C 设备 */
    int OpenDev(char *Dev)
    {
        int fd = open(Dev, O_RDWR);
        if (-1 == fd) {
            perror("Can't Open Serial Port");
            return -1;
        } else
            return fd;
    }
```

```
/* 主函数 */
int main(int argc, char **argv)
{
        int fd = -1;
        int baudrate = 115200;                  //设置波特率为 115200 bps
        char *dev = "/dev/ttyS0";               //本程序使用 COM 1 接口

        fd = OpenDev(dev);                      //打开 COM 1
        if (fd < 0) {
                printf("Can't Open Serial Port!\n");
                return -1;
        }

        if (set_speed(fd, baudrate)) {          //设置波特率
                printf("Set Speed Error\n");
                return -1;
        }

//设置数据长度为 8 位、停止位长度 1 位，无奇偶校验位
        if (set_parity(fd, 8, 1, 'N')) {
                printf("Set Parity Error\n");
                return -1;
        }

        write(fd, "HelloWorld ", 10);           //发送 10 个字节"HelloWorld"
        sleep(1);                               //延时确保发送完成成功

        close(fd);                              //关闭设备

        return 0;
}
```

4.4.7 RS-422 总线与 RS-485 总线

RS-422 总线和 RS-485 总线是工业控制领域常用的两种串行总线。从软件设计的角度看，这两种总线与 RS-232C 总线的程序设计相同，不需要修改任何程序逻辑。这两种总线主要是在电气方面与 RS-232C 总线有所区别，在不借助 DCE 的情况下仍然能够实现远距离通信。

RS-422 总线能够实现全双工通信，采用差分信号进行传输，最大传输距离约 1200 米。

RS-485 总线能够实现半双工通信，采用差分信号进行传输，支持一主多从的连接方式，最多可以支持 32 个从设备的连接，最大传输距离约 1200 米。

4.5 CAN 总线

CAN 是控制器局域网络(Controller Area Network，CAN)的简称，由德国BOSCH 公司开

发，并最终成为国际标准(ISO 11898-1)。CAN 总线主要应用于工业控制和汽车电子领域，是国际上应用最广泛的现场总线之一。

4.5.1 CAN 总线简介

CAN 总线是一种串行通信协议，能有效地支持具有很高安全等级的分布实时控制。CAN 总线的应用范围很广，从高速的网络到低价位的多路接线都可以使用 CAN。在汽车电子行业里，使用 CAN 连接发动机的控制单元、传感器、防刹车系统等，传输速度可达 1 Mbps。

与前面介绍的一般通信总线相比，CAN 总线的数据通信具有突出的可靠性、实时性和灵活性，在汽车领域的应用最为广泛，世界上一些著名的汽车制造厂商都采用 CAN 总线来实现汽车内部控制系统与各检测和执行机构之间的数据通信。目前，CAN 总线的应用范围已不仅仅局限于汽车行业，而且已经在自动控制、航空航天、航海、过程工业、机械工业、纺织机械、农用机械、机器人、数控机床、医疗器械及传感器等领域中得到了广泛应用。

CAN 总线规范从最初的 CAN 1.2 规范(标准格式)发展为兼容 CAN 1.2 规范的 CAN 2.0 规范(CAN 2.0A 为标准格式，CAN 2.0B 为扩展格式)，目前应用的 CAN 器件大多符合 CAN 2.0 规范。

4.5.2 CAN 总线的工作原理

当 CAN 总线上的节点发送数据时，以报文形式广播给网络中的所有节点，总线上的所有节点都不使用节点地址等系统配置信息，只根据每组报文开头的 11 位标识符(CAN 2.0A 规范)解释数据的含义来决定是否接收。这种数据收发方式称为面向内容的编址方案。

当某个节点要向其他节点发送数据时，这个节点的处理器将要发送的数据和自己的标识符传送给该节点的 CAN 总线接口控制器，并处于准备状态；当收到总线分配时，转为发送报文状态。数据根据协议组织成一定的报文格式后发出，此时网络上的其他节点处于接收状态。处于接收状态的每个节点对接收到的报文进行检测，判断这些报文是否是发给自己的以确定是否接收。

由于 CAN 总线是一种面向内容的编址方案，因此很容易建立高水准的控制系统并灵活地进行配置。我们可以很容易地在 CAN 总线上加进一些新节点而无须在硬件或软件上进行修改。

当提供的新节点是纯数据接收设备时，数据传输协议不要求独立的部分有物理目的地址。此时允许分布过程同步化，也就是说，当总线上的控制器需要测量数据时，数据可由总线上直接获得，而无需每个控制器都有自己独立的传感器。

4.5.3 CAN 总线的工作特点

CAN 总线的有以下三方面特点：

- 可以多主方式工作，网络上的任意节点均可以在任意时刻主动地向网络上的其他节点发送信息，而不分主从，通信方式灵活。
- 网络上的节点(信息)可分成不同的优先级，可以满足不同的实时要求。

- 采用非破坏性位仲裁总线结构机制，当两个节点同时向网络上传送信息时，优先级低的节点主动停止数据发送，而优先级高的节点可不受影响地继续传输数据。

4.5.4　CAN 总线协议的层次结构

与前面介绍的简单总线逻辑不同，CAN 是一种复杂逻辑的总线结构。从层次上可以将 CAN 总线划分为三个不同层次，见图 4-19。

对象层
传输层
物理层

图 4-19　CAN 总线协议的三层结构

1. 物理层

在物理层中定义实际信号的传输方法，包括位的编码和解码、位的定时和同步等内容，作用是定义不同节点之间根据电气属性如何进行位的实际传输。

在物理连接上，CAN 总线结构提供两个引脚——CANH 和 CANL，总线通过 CANH 和 CANL 之间的差分电压完成信号的位传输。LAB8903 实验箱中的 CAN 总线接口可以采用屏蔽双绞线来进行传输。接口与 COM 4～COM 6 接口相邻，引脚定义见表 4-11。

在不同系统中，CAN 总线的位速率不同；在系统中，CAN 总线的位速率是唯一的，并且是固定的，这需要对总线中的每个节点配置统一的参数。

2. 传输层

传输层是 CAN 总线协议的核心。传输层负责把接收到的报文提供给对象层，以及接收来自对象层的报文。传输层负责位的定时及同步、报文分帧、仲裁、应答、错误检测和标定、故障界定。

3. 对象层

在对象层中可以为远程数据请求以及数据传输提供服务，确定由实际要使用的传输层接收哪一个报文，并且为恢复管理和过载通知提供手段。

4.5.5　CAN 总线的报文结构

CAN 总线上的报文传输由以下 4 个不同的帧类型表示和控制。

1. 数据帧

数据帧携带数据从发送器至接收器。总线上传输的大多是这种帧。从标识符长度上，又可以把数据帧分为标准帧(11 位标识符)和扩展帧(29 位标识符)。

数据帧由 7 个不同的位场组成：帧起始、仲裁场、控制场、数据场、CRC 场、应答场、帧结束。其中，数据场的长度为 0~8 个字节。标识符位于仲裁场中，报文接收节点通过标识符进行报文滤波。帧结构如图 4-20 所示。

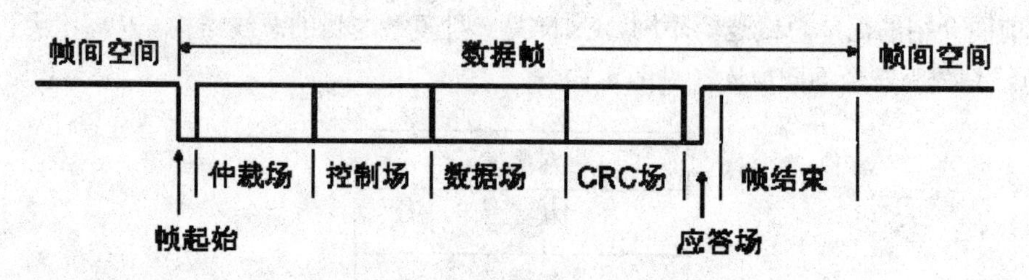

图 4-20　数据帧的结构

2. 远程帧

由总线上的节点发出，用于请求其他节点发送具有同一标识符的数据帧。当某个节点需要数据时，可以发送远程帧请求另一节点发送相应数据帧。与数据帧相比，远程帧没有数据场，结构如图 4-21 所示。

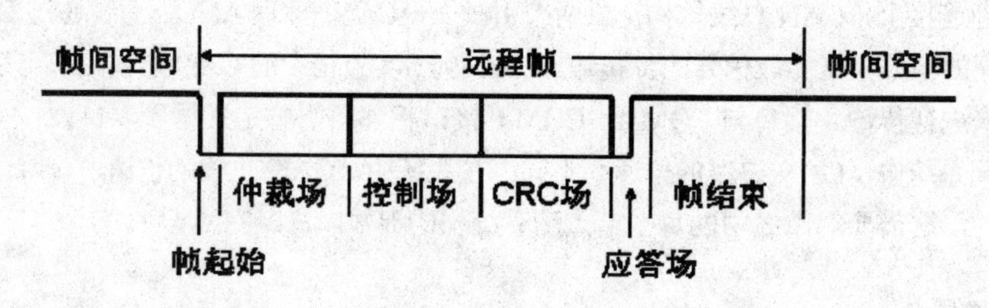

图 4-21　远程帧的结构

3. 错误帧

任何单元，一旦检测到总线错误就发出错误帧。错误帧由两个不同的场组成，第一个场是由不同站提供的错误标志的叠加(错误标志)，第二个场是错误界定符。帧结构如图 4-22 所示。

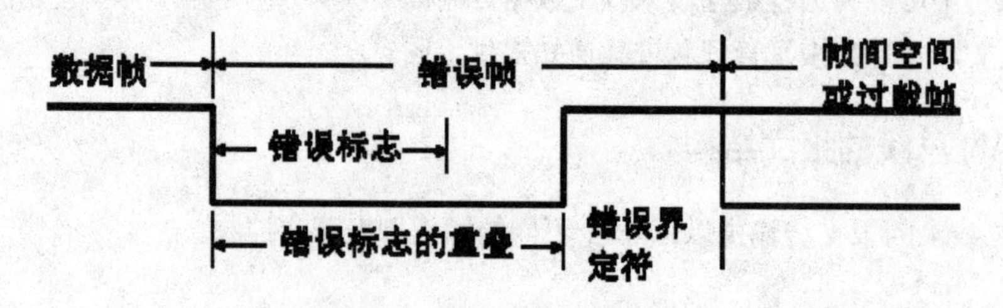

图 4-22　错误帧的结构

4. 过载帧

过载帧用于在先行的和后续的数据帧(或远程帧)之间提供附加延时。过载帧包括两个场：过载标志和过载界定符。帧结构如图 4-23 所示。

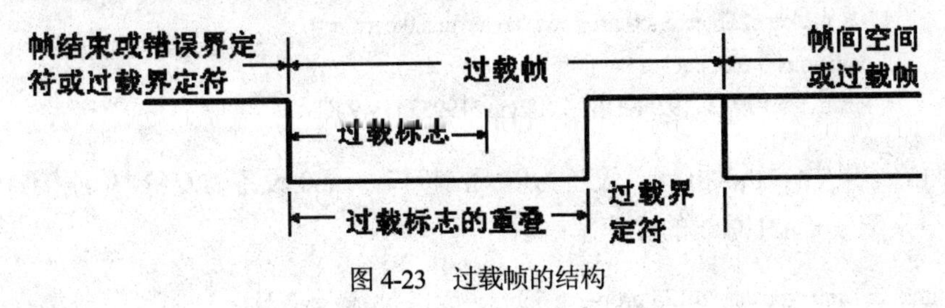

图 4-23　过载帧的结构

4.5.6　CAN 总线配置

在 Linux 系统中，CAN 总线接口设备作为网络设备被系统进行统一管理。在控制台下，CAN 总线的配置和以太网的配置使用相同的命令。

在控制台上输入命令：

```
ifconfig –a
```

可以得到以下结果：

```
can0    Link encap:UNSPEC    HWaddr 00-00-00-00-00-00-00-00-00-00-00-00-00-00-00-00
        NOARP    MTU:16    Metric:1
        RX packets:0 errors:0 dropped:0 overruns:0 frame:0
        TX packets:0 errors:0 dropped:0 overruns:0 carrier:0
        collisions:0 txqueuelen:10
        RX bytes:0 (0.0 B)    TX bytes:0 (0.0 B)
        Interrupt:18

eth0    Link encap:Ethernet    HWaddr 00:50:c2:22:3b:0e
        UP BROADCAST MULTICAST    MTU:1500    Metric:1
        RX packets:0 errors:0 dropped:0 overruns:0 frame:0
        TX packets:0 errors:0 dropped:0 overruns:0 carrier:0
        collisions:0 txqueuelen:1000
        RX bytes:0 (0.0 B)    TX bytes:0 (0.0 B)

eth1    Link encap:Ethernet    HWaddr 00:50:c2:22:3b:60
        UP BROADCAST MULTICAST    MTU:1500    Metric:1
        RX packets:0 errors:0 dropped:0 overruns:0 frame:0
        TX packets:0 errors:0 dropped:0 overruns:0 carrier:0
        collisions:0 txqueuelen:1000
        RX bytes:0 (0.0 B)    TX bytes:0 (0.0 B)
        Interrupt:41 Base address:0xe000

lo      Link encap:Local Loopback
```

```
inet addr:127.0.0.1   Mask:255.0.0.0
inet6 addr: ::1/128 Scope:Host
UP LOOPBACK RUNNING   MTU:16436   Metric:1
RX packets:256 errors:0 dropped:0 overruns:0 frame:0
TX packets:256 errors:0 dropped:0 overruns:0 carrier:0
collisions:0 txqueuelen:0
RX bytes:19952 (19.9 KB)   TX bytes:19952 (19.9 KB)
```

在上面的结果中，eth0 和 eth1 设备为以太网接口，can0 设备为 CAN 总线接口。接下来使用 ip 命令来配置 CAN 总线的位速率：

```
ip link set can0 type can tq 125 prop-seg 6phase-seg1 7 phase-seg2 2 sjw 1
```

也可以使用 ip 命令直接设定位速率：

```
ip link set can0 type can bitrate 125000
```

当设置完成后，可以通过下面的命令查询 can0 设备的参数设置：

```
ip -details link show can0
```

当设置完成后，可以使用下面的命令使能 can0 设备：

```
ifconfig can0 up
```

使用下面的命令取消 can0 设备使能：

```
ifconfig can0 down
```

在设备工作中，可以使用下面的命令来查询工作状态：

```
ip -details -statistics link show can0
```

4.5.7 CAN 总线应用开发接口

由于系统将 CAN 设备作为网络设备进行管理，因此在 CAN 总线应用开发方面，Linux 提供了 SocketCAN 接口，使得 CAN 总线通信近似于和以太网的通信，应用程序开发接口更加通用，也更加灵活。

此外，通过 https://gitorious.org/linux-can/can-utils 网站发布的基于 SocketCAN 的 can-utils 工具套件，也可以实现简易的 CAN 总线通信。

下面具体介绍使用 SocketCAN 实现通信时使用的应用程序开发接口。

1. 初始化

SocketCAN 中大部分的数据结构和函数在头文件 linux/can.h 中进行了定义。CAN 总线套接字的创建采用标准的网络套接字操作来完成。网络套接字在头文件 sys/socket.h 中定义。套接字的初始化方法如下：

```
int s;
struct sockaddr_can addr;
struct ifreq ifr;

s = socket(PF_CAN, SOCK_RAW, CAN_RAW);                //创建 SocketCAN 套接字
strcpy(ifr.ifr_name, "can0" );
ioctl(s, SIOCGIFINDEX, &ifr);                         //指定 can0 设备
addr.can_family = AF_CAN;
addr.can_ifindex = ifr.ifr_ifindex;

bind(s, (struct sockaddr *)&addr, sizeof(addr));      //将套接字与 can0 绑定
```

2. 数据发送

在数据收发的内容方面，CAN 总线与标准套接字通信稍有不同，每一次通信都采用 can_frame 结构体将数据封装成帧。结构体定义如下：

```
struct can_frame {
    canid_t   can_id;                                 //CAN 标识符
    __u8          can_dlc;                            //数据场的长度
    __u8          data[8];                            //数据
};
```

can_id 为帧的标识符，如果发出的是标准帧，就使用 can_id 的低 11 位；如果为扩展帧，就使用 0～28 位。can_id 的第 29、30、31 位是帧的标志位，用来定义帧的类型，定义如下：

```
#define CAN_EFF_FLAG 0x80000000U                      //扩展帧的标识
#define CAN_RTR_FLAG 0x40000000U                      //远程帧的标识
#define CAN_ERR_FLAG 0x20000000U                      //错误帧的标识，用于错误检查
```

数据发送使用 write 函数来实现。如果发送的数据帧(标识符为 0x123)包含单个字节(0xAB)的数据，可采用如下方法进行发送：

```
struct can_frame frame;
frame.can_id = 0x123;                  //如果为扩展帧，那么 frame.can_id = CAN_EFF_FLAG | 0x123;
frame.can_dlc = 1;                          //数据长度为 1
frame.data[0] = 0xAB;                       //数据内容为 0xAB
int nbytes = write(s, &frame, sizeof(frame));//发送数据
if (nbytes != sizeof(frame))                //如果 nbytes 不等于帧长度，就说明发送失败
        printf("Error\n!");
```

如果要发送远程帧(标识符为 0x123)，可采用如下方法进行发送：

```
struct can_frame frame;
frame.can_id = CAN_RTR_FLAG | 0x123;
write(s, &frame, sizeof(frame));
```

3. 数据接收

数据接收使用 read 函数来完成，实现如下：

```
struct can_frame frame;
int nbytes = read(s, &frame, sizeof(frame));
```

当然，套接字数据收发时常用的 send、sendto、sendmsg 以及对应的 recv 函数也都可以用于 CAN 总线数据的收发。

4. 错误处理

当帧接收后，可以通过判断 can_id 中的 CAN_ERR_FLAG 位来判断接收的帧是否为错误帧。如果为错误帧，可以通过 can_id 的其他符号位来判断错误的具体原因。

错误帧的符号位在头文件 linux/can/error.h 中定义。

5. 过滤规则设置

在数据接收时，系统可以根据预先设置的过滤规则，实现对报文的过滤。过滤规则使用 can_filter 结构体来实现，定义如下：

```
struct can_filter {
    canid_t can_id;
    canid_t can_mask;
};
```

过滤的规则为：

```
接收到的数据帧的 can_id & mask == can_id & mask
```

通过这条规则可以在系统中过滤掉所有不符合规则的报文，使得应用程序不需要对无关的报文进行处理。在 can_filter 结构的 can_id 中，符号位 CAN_INV_FILTER 在置位时可以实现 can_id 在执行过滤前的位反转。

用户可以为每个打开的套接字设置多条独立的过滤规则，使用方法如下：

```
struct can_filter rfilter[2];
rfilter[0].can_id   = 0x123;
rfilter[0].can_mask = CAN_SFF_MASK;    //#define CAN_SFF_MASK 0x000007FFU
rfilter[1].can_id   = 0x200;
rfilter[1].can_mask = 0x700;
setsockopt(s, SOL_CAN_RAW, CAN_RAW_FILTER, &rfilter, sizeof(rfilter)); //设置规则
```

在极端情况下，如果应用程序不需要接收报文，可以禁用过滤规则。这样的话，原始套接字就会忽略所有接收到的报文。在这种仅仅发送数据的应用中，可以在内核中省略接收队列，以此减少 CPU 资源的消耗。禁用方法如下：

```
setsockopt(s, SOL_CAN_RAW, CAN_RAW_FILTER, NULL, 0); //禁用过滤规则
```

通过错误掩码可以实现对错误帧的过滤，例如：

```
can_err_mask_t err_mask = ( CAN_ERR_TX_TIMEOUT | CAN_ERR_BUSOFF );
setsockopt(s, SOL_CAN_RAW, CAN_RAW_ERR_FILTER, err_mask, sizeof(err_mask));
```

在默认情况下，本地回环功能是开启的，可以使用下面的方法关闭回环/开启功能：

```
int loopback = 0;    // 0 表示关闭, 1 表示开启(默认)
setsockopt(s, SOL_CAN_RAW, CAN_RAW_LOOPBACK, &loopback, sizeof(loopback));
```

在本地回环功能开启的情况下，所有的发送帧都会被回环到与 CAN 总线接口对应的套接字上。默认情况下，发送 CAN 报文的套接字不想接收自己发送的报文，因此发送套接字上的回环功能是关闭的。可以在需要的时候改变这一默认行为：

```
int ro = 1;    // 0 表示关闭(默认), 1 表示开启
setsockopt(s, SOL_CAN_RAW, CAN_RAW_RECV_OWN_MSGS, &ro, sizeof(ro));
```

4.5.8 CAN 总线开发实例

下面通过实例来说明 CAN 总线接口的使用方法。在本例中，有两个进程，其中一个进程负责报文的发送(标识符为 0x11 和 0x22)，另一个进程负责报文的接收和过滤(只接收标识符为 0x11 的报文)。

```
/* 1.报文发送程序 */
#include <stdio.h>
#include <stdlib.h>
#include <string.h>
#include <unistd.h>

#include <net/if.h>
#include <sys/ioctl.h>
#include <sys/socket.h>

#include <linux/can.h>
#include <linux/can/raw.h>

int main()
{
    int s, nbytes;
struct sockaddr_can addr;
struct ifreq ifr;
struct can_frame frame[2] = {{0}};

s = socket(PF_CAN, SOCK_RAW, CAN_RAW);          //创建套接字
strcpy(ifr.ifr_name, "can0" );
```

```
    ioctl(s, SIOCGIFINDEX, &ifr);                          //指定 can0 设备
    addr.can_family = AF_CAN;
    addr.can_ifindex = ifr.ifr_ifindex;

        bind(s, (struct sockaddr *)&addr, sizeof(addr));           //将套接字与 can0 绑定

        //禁用过滤规则，本进程不接收报文，只负责发送
        setsockopt(s, SOL_CAN_RAW, CAN_RAW_FILTER, NULL, 0);

        //生成两个报文
        frame[0].can_id = 0x11;
        frame[0]. can_dlc = 1;
        frame[0].data[0] = 'Y';

        frame[0].can_id = 0x22;
        frame[0]. can_dlc = 1;
        frame[0].data[0] = 'N';

        //循环发送两个报文
        while(1) {
            nbytes = write(s, &frame[0], sizeof(frame[0]));           //发送 frame[0]
            if (nbytes != sizeof(frame[0])) {
                printf("Send Error frame[0]\n!");
                break;                                             //发送错误，退出
            }
            sleep(1);

            nbytes = write(s, &frame[1], sizeof(frame[1]));           //发送 frame[1]
            if (nbytes != sizeof(frame[0])) {
                printf("Send Error frame[1]\n!");
                break;
            }
            sleep(1);

        }

        close(s);
        return 0;
}

/* 2. 报文过滤接收程序 */
#include <stdio.h>
#include <stdlib.h>
#include <string.h>
#include <unistd.h>

#include <net/if.h>
#include <sys/ioctl.h>
#include <sys/socket.h>
```

```
#include <linux/can.h>
#include <linux/can/raw.h>

int main()
{
int s, nbytes;
        struct sockaddr_can addr;
        struct ifreq ifr;
        struct can_frame frame;
        struct can_filter rfilter[1];

        s = socket(PF_CAN, SOCK_RAW, CAN_RAW);                //创建套接字
        strcpy(ifr.ifr_name, "can0" );
        ioctl(s, SIOCGIFINDEX, &ifr);                          //指定 can0 设备
        addr.can_family = AF_CAN;
        addr.can_ifindex = ifr.ifr_ifindex;

        bind(s, (struct sockaddr *)&addr, sizeof(addr));      //将套接字与 can0 绑定

        //定义接收规则，只接收表示符等于 0x11 的报文
        rfilter[0].can_id   = 0x11;
        rfilter[0].can_mask = CAN_SFF_MASK;

        //设置过滤规则
        setsockopt(s, SOL_CAN_RAW, CAN_RAW_FILTER, &rfilter, sizeof(rfilter));

        while(1) {
            nbytes = read(s, &frame, sizeof(frame));          //接收报文
            //显示报文
            if (nbytes > 0) {
                printf("ID=0x%X DLC=%d data[0]=0x%X\n", frame.can_id,
                    frame.can_dlc, frame.data[0]);
            }
        }

        close(s);
        return 0;
}
```

4.6 触摸屏

触摸屏目前已经成为嵌入式系统中一种常见的交互设备，也是目前最简单、方便、自然的人机交互方式之一。

4.6.1　触摸屏简介

从工作原理上可以将触摸屏分为 4 种类型。

1. 电阻式触摸屏

电阻式触摸屏的内部实际上可以看做沿 X 轴和 Y 轴方向的两个线性电阻，在触控时由于按压导电层与电阻发生接触而形成滑动变阻器，使得两个方向形成了分压，通过对分压的 AD 转换来确定触控点与 X 轴和 Y 轴的相对位置。电阻式触摸屏工作稳定，不受环境影响，成本相对较低，是目前最常见的一种触摸屏。其缺点也显而易见，坐标的准确性受屏幕本身电阻线性度的影响较大，只支持单点触摸，透光性较差，在第一次使用前必须对屏幕进行校准。

2. 电容式触摸屏

电容式触摸屏是在玻璃表面贴上一层透明的特殊金属导电物质。当手指触摸在金属层上时，触点的电容就会发生变化，使得与之相连的振荡器频率发生变化，通过测量频率变化可以确定触摸位置以获得信息。电容式触摸屏支持多点触摸，透光性较好，触点定位准确等优点。但是电容式触摸屏随温度、湿度情况的不同会产生触点漂移的现象，稳定性较差；在触控的过程中需要用手指或一些导体进行接触才能正常工作。目前一些高端的智能手机、平板电脑都使用电容式触摸屏作为主要的触控设备。

3. 电磁式触摸屏

电磁式触摸屏的基本原理是靠电磁笔操作过程中和面板下的感应器产生磁场变化来判别，电磁笔为信号发射端，天线板为信号接收端，当接近感应时磁通量发生变化，由运算确定位置点。由于面板位于屏幕后方，因此不会遮挡屏幕。触屏定位准确，在使用的电磁笔上能够提供一些按钮以实现附加功能。但是电磁式触摸屏相比之下成本最高，而且工作完全依赖于电磁笔，不同的电磁式触摸屏厂商生产的电磁笔并不通用。这也成为电磁式触摸屏在实际应用中的瓶颈。

4. 红外式触摸屏

红外式触摸屏是利用 X、Y 方向上密布的红外线矩阵来检测并定位用户的触摸。红外式触摸屏在屏幕前安装电路板外框，电路板在屏幕四周排布红外线发射管和红外线接收管，形成横竖交叉的不可见的红外线光栅。内嵌在控制电路中的智能控制系统持续地对红外发射管发出脉冲，形成红外线偏震光束格栅。当触摸物体(比如手指等)进入光栅时，便阻断了光束。智能控制系统便会侦察到光的损失变化，并传输信号给控制系统以确认 X 轴和 Y 轴坐标值。红外式触摸屏支持多点触摸；不受电流、电压和静电的干扰，适宜某些恶劣的环境条件；具有高透光性、无遮挡。但是会受强红外线(遥控器、高温物体、阳光或白炽灯等红外源照射红外接收管)和强电磁的干扰。在一些大幅面屏幕上应用红外式触摸屏是一种最经济的解决方案。

在 LAB8903 实验箱中使用的是电阻式触摸屏。

4.6.2　触摸屏应用开发接口

在 Linux 系统中，所有的输入设备(键盘、鼠标、触摸屏)都使用统一的输入系统进行管理。每个/dev/input/eventX 都对应着一个输入设备。这些输入设备可以通过对应的/sys/class/input/inputX/name 文件查询到对应的设备名称。在/proc/bus/input/devices 中有所有设备的详细信息。

当应用程序打开/dev/input/eventX 设备后，可以使用 read 函数实现输入事件的读取。在 linux/input.h 中定义了输入事件的结构体：

```
struct input_event {
    struct timeval time;        //时间戳
    __u16 type;                 //事件类型
    __u16 code;                 //事件代码
    __s32 value;                //事件的值
};
```

表 4-14 中介绍了事件类型的定义及含义，触摸屏使用的事件类型为 EV_ABS。

表 4-14　事件类型定义

事 件 类 型	含　义	事 件 类 型	含　义
EV_SYN	同步时间	EV_LED	LED
EV_KEY	按键事件	EV_SND	声音
EV_REL	相对坐标(鼠标)	EV_REP	重复
EV_ABS	绝对坐标(触摸屏)	EV_FF	力反馈
EV_MSC	其他	EV_PWR	电源键

事件代码的含义也不同，见表 4-15。

表 4-15　事件代码的含义

事件类型	事件代码的含义
EV_KEY	键值
EV_REL	轨迹类型(X 轴方向或 Y 轴方向)
EV_ABS	坐标类型(X 轴坐标或 Y 轴坐标)

事件值的含义见表 4-16。

表 4-16　事件值的含义

事件类型	事件值的含义
EV_KEY	1 表示按键按下；0 表示按键抬起
EV_REL	鼠标偏移量(X 轴偏移或 Y 轴偏移)
EV_ABS	坐标值(X 轴坐标或 Y 轴坐标)

在 Linux 的 GUI 系统中，会利用上述接口对所有的输入设备进行管理。应用程序可以通过在 GUI 中注册监听器、在消息队列中增加对应事件的处理函数，完成输入设备事件的处理。

应用程序也可以通过 write 函数，向设备写入 input_event 事件，实现对输入设备事件的模拟。

4.6.3 触摸屏开发实例

下面实现一个简单的程序，利用上述接口来模拟 GUI 处理触摸屏事件的方法。

```
/*  读取触摸屏坐标  */
#include <stdio.h>
#include <string.h>
#include <unistd.h>
#include <fcntl.h>
#include <linux/input.h>

int main()
{
    int fd, nbytes;
    struct input_event ev;
    char *devname = "/dev/input/event0";  //假设 event0 设备为触摸屏设备

    fd = open(devname, O_RDWR);           //打开输入设备
    if (fd < 0) {
        printf("Error\n");
        return -1;
    }

    while (1) {
        nbytes = read(fd, &ev, sizeof(ev));   //读输入设备事件
        if (nbytes != sizeof(ev)) {
            printf("Error\n");
            return -1;
        }

        if (ev.type != EV_ABS) {
            printf("Input Type Error!\n");
            return -1;
        }

        switch (ev.code) {
        case ABS_X:                            //X 轴坐标
            printf("X : %d\n", ev.value);
            break;
        case ABS_Y:                            //Y 轴坐标
            printf("Y : %d\n", ev.value);
            break;
        default:
            printf("Error\n");
```

```
        }
    }
    return 0;
}
```

4.7 看门狗

看门狗(WatchDog)是为嵌入式系统提供可靠性保证的重要组成部分。通常在嵌入式系统中，在单片机内部或板间都会提供硬件看门狗的功能，以确保系统能够在可控的状态下完成工作。

4.7.1 看门狗简介

硬件看门狗实际上是定时器电路，一般会有输入端以及输出到处理器的复位引脚。在处理器正常工作的时候，每隔一段时间就输出信号到定时器电路的输入端，为看门狗电路的定时器复位(这个操作也被形象地称为“喂狗”)。通常情况下，处理器输出的信号由上面运行的程序来发出。如果超过规定的时间，处理器不输出信号到看门狗的输入端(一般是在程序无法正常工作时)，看门狗定时器到时，输出端发出复位信号到处理器，使处理器复位。看门狗的作用就是防止程序发生死循环或程序跑飞，以及硬件工作异常导致系统死机。

此外，也可以通过软件的方法来模拟看门狗工作，进而保证系统中应用软件的正常工作。

4.7.2 看门狗应用开发方法

LAB8903 实验箱中的系统 I/O 芯片 Winbond W83627DHG 提供了看门狗硬件支持。在 Linux 中也提供了相关的驱动支持。如果需要在应用程序中使用看门狗，首先使用下面的命令来加载看门狗电路的驱动程序：

```
modprobe w83627hf_wdt
```

命令执行后，如果在系统的/dev 目录下出现了 watchdog 文件，就说明驱动程序加载成功。在 ioctl 函数中可以向/dev/watchdog 发送相应的命令(在 linux/watchdog.h 中定义)来完成看门狗的设置，见表 4-17。

表 4-17 watchdog 文件的 ioctl 命令用法

命 令	参数类型	含 义
WDIOC_GETSUPPORT	struct watchdog_info *	获取看门狗信息
WDIOC_KEEPALIVE	-	喂狗
WDIOC_GETTIMEOUT	int *	获取超时时间(单位为秒)
WDIOC_SETTIMEOUT	int *	设置超时时间(默认值为 60)
WDIOC_SETOPTIONS	unsigned long	设置看门狗的状态： WDIOS_ENABLECARD 表示开启 WDIOS_DISABLECARD 表示关闭

对于看门狗的喂狗操作，也可以通过 write 函数来完成。向文件写入任意字符(“V”除外)都能实现喂狗的功能。如果写入“V”，就关闭看门狗。

4.7.3 看门狗应用开发实例

下面通过实例来说明看门狗的使用方法。在本例中，设置如果系统在 10 秒之内不完成喂狗操作，就将系统复位：

```
#include <stdio.h>
#include <linux/watchdog.h>
#include <unistd.h>
#include <fcntl.h>

int main()
{
    int fd = open("/dev/watchdog", O_RDWR);              //打开设备
    int timeout = 10;                                    //定时时间为 10 秒

    if (fd < 0) {
        printf("Open File /dev/watchdog Error!\n");
        return -1;
    }

    ioctl(fd, WDIOC_SETOPTIONS, WDIOS_ENABLECARD);       //使能看门狗
    ioctl(fd, WDIOC_SETTIMEOUT, &timeout);               //设置超时时间

    /*
        在循环 10 次后系统复位
        如果在循环中加入喂狗指令 ioctl(fd, WDIOC_KEEPALIVE, 0)，那么程序继续运行，系统不会复位
    */
    while (1) {
        sleep(1);
    }
    close(fd);

    return 0;
}
```

4.8 TCP/IP 编程

Socket 套接字接口是一组标准的网络 API 规范，为程序员提供了完备的应用程序接口以实现丰富的网络应用。

4.8.1　Socket 简介

在 Linux 下，所有的 I/O 操作都是通过读写文件描述符而产生的，文件描述符是和打开的文件相关联的整数，这个文件并不仅仅包括真正存储在磁盘上的文件，还包括网络连接、命名管道、终端等，而 Socket 套接字接口就是系统进程和文件描述符通信的一种方法。

根据连接的启动方式以及本地套接字要连接的目标，套接字之间的连接过程可以分为三个步骤：服务器监听，客户端请求和连接确认。

服务器监听：服务器端套接字并不定位具体的客户端套接字，而是处于等待连接的状态，实时监控网络状态。

- 客户端请求：是指由客户端套接字提出连接请求，要连接的目标是服务器端套接字。为此，客户端套接字必须首先描述要连接的服务器套接字，指出服务器端套接字的地址和端口号，然后向服务器端套接字提出连接请求。
- 连接确认：是指当服务器端套接字监听到或接收到客户端套接字的连接请求时，就响应客户端套接字的请求，建立新的线程，把服务器端套接字的描述发给客户端，一旦客户端确认此描述，连接就建立好了。而服务器端套接字继续处于监听状态，继续接收其他客户端套接字的连接请求。

目前最常用的 Socket 有两种：流式 Socket(SOCK_STREAM)和数据报式 Socket(SOCK_DGRAM)。流式 Socket 是一种面向连接的 Socket，针对面向连接的 TCP 服务应用；数据报式 Socket 是一种无连接的 Socket，针对无连接的 UDP 服务应用。

4.8.2　UDP 程序设计方法

使用 UDP 协议进行通信不需要建立起客户端与服务器之间的连接，在程序中没有建立连接的过程。进行通信之前，需要建立套接字。服务器需要绑定一个端口，在这个端口上监听接收到的信息。客户端需要设置远程 IP 和端口，需要传递的信息将发送到这个 IP 和端口。客户端和服务器使用 UDP 方式的通信交互过程可用图 4-24 来表示。

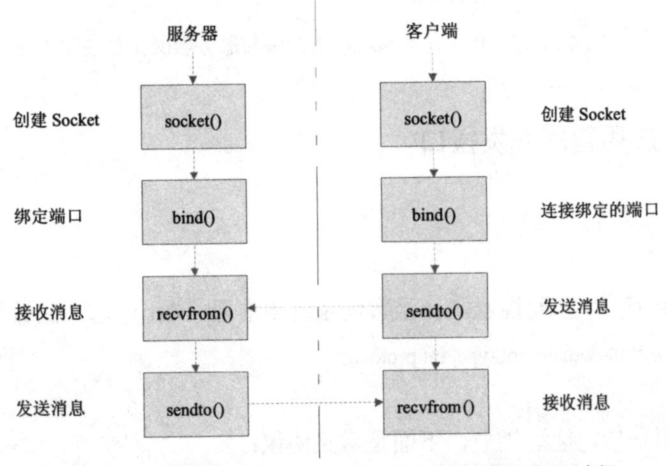

图 4-24　UDP 方式下 Socket 客户端与服务器的交互过程

4.8.3　TCP 程序设计方法

使用 TCP 协议进行通信需要建立客户端和服务器之间的连接。首先，服务器要建立一个套接字，用这个套接字完成对通信的监听。然后，再绑定一个端口号和 IP 地址。因为本地计算机可能有多个网址和 IP，每个 IP 和端口有多个端口；所以需要指定 IP 和端口以进行监听。之后，服务器调用 listen()函数，使服务器的这个端口和 IP 处于监听状态，等待客户端的连接。客户端建立套接字，设定远程 IP 和端口。然后，客户端连接远程计算机指定的端口。最后，服务器接受远程计算机的连接，建立起与客户端之间的通信。建立连接以后，客户端向套接字中写入数据，也可以读取服务器发送来的数据。同时服务器也可以读取客户端发送来的数据，也可以发送数据。完成通信以后，关闭套接字连接。客户端和服务器使用 TCP 方式的通信交互过程可用图 4-25 来表示。

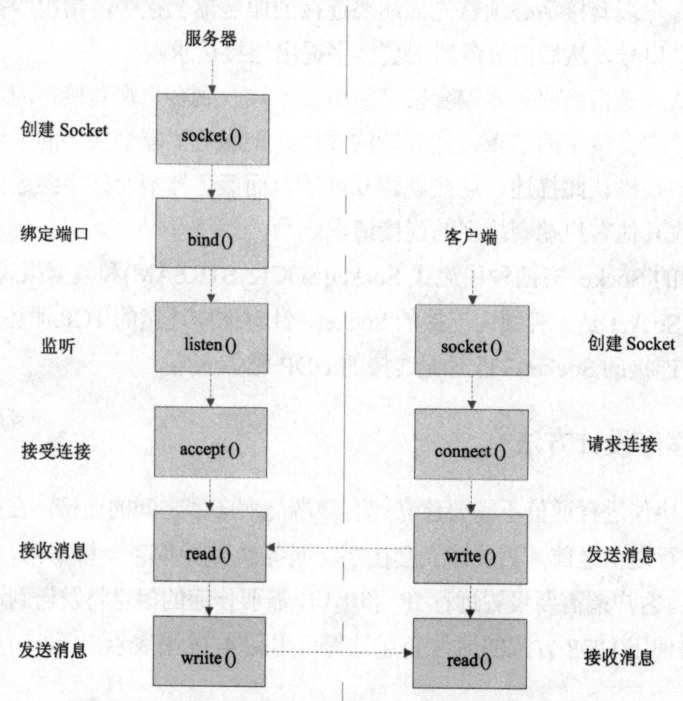

图 4-25　TCP 方式下 Socket 客户端与服务器的交互过程

4.8.4　Socket 应用程序开发接口

1. socket()

在进行网络连接前，需要用 socket 函数向系统申请通信端口。这个函数的使用方法如下：

原型：int socket(int domain, int type, int protocol);

参数说明：

- domain 用来指定地址类型，下面是常见协议：
  - PF_UNIX、PF_LOCAL、AF_UNIX、AF_LOCAL：UNIX 进程通信协议。
  - PF_INET、AF_INET：IPv4 网络协议。

  - PF_INET6、AF_INET6：IPv6 网络协议。
  - PF_IPX、AF_IPX：IPX-Novell 协议。
  - PF_NETLINK、AF_NETLINK：核心用户接口装置。
  - PF_X25、AF_X25、ITU-T X.25：ISO-8208 协议。
  - PF_AX25、AF_AX25：业余无线 AX.25 协议。
  - PF_ATMPVC、AF_ATMPVC：存取原始 ATM PVCs。
  - PF_APPLETALK、AF_APPLETALK：DDP 网络协议。
  - PF_PACKET、AF_PACKET：初级封包接口。
- type 用来指定通信的协议类型，可能的取值如下：
  - SOCK_STREAM：提供面向连接的稳定数据传输——TCP 协议。
  - OOB：在所有数据传送前必须使用 connect()建立连线状态。
  - SOCK_DGRAM：使用不连续、不可靠的数据包连接。
  - SOCK_SEQPACKET：提供连续可靠的数据包连接。
  - SOCK_RAW：提供原始网络协议存取。
  - SOCK_RDM：提供可靠的数据包连接。
  - SOCK_PACKET：与网络驱动程序直接通信。
- protocol 用来指定套接字使用的传输协议编号。这一参数通常不具体设置，一般设置为 0 即可。
- 返回值：成功则返回套接字处理代码，失败返回－1。
- 错误代码：
  - EPROTONOSUPPORT：参数 domain 指定的类型不支持参数 type 或 protocol 指定的协议。
  - ENFILE：核心内存不足，无法建立新的套接字结构。
  - EMFILE：进程文件表溢出，无法再建立新的套接字。
  - EACCESS：权限不足，无法建立 type 或 protocol 指定的协议。
  - ENOBUFS、ENOMEM：内存不足。
  - EINVAL：参数不合法。

2. bind()

bind 函数为套接字接口分配本地 IP 和协议端口，对于网际协议，协议地址是 32 位 IPv4 地址或 128 位 IPv6 地址与 16 位的 TCP 或 UDP 端口号的组合；比如指定端口为 0，调用 bind 时内核将选择临时端口，如果指定通配 IP 地址，那么等到建立连接后内核才选择本地 IP 地址。

原型：int bind(int sockfd, struct sockaddr *serv_addr, int addrlen);

参数说明：

- sockfd 表示已经建立的网络套接字。
- sockaddr 是指向 sockaddr 结构体类型的指针。sockaddr 的定义方法如下：

```
struct sockaddr {
    unsigned short int sa_family;
    char sa_data[14];
};
```

这个结构体的成员含义如下：

sa_family：调用 socket()时的 domain 参数，即 AF_xxxx 值。

sa_data：最多使用 14 个字符长度，含有 IP 地址与端口信息。

如果建立套接字时使用的是 AF_INET 参数，那么 socketaddr_in 结构体的定义方法如下：

```
struct socketaddr_in {
    unsigned short int sin_family;
    uint16_t sin_port;
    struct in_addr sin_addr;
    unsigned char sin_zero[8];
};
```

结构体的成员 in_addr 也是结构体，定义方式如下：

```
struct in_addr {
    uint32_t s_addr;
};
```

在这些结构体中，成员变量的作用与含义如下：

sin_family：也就是 sa_family，为调用 socket()时的 domain 参数。

sin_port：使用的端口号。

sin_addr.s_addr：IP 地址。

sin_zero：未使用的字段，填充为 0。

- addrlen 表示 my_addr 的长度，可以使用 sizeof 函数来取得。函数可以把指定的 IP 与端口绑定到已经建立的套接字上。

返回值：

如果无错误发生，bind()返回 0。否则的话，将返回 SOCKET_ERROR，应用程序可通过 WSAGetLastError()获取相应错误代码。

错误代码：

- WSANOTINITIALISED：在使用此 API 之前应首先成功地调用 WSAStartup()。
- WSAENETDOWN：Windows 套接字接口实现检测到网络子系统失效。
- WSAEADDRINUSE：指定端口已在使用中。
- WSAEFAULT：namelen 参数太小(小于 sockaddr 结构的大小)。
- WSAEINPROGRESS：阻塞的 Windows 套接字接口调用正在运行中。
- WSAEAFNOSUPPORT：本协议不支持指定的地址族。
- WSAEINVAL：套接字接口已与某个地址捆绑。

- WSAENOBUFS：无足够可用缓冲区，连接过多。
- WSAENOTSOCK：描述字不是套接字接口。

3. sendto()

sendto 函数可以通过已经建立的套接字，将一段信息发送到另一个程序的套接字中。这个函数的使用方法如下：

原型：int sendto(int s , void * msg, int len, unsigned int flags,struct sockaddr* to , int tolen);

参数说明：

- s 表示已经建立并连线的网络套接字，如果利用 UDP 协议，那么不需要经过连线操作。
- msg 指向欲连线的数据内容，参数 flags 一般设 0，详细描述请参考 send()。
- to 用来指定欲传送的网络地址，结构 sockaddr 请参考 bind()。
- tolen 为 sockaddr 的结果长度。

返回值：成功则返回实际传送出去的字符数，失败返回－1，错误原因存于 errno 中。

错误代码：

- EBADF：参数 s 不是正常的套接字。
- EFAULT：参数中的指针指向无法读取的内存空间。
- WNOTSOCK：s 为文件描述词，而不是一个套接字。
- EINTR：被其他信号中断。
- EAGAIN：此动作会令进程阻断。
- ENOBUFS：系统的缓冲内存不足。
- EINVAL：传给系统调用的参数不正确。

4. recvfrom()

函数 recvfrom 可以从套接字中接收其他主机发送来的信息。这个函数的使用方法如下：

原型：int recvfrom(int s,void *buf,int len,unsigned int flags ,sockaddr *from ,int*fromlen);

参数说明：

- s 表示已经建立的网络套接字。
- buf 表示要将接收到的信息保存到的内存地址。
- len 表示可以保存信息的 buf 内存长度。
- flags 一般设为 0，参数 from 表示 IP 地址与端口等信息。fromlen 表示 sockaddr 的长度，这个值可以用 sizeof 函数来取得。

返回值：函数调用成功，则返回接收到的字符数。失败则返回 - 1，错误原因存于 errno 中。

错误代码：

- EBADF：参数 s 不是正确的套接字。
- EFAULT：参数中的指针可能指向无法读取的内存空间。
- ENOTSOCK：参数 s 是文件描述词，而不是套接字。
- EINTR：被其他信号中断。

- EAGAIN：此动作会令进程阻断。
- ENOBUFS：系统的缓冲内存不足。
- ENOMEM：核心内存不足。
- EINVAL：传给系统调用的参数不正确。

5. listen()

服务器必须等待客户端的连接请求，listen 函数用于实现监听等待功能。这个函数的使用方法如下：

原型：int listen(int s,int backlog);

参数说明：

- s 表示已经建立的网络套接字。
- backlog 表示能同时处理的最大连接请求。

返回值：

调用成功，函数的返回值为 0，失败则返回 - 1。函数可能发生如下错误，可以用 errno 来捕获发生的错误。

错误代码：

- EBADF：参数 sockfd 不是合法的套接字。
- EACCESS：权限不足。
- EOPNOTSUPP：指定的套接字不支持 listen 模式。

6. accept()

服务器处于监听状态时，如果获得客户端的请求，那么会将这个请求放在等待队列中，在系统空闲时处理客户端的连接请求。接受连接请求的函数是 accept，这个函数的使用方法如下：

原型：int accept(int s,struct sockaddr * addr,int * addrlen);

参数说明：

- s 表示处于监听状态的套接字。
- addr 是 sockaddr 结构体类型的指针，系统会把远程主机的这些信息保存到这个结构体指针。addrlen 表示 sockaddr 的内存长度，可以用 sizeof 函数来取得。

返回值：成功则返回新的套接字处理代码，失败返回 - 1。

错误代码：

- EBADF：参数 s 不是合法的套接字代码。
- EFAULT：参数 addr 指针指向无法存取的内存空间。
- ENOTSOCK 参数 s 为文件描述词，而不是套接字。
- EOPNOTSUPP：指定的套接字不是 SOCK_STREAM。
- EPERM：防火墙拒绝这个连接。
- ENOBUFS：系统的缓冲内存不足。

- ENOMEM：核心内存不足。

7. connect()

所谓请求连接，指的是客户端向服务器发送信息时，需要发送连接请求。connect 函数可以完成这项功能，这个函数的使用方法如下：

原型：int connect(int sockfd,struct sockaddr * serv_addr,int addrlen);

参数说明：

- sockfd 表示已经建立的套接字。
- serv_addr 是结构体指针，指向 sockaddr 结构体，这个结构体存储着远程服务器的 IP 与端口信息。
- addrlen 表示 sockaddr 结构体的内存长度，可以用 sizeof 函数来获取。

返回值：连接成功，返回值为 0，连接失败则返回 - 1。

错误代码：

- EBADF：参数 sockfd 不是合法的套接字。
- EFAULT：参数 serv_addr 指针指向无法读取的内存空间。
- ENOTSOCK：参数 sockfd 是文件描述词而不是正常的套接字。
- EISCONN：参数 sockfd 的套接字已经处于连接状态。
- ECONNREFUSED：连接要求被服务器拒绝。
- ETIMEDOUT：需要的连接操作超过限定时间仍未得到响应。
- ENETUNREACH：无法传送数据包至指定主机。
- EAFNOSUPPORT：sockaddr 结构体的 sa_family 不正确。
- EALREADY：套接字不能阻断，但是以前的连接操作还未完成。

8. read()和 write()

write 函数可以向文件中写入数据，read 函数可以从文件中读取数据。套接字建立连接以后，向这个套接字中写入数据表示向远程主机传送数据，从套接字中读取数据相当于接收远程主机传送过来的数据。这两个函数的使用方法如下：

原型：ssize_t write(int fd, const void *buf, size_t count);

　　　ssize_t read(int fd, void *buf, size_t count);

参数说明：

- fd 表示已经建立的套接字。
- buf 是指向一段内存的指针。
- count 表示 buf 指向内存的长度。

返回值：read 函数读取字节时，会把读取的内容保存到 buf 指向的内存中，然后返回读取到的字节的个数。使用 write 函数传输数据时，会把 buf 指针指向的内存中的数据发送到套接字连接的远程主机，然后返回实际发送的字节的个数。

4.8.5　UDP 通信实例

下面通过实例来说明客户端和服务器的 UDP 通信方式。本例实现针对 DAYTIME 服务的 UDP 客户端和服务器的通信，要求显示 DAYTIME 返回的日期和时间值。

客户端的实现需要判断参数的输出，如果输入中包含服务器端的主机地址以及端口号等信息，就将它们赋值给固定的参数，从而完成与服务器的连接；如果信息不够完整，就使用默认的参数进行连接。在本程序中，如果没有输入，那么默认为本机地址和 DAYTIME 服务。完成对参数的赋值后，调用 UDPClientsocket 函数，建立套接字 s，由于数据传输采用 UDP 协议，服务器不知道客户端的 IP 地址和端口，因此客户端需要通过 s 向服务器发送数据包(内容可随意)通知服务器客户端的 IP 地址和端口，使得服务器可以确定客户端的位置。然后接受服务器端的数据包，在得到服务器端的数据包后再进行输出。客户端的主程序放在 UDPClient.c 中。

服务器端的流程以及实现与客户端的类似，但稍微复杂一些。根据输入对服务进行赋值，如果没有服务，那么默认为 DAYTIME 服务。调用 UDPserver 函数，建立套接字并返回描述符 sock 以监听是否有连接。服务器端循环等待连接，当 recvfrom 返回后，将客户端的端点地址存入 fsin 中，调用 time 函数，获得本机时间并且通过指针调用取得结果，最后调用 sendto，将数据包发往客户端。继续等待连接。服务器端的主程序存放在 UDPServer. c 文件中。

具体代码实现如下所示：

```
/*
    文件：UDPServer.c
    UDPsocket 函数
*/
int UDPsocket(const char *service,const char *transport,int qlen)
{
    struct servent *pse;                                    //主机服务信息指针
    struct protoent *ppe;                                   //传输协议信息指针
    struct sockaddr_in sin;                                 //端点地址
    int s, type;                                            //套接字描述符，套接字的类型
    int on, ret;

     memset(&sin, 0, sizeof(sin));                          //初始化端点地址
     sin.sin_family = AF_INET;
     sin.sin_addr.s_addr = INADDR_ANY;
     pse = getservbyname(service, transport);

  if (pse)                                                  //转换输入的服务名称
     sin.sin_port = htons(ntohs((unsigned short)pse->s_port) + portbase);
  else if ((sin.sin_port = htons((unsigned short)atoi(service))) == 0)
     printf("can't get \"%s\" service entry\n", service);

  if((ppe = getprotobyname(transport)) == 0)                //转换输入的传输类型
     printf("can't get \"%s\" protocol entry\n", transport);
```

```
    if(strcmp(transport,"udp") == 0)                            //确定传输类型，UPD 或 TCP
        type=SOCK_DGRAM;
    else
        type=SOCK_STREAM;

    s = socket(PF_INET,type,ppe->p_proto);                      //创建套接字

    on = 1;
    ret = setsockopt( s, SOL_SOCKET, SO_REUSEADDR, &on, sizeof(on) );

    if (s < 0)
        printf("can't create socket!\r\n");

    if(bind(s, (struct sockaddr *)&sin, sizeof(sin)) < 0)       //将端口信息写入套接字
        printf("can't bind to the port:%s\r\n", service);

    if(type == SOCK_STREAM&&listen(s,qlen) < 0)                 //置为被动端口，等待连接
        printf("can't listen on the port: %s\r\n", service);

    return s;
}

/*
    文件：UDPServer.c
    主函数
*/
int main(int argc,char *argv[])
{
    struct sockaddr_in fsin;                                    //存放客户端地址
    char *service = "daytime";                                  //服务器主机服务，默认为 DAYTIME 服务
    int sock;                                                   //存放套接字描述符
    char buf[32];                                               //接收数据
    unsigned int alen;                                          //接收到的数据的长度
    time_t now;                                                 //存放本地时间
    char *pts;                                                  //指向时间的字符串指针
    time_t time();
    char *ctime();

    switch(argc){                                               //根据参数个数修改主机服务的名称
    case 1:                                                     //参数个数为 1 时使用默认参数
        break;
    case 2:                                                     //参数个数为 2 时使用指定的服务
        service = argv[1];
        break;
    default:
        printf("the argc is wrong!\r\n");                       //出错信息
    }
```

```
    sock = UDPsocket(service,"udp",0);                        //创建套接字
    while(1){                                                 //循环等待客户端的请求
        alen = sizeof(fsin);
        if(recvfrom(sock, buf, sizeof(buf), 0, (struct sockaddr *)&fsin, &alen) < 0)
        //接受客户端的数据包，将客户端的端点地址存储在 fsin 中
        printf("failed to use recvfrom\n");
        time(&now);                                           //获得本地时间
        pts = ctime(&now);                                    //将时间转换成字符串类型
        sendto(sock, pts, strlen(pts), 0, (struct sockaddr *)&fsin, sizeof(fsin));
        //数据发回客户端
        printf("send the data \"%s\" success!\n", pts);
    }
}

/*
   文件：UDPClient.c
   UDPClientsocket 函数
   用指定服务类型(TCP 或 UDP)创建套接字，通过输入参数查找 IP 地址和端口号，将端点地址信息
写入套接字，返回套接字描述符。
    host：服务器的主机名称或 IP 地址。
    service：服务器的主机服务名称或端口号。
    transport：传输协议的名称(“tcp”或“udp”)。
*/
int UDPClientsocket(const char *host,const char *service,const char *transport)
{
    struct hostent      *phe;                                 //指向服务器主机名称信息的指针
    struct servent      *pse;                                 //指向服务器主机服务信息的指针
    struct protoent     *ppe;                                 //指向传输协议信息的指针
    struct sockaddr_in sin;                                   //存放端点地址
    int s, type;                                              //套接字描述符，套接字的类型
    memset(&sin, 0, sizeof(sin));                             //初始化端点地址
    sin.sin_family = AF_INET;
    pse = getservbyname(service,transport);

    if (pse)                                                  //转换输入的服务器服务名称或端口号
        sin.sin_port = pse->s_port;
    else if ((sin.sin_port = htons((unsigned short)atoi(service))) == 0)
        printf("can not get the right port!\r\n");

    phe = gethostbyname(host);
    if (phe)                                                  //转换输入的服务器主机名称或 IP 地址
        memcpy(&sin.sin_addr, phe->h_addr, phe->h_length);
    else if((sin.sin_addr.s_addr = inet_addr(host)) == INADDR_NONE)
        printf("can't get the address entry\r\n");

    if ((ppe = getprotobyname(transport)) == 0)               //转换输入的传输类型
```

```
        printf("can't get the protocol entry\r\n");
    if (strcmp(transport, "udp") == 0)                    //确定传输类型，UPD 或 TCP
        type = SOCK_DGRAM;
    else
        type = SOCK_STREAM;

    s = socket(PF_INET, type, ppe->p_proto);              //创建套接字
    if (s < 0)
        printf("can't create socket!\r\n");

    if(connect(s, (struct sockaddr *)&sin, sizeof(sin)) < 0)  //将端点地址写入套接字
        printf("can't connect to %s.%s\r\n", host, service);

    return s;
}

/*
    文件：UDPclient.c
    主函数
*/
#define    LINELEN        128
int main(int argc,char *argv[])
{
    char *host;
    char *service;
    char buf[LINELEN+1];                         //接收数据的缓存
    int s, n;                                    //套接字描述符和读入字符的长度

    switch(argc){                                //根据程序的参数个数设置主机名称和服务
    case 1:
        host = "localhost";                      //服务器主机名称或 IP 地址，默认为本机地址
        service = "daytime";                     //服务器主机服务名称或端口号，默认为 DAYTIME
        break;
    case 3:
        service = argv[2]; //为主机名称和服务赋值，第一个为主机名称，第二个为服务
    case 2:
        host = argv[1];
        break;
    default:
        printf("the argc is wrong!\r\n");
        exit(1);
    }

    s = UDPClientsocket(host,service,"udp");  //创建套接字
    printf("%s\r\n", MSG);
    write(s,MSG,strlen(MSG));                    //向服务器主机发送消息 MSG，该消息可为任意字符串
    if((n = read(s, buf, LINELEN)) < 0)          //接收来自服务器的数据并计算长度
```

```
        printf("the received data is wrong!\r\n");
    buf[n]='\0';                          //防止没有结尾
    fputs(buf,stdout);                    //输出从服务器发来的数据，本例应该为服务器的时间信息
    close(s);
    exit(0);
}
```

4.8.6　TCP 通信实例

下面通过实例来说明客户端和服务器的 TCP 通信方式。本例实现针对 TIME 服务的 TCP 客户端与服务器的通信，要求对 TIME 服务返回的时间值与接收到应答时客户端的本机时间值进行比较，并显示比较结果(包括两值之间的差异)。

TIME 服务是指通过客户端向服务器发送请求，取得服务器回应时间。为避免由于不同时区而引起的问题，需要将时间转换为国际标准时间，然后在客户端接收到时间后再转换为本地时间。TIME 协议使用 32 位的整数指明时间，表示从某个日期以来经历的秒数，TIME 协议以 1900 年 1 月 1 日午夜作为起始点。

客户端的实现需要判断参数的输出，如果输入中包含服务器端的主机地址及端口号等信息，就将它们赋值给固定的参数，从而完成与服务器的连接；如果信息不够完整，就使用默认的参数进行连接。在本程序中，如果没有输入，那么默认为本机地址和 TIME 服务。完成对参数的赋值后，调用 TCPClientsocket 函数，建立套接字 s，另外采用指定的 TCP 协议，客户端与服务器建立连接，从而发送数据包给客户端。客户端得到服务器端的数据包后，进行输出。客户端的主程序存放在 TCPClient.c 中。

服务器端的流程及实现与客户端的类似，但稍微复杂一些。根据输入对服务进行赋值，如果没有，那么默认为 TIME 服务。调用 TCPsocket()，建立套接字并返回描述符 sock 以监听是否有连接。服务器端循环等待连接，通过 ssocket = accept(msocket, (struct sockaddr *)&fsin, &alen)连接客户端，调用 time()，获得本机时间，将主机字节转换为网络标准字节，然后调用 write(ssocket, (char *)&now, sizeof(now));，将数据包发往客户端。继续等待连接。服务端的主程序存放在 TCPServer.c 文件中。

具体代码实现如下所示：

```
/*
    文件：TCPServer.c
    TCPsocket 函数
*/
int TCPsocket(const char *service,const char *transport,int qlen)
{
    struct servent *pse;                  //主机服务信息指针
    struct protoent *ppe;                 //传输协议信息指针
    struct sockaddr_in sin;               //端点地址
    int s, type;                          //套接字描述符，套接字的类型
    int on, ret;
```

```
    memset(&sin, 0, sizeof(sin));                                    //初始化端点地址
    sin.sin_family = AF_INET;
    sin.sin_addr.s_addr = INADDR_ANY;
    pse = getservbyname(service, transport);

    if(pse)                                                          //转换输入的服务名称
        sin.sin_port = htons(ntohs((unsigned short)pse->s_port) + portbase);
    else if ((sin.sin_port = htons((unsigned short)atoi(service))) == 0)
        printf("can't get \"%s\" service entry\n", service);

    if((ppe = getprotobyname(transport)) == 0)                       //转换输入的传输类型
        printf("can't get \"%s\" protocol entry\n", transport);

    if(strcmp(transport, "udp") == 0)                                //确定传输类型，UPD 或 TCP
        type = SOCK_DGRAM;
    else
        type = SOCK_STREAM;

    s = socket(PF_INET,type,ppe->p_proto);                           //创建套接字
    on = 1;
    ret = setsockopt( s, SOL_SOCKET, SO_REUSEADDR, &on, sizeof(on) );

    if(s <0 )
        printf("can't create socket!\r\n");

    if(bind(s, (struct sockaddr *)&sin, sizeof(sin)) < 0)            //将端口信息写入套接字
        printf("can't bind to the port:%s\r\n",service);

    if(type == SOCK_STREAM && listen(s, qlen) < 0)                   //置为被动端口，等待连接
        printf("can't listen on the port: %s\r\n", service);

    return s;
}

/*
    文件：TCPServer.c
    主函数
*/
int main(int argc,char *argv[])
{
    struct sockaddr_in fsin;                    //存放客户端地址
    char *service = "time";                     //服务器主机服务, 默认为 TIME 服务
    int msocket, ssocket;                       //存放用于监听和连接套接字的描述符
    unsigned int alen;                          //客户端地址的长度
    time_t now;                                 //存放本地时间
    time_t time();

    switch(argc){                               //根据参数个数修改主机服务的名称

    case 1:                                     //参数个数为 1 时使用默认参数
```

```
        break;
    case 2:                                              //参数个数为 2 时使用指定的服务
        service = argv[1];
        break;
    default:
        printf("the argc is wrong!\r\n");                //出错信息
    }

    msocket = TCPsocket(service, "tcp", QLEN);           //创建套接字
    while(1){                                            //循环等待客户端的请求
        alen = sizeof(fsin);
        ssocket = accept(msocket, (struct sockaddr *)&fsin, &alen); //获取传入的连接请求
        if (ssocket < 0)
            printf("accept failed1\r\n");
        time(&now);                                      //获得本地时间
        now = htonl((unsigned long)(now + UNIXEPOTH));   //转换为 32 位编码的时间
        write(ssocket, (char *)&now, sizeof(now));       //数据发回客户端
        printf("send the data success!\n");
        close(ssocket);
    }
}

/*
    文件：TCPClient.c
    TCPClientsocket()函数
    用指定服务类型(TCP 或 UDP)创建套接字，通过输入参数查找 IP 地址和端口号，将端口地址
信息写入套接字，返回套接字的描述符。
    host：服务器主机名称或 IP 地址。
    service：服务器主机服务名称或端口号。
    transport：传输协议名称(“tcp”或“udp”)。
*/
int TCPClientsocket(const char *host,const char *service,const char *transport)
{
    struct hostent   *phe;                          //指向服务器主机名称信息的指针
    struct servent   *pse;                          //指向服务器主机服务信息的指针
    struct protoent *ppe;                           //指向传输协议信息器指针
    struct sockaddr_in sin;                         //存放端口地址
    int s,type;                                     //套接字描述符，套接字的类型
    memset(&sin,0,sizeof(sin));                     //初始化端点地址
    sin.sin_family = AF_INET;
    pse = getservbyname(service,transport);
    if(pse)                                         //转换输入的服务器服务名称或端口号
    sin.sin_port = pse->s_port;
    else if((sin.sin_port = htons((unsigned short)atoi(service))) == 0)
          printf("can not get the right port!\r\n");
```

```
    phe = gethostbyname(host);
    if (phe)                                                    //转换输入的服务器主机名称或 IP 地址
            memcpy(&sin.sin_addr,phe->h_addr, phe->h_length);
    else if((sin.sin_addr.s_addr=inet_addr(host))==INADDR_NONE)
            printf("can't get the address entry\r\n");

    if((ppe = getprotobyname(transport)) == 0)                  //转换输入的传输类型
            printf("can't get the protocol entry\r\n");

    if (strcmp(transport, "udp") == 0)                          //确定传输类型，UPD 或 TCP
            type = SOCK_DGRAM;
    else
            type = SOCK_STREAM;

    s = socket(PF_INET, type, ppe->p_proto);                    //创建套接字
    if(s < 0)
            printf("can't create socket!\r\n");

    if (connect(s, (struct sockaddr *)&sin, sizeof(sin)) < 0)   //将端口地址写入套接字
            printf("can't connect to %s.%s\r\n", host, service);
    return s;
}

/*
    文件：TCPClient.c
    主函数
*/
#define   LINELEN         128
#define   UNIXEPOTH       2208988800UL                      //国际标准时间
int main(int argc, char *argv[])
{
    char *host;
    char *service;
    int s, n;                               //套接字描述符和读入的字符长度
    time_t s_now, l_now;                    //存放本地时间
    time_t time();
    char *ctime();
    int diff_time;

  switch(argc){                             //根据程序的参数个数设置主机名称和服务
  case 1:
        host = "localhost";                 //服务器主机名称或 IP 地址，默认为本机地址
        service = "time";                   //服务器主机服务名称或端口号，默认为 DAYTIME
        break;
  case 3:
        service = argv[2];                  //为主机名称和服务赋值，第一个为主机名称，第二个为服务
  case 2:
```

```
            host = argv[1];
            break;
        default:
            printf("the argc is wrong!\r\n");
            exit(1);
        }

        s = TCPClientsocket(host, service, "tcp");          //创建套接字
        printf("%s\r\n", MSG);

        //接收来自服务器的数据并计算长度
        n = read(s, (char *)&s_now, sizeof(s_now));
        if (n < 0)
            printf("the received data is wrong!\r\n");

        s_now = ntohl((unsigned long)s_now);
        s_now -= UNIXEPOTH;
        printf("The time in the server is:%s\r\n",ctime(&s_now));

        time(&l_now);                                       //获得本地时间
        printf("The time in the client is %s\r\n", ctime(&l_now));
        diff_time = (int)((unsigned long)l_now - (unsigned long)s_now);
        printf("The different time is between the client and the server %i\r\n", diff_time);
        exit(0);
}
```

4.9 多进程及多线程编程

随着用户需求的不断增多，使得对操作系统为用户提供服务的期望也越来越高，尤其是如何处理多种系统任务的能力。在程序设计中使用多进程或多线程方式，可以达到此目的。

4.9.1 进程简介

1. 进程的概念

进程(Process)这个术语最早是 1960 年在 MIT 的 MULTICS 和 IBM 公司的 TSS/360 系统中提出来的，是具有一定独立功能的程序关于某个数据集合的一次运行活动。进程是操作系统动态执行的基本单元，在传统的操作系统中，进程既是基本的分配单元，也是基本的执行单元。

首先，进程是实体，每个进程都有自己的地址空间。其次，进程是“执行中的程序”。程序是没有生命的实体，只有在处理器赋予生命后，程序才能成为活动的实体。

2. 进程的特征

进程是实体，是机器执行的一段代码，也是最基本的执行单元。进程具有以下特征：

- 动态性：进程是进程实体的执行过程。因此，动态性是进程最基本的特征。进程具有一定的生命周期，进程由创建而产生，由调度而执行，因得不到资源而暂停执行，由撤销而消亡。
- 并发性：多进程同时存在于内存中，在 段时间内同时运行。
- 独立性：未建立进程的程序，不能作为独立的单元运行。
- 异步性：进程按各自独立的、不可预知的速度向前推进，导致程序具有不可再现性。因此，在操作系统中，必须采取某种措施来保证各程序之间能协调运行。

3. 进程的结构

Linux 中的进程在内存里有 3 部分数据，分别是“代码段”、“数据段”和“堆栈段”。代码段存储处理器执行的代码，如果是由多个进程运行同一程序，那么它们使用的是同一代码段；数据段存储程序的变量和进程执行期间使用的动态分配的数据空间；堆栈段存储着活动过程调用的指令和本地变量，包括进程控制块(Process Control Block，PCB)。PCB 处于进程核心堆栈的底部，不需要额外分配空间。

4. 进程的分类

Linux 操作系统的进程一般分为交互进程、批处理进程和守护进程 3 类：

- 交互进程：由 shell 启动的进程。交互进程既可以在前台运行，也可以在后台运行。
- 批处理进程：这种进程和终端没有联系，是进程序列。
- 守护进程：在 Linux 系统启动时启动的进程，并在后台运行。

5. 进程的状态

进程是动态的实体，因而也是有生命的。从创建到消亡，就是进程的整个生命周期。在这个生命周期中，进程可能会经历从创建到消亡过程中各种不同的生命状态。可能是占有处理器执行状态，可能是等待被分配处理器执行状态，也可能是虽然有可用处理器、但是因等待某个事件的发生而无法执行的状态。

所以，进程主要分为以下几种基本状态：

- 执行(Running)状态：进程正在使用处理器执行程序，正处于执行状态。单处理器系统中只能有一个进程处于执行状态，多处理器系统中可能有多个进程处于执行状态。在没有其他进程可以执行时(比如所有进程都处于阻塞状态)，通常会自动执行系统的空闲进程。
- 阻塞(Blocked)状态：也叫等待或睡眠状态，是进程由于等待某种事件的发生而处于暂停执行的状态，比如进程因等待 I/O 的完成、等待缓冲空间等。

- 就绪(Ready)状态：进程已获得除处理器之外的所需资源，等待分配处理器资源；只要分配处理器，进程就可以执行。

进程的状态转换过程：

(1) 进程被父进程通过系统调用函数 fork()而创建。

(2) 在为子进程配置好数据结构后，子进程进入就绪状态(或者在内存中就绪，或者因为内存不够而在 SWAP 设备中就绪)。

(3) 如果进程在内存中就绪，进程就可以被内核调度程序调度到 CPU 运行。

(4) 内核调度进程进入内核状态，再由内核状态返回用户状态执行。进程在用户状态运行一定时间后，又会被调度程序调度而进入内核状态，由此转入就绪状态。有时，进程在用户状态运行时，也会因为需要内核服务，使用系统调用而进入内核状态，服务完毕，会由内核状态转回用户状态。进程在从内核状态向用户状态返回时可能被抢占，这是由于有优先级更高的进程急需使用 CPU，不能等到下一次调度，从而造成抢占。

(5) 进程执行 exit 调用，进入僵死状态，最终结束。

4.9.2　进程控制应用程序开发接口

进程控制中主要涉及进程的创建、睡眠和退出等。Linux 中主要提供了 fork、exec、clone 的进程创建方法，sleep 的进程睡眠和 exit 的进程退出调用，另外还提供了父进程等待子进程结束的系统调用 wait。

1. fork()

原型：pid_t fork(void);

说明：现有进程可以调用 fork 函数来创建新的进程。由 fork 创建的新进程被称为子进程。fork 函数被调用一次，但返回两次。两次返回的唯一区别是子进程中返回 0 值，而父进程中返回子进程 ID。子进程是父进程的副本，子进程将获得父进程数据空间、堆栈等资源的副本。注意，子进程持有的是上述存储空间的“副本”，这意味着父子进程间不共享这些存储空间。Linux 将复制父进程的地址空间内容给子进程，因此，子进程有了独立的地址空间。

返回值：如果成功调用一次，就返回两个值，子进程返回 0，父进程返回子进程 ID；否则返回 - 1 。

2. exec 系列

原型：
```
int execl(char *pathname, char *arg0, arg1, ..., argn, NULL);
int execle(char *pathname, char *arg0, arg1, ..., argn, NULL, char *envp[]);
int execlp(char *pathname, char *arg0, arg1, .., NULL);
int execple(char *pathname, char *arg0, arg1, ..., NULL, char *envp[]);
int execv(char *pathname, char *argv[]);
int execve(char *pathname, char *argv[], char *envp[]);
int execvp(char *pathname, char *argv[]);
int execvpe(char *pathname, char *argv[], char *envp[]);
```

说明：exec 系列中的系统调用的功能是相同的，只是参数不同而已，它们把新程序装入调用进程的内存空间，从而改变调用进程的执行代码，从而形成新进程。如果 exec 调用成功，调用进程将被覆盖，然后从新程序的入口开始执行，这样就产生了新的进程，但是进程标识符与调用进程相同。这就是说，exec 没有建立与调用进程并发的新进程，而是用新进程取代了原来的进程。所以，在 exec 调用成功后，没有任何数据返回，这与 fork 不同。进程使用 exec 执行后，代码段、数据段、bss 段和堆栈段都被新程序覆盖，唯一保留的是进程号。

提示：

bss(Block Started by Symbol)段与数据段不同，通常是指用来存放程序中未初始化的全局变量和静态变量的一块内存区域。bss 段的特点是可读写，在程序执行之前 bss 段会自动清零。因此，未初始化的全局变量在程序执行之前已经为 0。

函数中的参数 pathname 给出了被执行程序所在的文件名，必须是有效的路径名，文件本身也必须是真正的可执行程序。第二个参数以及用省略号表示的其他参数一起组成了程序执行的参数表，它们相当于 shell 下的命令行参数。实际上，shell 本身对命令的调用也是用 exec 调用来实现的。由于参数的个数是任意的，因此必须用 NULL 指针来标记参数列表的结束。

exec 系统调用经常与 fork 联合使用，我们可以先用 fork 建立子进程，然后在子进程中使用 exec，这样就实现了父进程运行与之不同的子进程，并且父进程不会被覆盖。

返回值：如何执行成功，那么不会返回值；如果失败，就返回 - 1。

3. clone()

原型：int clone(int (*fn)(void *), void *child_stack, int flags, void *arg);

说明：clone 是 Linux 2.0 以后才具备的新功能，功能较 fork 更强(可认为 fork 是 clone 要实现的一部分)，可以使得创建的子进程共享父进程的资源，并且要使用此函数，就必须在编译内核时设置 CLONE_ACTUALLY_WORKS_OK 选项。

fn 的类型是函数指针，也就是指向程序的指针，就是所谓的“剧本”；child_stack 明显是为子进程分配系统堆栈空间(在 Linux 下，系统堆栈空间是两页面，也就是 8KB 的内存，其中在这块内存中，在低地址空间放入了值，这个值就是进程控制块 task_struct 的值)，flags 标志用来描述需要从父进程继承哪些资源(见表 4-18)，arg 是传给子进程的参数。

表 4-18　flags 取值的含义

标　　志	含　　义
CLONE_PARENT	创建的子进程的父进程是调用者的父进程，新进程与创建它的进程成了“兄弟”而不是“父子”
CLONE_FS	子进程与父进程共享相同的文件系统，包括 root、当前目录、umask
CLONE_FILES	子进程与父进程共享相同的文件描述符(file descriptor)表
CLONE_NEWNS	在新的 namespace 启动子进程中，namespace 描述了进程的文件 hierarchy
CLONE_SIGHAND	子进程与父进程共享相同的信号处理(signal handler)表
CLONE_PTRACE	如果父进程被跟踪，子进程也将被跟踪

(续表)

标　志	含　义
CLONE_VFORK	父进程被挂起，直至子进程释放虚拟内存资源
CLONE_VM	子进程与父进程运行于相同的内存空间
CLONE_PID	子进程在创建时，PID 与父进程一致
CLONE_THREAD	在 Linux 2.4 中引入以支持 POSIX 线程标准，子进程与父进程共享相同的线程群

4. sleep()

原型：unsigned sleep(unsigned seconds);

说明：调用 sleep 函数可以用来使进程挂起指定的秒数。

该函数调用使得进程挂起指定的时间，如果指定的挂起时间到了，该函数调用返回 0；如果该函数调用被信号打断，就返回剩余的挂起时间(指定的时间减去已经挂起的时间)。

5. exit()

原型：void _exit(int status);

说明：系统调用 exit 的功能是终止调用进程。_exit 会立即终止发出调用的进程，所有属于调用进程的文件描述符都关闭。参数 status 作为退出的状态值返回父进程，在父进程中通过系统调用 wait 可获得此值。

6. wait()

原型：pid_t wait (int * status);

说明：wait 会暂时停止目前进程的执行，直到有信号来到或子进程结束。如果在调用 wait 时子进程已经结束，那么 wait 会立即返回子进程的结束状态值。子进程的结束状态值会由参数 status 返回，而子进程的进程识别码也会一起返回。如果不在意结束状态值，那么参数 status 可以设成 NULL。子进程的结束状态值请参考下面的 waitpid。

返回值：如果执行成功，就返回子进程识别码(PID)；如果有错误发生，就返回 -1。

7. waitpid()

原型：pid_t waitpid(pid_t pid,int * status,int options);

说明：waitpid 会暂时停止目前进程的执行，直到有信号到来或子进程结束。如果在调用 waitpid 时子进程已经结束，那么 waitpid 会立即返回子进程的结束状态值。子进程的结束状态值会由参数 status 返回，而子进程的进程识别码也会一起返回。如果不在意结束状态值，那么参数 status 可以设成 NULL。参数 pid 为需要等待的子进程识别码，数值意义如下：

- pid < -1 等待进程组识别码为 pid绝对值的任何子进程。
- pid = -1 等待任何子进程，相当于 wait()。
- pid = 0 等待进程组识别码与目前进程相同的任何子进程。

- pid > 0 等待任何子进程识别码为 pid 的子进程。

子进程的结束状态在返回后存于 status 中，使用下面的宏定义可判别结束情况：

- WIFEXITED：如果是正常结束子进程，返回的状态为真。
- WEXITSTATUS：取子进程传给 exit 或_eixt 的低 8 位。
- WEXITSTATUS：取子进程 exit 返回的结束代码，一般会先使用 WIFEXITED 来判断是否正常结束，然后才能使用此宏。
- WIFSIGNALED：如果子进程是因为信号而结束，那么此宏值为真。
- WTERMSIG：取得子进程因信号而中止的信号代码，一般会先使用 WIFSIGNALED 进行判断，然后才使用此宏。
- WIFSTOPPED：如果子进程处于暂停执行情况，那么此宏值为真。一般只有使用 WUNTRACED 时才会有此情况。
- WSTOPSIG：取得引发子进程暂停的信号代码，一般会先使用 WIFSTOPPED 进行判断，然后才使用此宏。

参数 options 提供了一些额外的选项来控制 waitpid，参数 option 可以为 0 或下面几个宏定义的组合：

WNOHANG：如果 pid 指定的子进程没有结束，那么 waitpid 函数返回 0，不予以等待。如果已经结束，那么返回子进程的 ID。

WUNTRACED：如果子进程进入暂停状态，那么马上返回，但对子进程的结束状态不予以理会。

返回值：如果执行成功，那么返回子进程识别码(PID)；如果有错误发生，那么返回值 - 1。

4.9.3　进程通信实例

下面通过介绍管道的使用方式来实现进程间的通信。通过 pipe 函数调用实现管道的创建，在主进程中使用 nFd[0]，在子进程中使用 nFd[1]。

```
#include <unistd.h>
#include <stdio.h>
#include <stdlib.h>

int main(void)
{
    int nFd[2];
    int nPid,nLen;
    char szBuf[80];

if ((pipe(nFd))<0) {                                   //创建管道
    printf("create pipe failed.\n");//print the fail message
    exit(0);
}

if ((nPid=fork())<0) {                                 //创建新进程
    printf("fork failed.\n"); //print the fail message
```

```
        exit(-1); //quit process
    }

    if (nPid == 0) {                                        //返回值为 0，说明当前为子进程
        close(nFd[0]);
          //向管道中写入消息，发送给主进程
          write(nFd[1], "Welcome to Intel&NORCO platform\n", 32);
          close(nFd[1]);
          exit(0);
    }
    else {                                                  //主进程
          close(nFd[1]);
          while((nLen=read(nFd[0],szBuf,nLen))>0)           //从管道中读入消息
                write(STDOUT_FILENO,szBuf,nLen);            //将消息输出到标准输出中
          close(nFd[0]);
    }
    waitpid(nPid, NULL, 0);                                 //等待子进程结束
    return 0;
}
```

4.9.4 线程简介

线程(Thread)是程序中单一的顺序控制流程，也被称为轻量级进程(Lightweight Process，LWP)，是程序执行流的最小单元。标准的线程由线程ID、当前指令指针(PC)、寄存器集合和堆栈组成。线程是进程中的实体，是被系统独立调度和分派的基本单位，线程自己不拥有系统资源，只拥有一点儿在运行中必不可少的资源，但却可与同属相同进程的其他线程共享进程拥有的全部资源。线程可以创建和撤销另一个线程，同一进程中的多个线程之间可以并发执行。每个程序都至少有一个线程，那就是程序本身。

多线程的使用并不是为了提高运行效率，而是为了同步完成多项任务，通过提高资源使用效率来提高系统的效率。在图形界面程序中，线程的使用可以提高应用程序的响应时间。在多核体系结构中，操作系统会保证当线程数不大于处理器数目时，不同的线程运行在不同的处理器上。

线程只能属于单个进程，而单个进程可以有多个线程，但至少有一个线程；将资源分配给进程，同一进程的所有线程共享进程的所有资源。进程和线程的共同点是都有 id、寄存器组、状态、优先级和调度策略，都有用于为操作系统描述实体的属性，都可以创建新的资源，但不可以访问另一个进程的资源。它们的区别首先是调度方面，线程作为调度和分配的基本单位，进程作为拥有资源的基本单位。其次是并发性，不仅进程之间可以并发执行，同一进程的多个线程之间也可以并发执行。最后，在创建或是撤销进程时，由于系统都要为之分配和回收资源，导致系统的开销明显大于创建或撤销线程时的开销，而线程没有这方面的不足。

4.9.5 线程应用程序开发接口

1. pthread_create()

原型：int pthread_create((pthread_t *thread, pthread_attr_t *attr, void*(*start_routine)(void *), void *arg));

说明：进程在被创建时，系统会为之创建主线程，而要在进程中创建新的线程，可以调用 pthread.h 库中的 pthread_create 函数。其中，函数的参数 thread 为创建的线程 ID，attr 为创建线程时设置的线程属性，是结构指针，结构中的元素分别对应着新线程的运行属性。start_routine 是由创建的线程执行的函数，该函数可以返回 void*类型的返回值，由 pthread_join()获取。arg 是由创建的线程执行的函数的参数。

返回值：如果执行成功，就返回 0；如果有错误发生，就返回－1。

2. pthread_join()

原型：int pthread_join((pthread_t th, void **thread_return));

说明：用于等待线程退出并释放资源。函数的参数 th 为等待线程的标识符，thread_return 为用户定义的指针，用来存储被等待线程的返回值。

3. pthread_exit()

原型：void pthread_exit(void* retval);

说明：由线程本身显示调用实现线程的退出。retval 用于存放线程返回后的结果。

4. pthread_cancel()

原型：int pthread_cancel(pthread_t thread) ;

说明：其他线程可以使用该函数来结束由 thread 标识的线程。

4.9.6 多线程设计实例

下面通过关于生产者和消费者问题的实例来介绍多线程的创建与线程间通信。一组生产者线程与一组消费者线程通过缓冲区发生联系。生产者线程将生产的产品送入缓冲区，消费者线程则从中取出产品。缓冲区有 N 个，是环形的缓冲池。

```
#include <stdio.h>
#include <pthread.h>
#define BUFFER_SIZE 16                          // 缓冲区的数量
/*
    缓冲区相关数据结构
*/
struct prodcons {
    int buffer[BUFFER_SIZE];                    //实际数据的存放数组
    pthread_mutex_t lock;                       //互斥变量 lock 用于缓冲区的互斥操作
```

```
    int readpos, writepos;                    //读写指针
    pthread_cond_t notempty;                  //缓冲区非空的条件变量
    pthread_cond_t notfull;                   //缓冲区未满的条件变量
};
/*
    初始化缓冲区结构
*/
void init(struct prodcons *b)
{
    pthread_mutex_init(&b->lock, NULL);
    pthread_cond_init(&b->notempty, NULL);
    pthread_cond_init(&b->notfull, NULL);
    b->readpos = 0;
    b->writepos = 0;
}
/*
    生产者写入共享的循环缓冲区函数
    将产品放入缓冲区，这里是存入整数
*/
void put(struct prodcons *b, int data)
{
    pthread_mutex_lock(&b->lock);
    //等待缓冲区未满
    while ((b->writepos + 1) % BUFFER_SIZE == b->readpos)
    pthread_cond_wait(&b->notfull, &b->lock);

    //写数据，并移动指针
    b->buffer[b->writepos] = data;
    b->writepos++;
    if (b->writepos >= BUFFER_SIZE)
        b->writepos = 0;

    //设置缓冲区非空的条件变量
    pthread_cond_signal(&b->notempty);
    pthread_mutex_unlock(&b->lock);
}

/*
    消费者读取共享的循环缓冲区函数
    从缓冲区中取出整数
*/
int get(struct prodcons *b)
{
    int data;
    pthread_mutex_lock(&b->lock);
```

```
    //等待缓冲区非空
    while (b->writepos == b->readpos)
        pthread_cond_wait(&b->notempty, &b->lock);

    //读数据，移动读指针
    data = b->buffer[b->readpos];
    b->readpos++;
    if (b->readpos >= BUFFER_SIZE)
        b->readpos = 0;

    //设置缓冲区未满的条件变量
    pthread_cond_signal(&b->notfull);
    pthread_mutex_unlock(&b->lock);
    return data;
}

/*
    生产者线程将 1 到 10000 的整数送入缓冲区并输出信息
*/
#define OVER ( - 1)
struct prodcons buffer;
void *producer(void *data)
{
    int n;
    for (n = 0; n < 10000; n++) {
        printf("%d --->\n", n);
        put(&buffer, n);
    }
    put(&buffer, OVER);
    return NULL;
}

/*
    消费者线程从缓冲区中获取整数并输出信息
*/
void *consumer(void *data)
{
    int d;
    while (1) {
        d = get(&buffer);
        if (d == OVER)
            break;
        printf("--->%d \n", d);
    }
    return NULL;
}
```

```
/*
    主函数
*/
int main(void)
{
    pthread_t th_a, th_b;
    void *retval;
    init(&buffer);

    //创建生产者和消费者线程
    pthread_create(&th_a, NULL, producer, 0);
    pthread_create(&th_b, NULL, consumer, 0);

    //等待两个线程结束
    pthread_join(th_a, &retval);
    pthread_join(th_b, &retval);
    return 0;
}
```

4.10　驱动程序开发

4.10.1　驱动程序

设备驱动程序是应用程序与硬件设备之间的抽象层，应用程序可以通过一系列标准化的接口来实现对硬件的控制。设备驱动程序的作用就是将这些调用映射到与实际硬件和设备相关的操作上。在控制硬件设备时，驱动程序会向应用程序隐藏设备的工作细节，从而简化应用程序的开发。

从程序设计的角度看，驱动程序并不使用应用层的动态库。在驱动程序中，所有调用使用的都是 Linux 内核中提供的内部编程接口。驱动程序工作在内核态，有别于工作在用户态的普通应用程序。

驱动程序可以划分为三种类型。

1. 字符设备

适合于字符型流数据，也就是在 I/O 传输过程中以字符为单位进行传输的设备，比如键盘、打印机、扫描仪。字符设备通过位于/dev 目录的文件系统节点来存取。这些驱动常常至少实现 open、close、read 和 write 系统调用。

2. 块设备

适合于随机存取的数据，通常将信息存储在固定大小的块中，每个块都有自己的地址。

数据块的大小通常在 512 字节到 32768 字节之间，比如硬盘和 CD-ROM。块设备也通过位于/dev 目录的文件系统节点来存取。与字符设备的区别是：内核在内部数据的管理方式上不同，并因此在内核/驱动的软件接口上不同，也就是与内核的接口完全不同，但是它们之间的区别对用户是透明的。

3. 网络接口

通过网络接口可与其他主机交换数据。任何网络事务都通过接口来进行。网络接口实际上是能够与其他主机交换数据的设备。通常，接口是硬件设备，但是也可能是纯粹的软件设备，比如回环接口。网络接口负责发送和接收数据报文，在内核网络子系统的驱动下，不必知道单个事务是如何映射到实际的被发送的报文上。很多网络连接(特别是 TCP 连接)是面向流的，但网络设备却常常设计成处理报文的发送和接收。网络驱动不需要了解单个连接的内部情况，只负责处理报文。

4.10.2　加载与卸载

设备驱动程序可以被编译在内核中，也可以与内核的其他部分分开建立，单独编译成模块(后缀通常为“.ko”)，在需要的时候在运行时“插入”。模块化的特点大大地简化了 Linux 的驱动程序。

加载驱动模块的命令是 insmod，命令格式为：

```
insmod [模块文件名] [模块参数……]
```

卸载驱动模块的命令是 rmmod，命令格式为：

```
rmmod [命令参数] [模块文件名]
```

使用 modprobe 命令也可以实现模块的加载与卸载。而且在加载模块时，会自动将当前模块所有的依赖模块同时完成加载。当 modprobe 命令具有参数-r 时，modprobe 将会实现目标模块的卸载。命令格式为：

```
modprobe [参数] [模块名]
```

需要注意的是，modprobe 使用的是模块名(无“.ko”后缀)而不是模块文件名。

命令 lsmod 可以列出由当前系统加载的所有模块信息和模块相互之间的依赖关系，命令格式为：

```
lsmod
```

4.10.3　HelloWorld 程序

下面通过实现 HelloWorld 驱动模块来介绍驱动程序的基本构成。

```
/*
    文件名：hello.c
```

```
*/
#include <linux/init.h>
#include <linux/module.h>

static int hello_init(void)
{
    printk(KERN_ALERT "Hello, world!\n");
    return 0;
}

static void hello_exit(void)
{
    printk(KERN_ALERT "Goodbye!\n");
}

module_init(hello_init);
module_exit(hello_exit);
MODULE_LICENSE("GPL");
```

这个模块定义了两个函数：一个在模块加载到内核时被调用(hello_init)，另一个在模块卸载时被调用(hello_exit)。module_init 和 module_exit 这几行代码使用特别的内核宏来指出这两个函数的作用。宏 MODULE_LICENSE 用来通知内核该模块带有 GPL 许可证，如果不进行声明，在驱动程序中就无法调用内核中已经被声明为 GPL 许可的函数。

prink 函数是在内核中定义的库函数，用于将调试信息显示在控制台上，与标准 C 库中的 printf 功能相似。KERN_ALERT 是字符串宏，用于定义 printk 输出消息的优先级。

这个模块的功能是：当执行 insmod 命令以加载模块时，控制台输出“Hello, world!”；当执行 rmmod 以卸载模块时，控制台输出“Goodbye!”。

编译时使用的 makefile 文件如下：

```
obj-m := hello.o
KDIR := /lib/modules/$(shell uname -r)/build
PWD := $(shell pwd)
default:
    $(MAKE) -C $(KDIR) M=$(PWD) modules
clean:
    rm -rf .*.cmd *.o *.mod.c *.ko .tmp_versions *.order *symvers *Module.markers
```

其中，KDIR 定义的是内核源码所在的位置。

4.10.4 字符型驱动程序设计简介

下面通过实现 LED 灯的驱动程序，对简单的字符设备驱动程序进行介绍。在第 255 号 GPIO 接口上连接 LED 灯，应用程序可以通过对驱动程序接口的访问实现 LED 灯的开关。

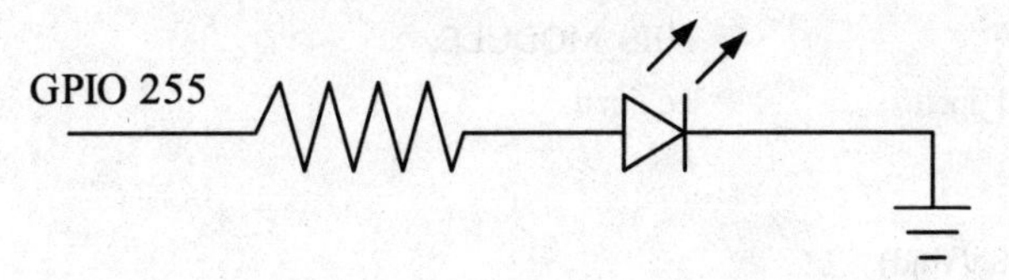

图 4-26　LED 与 GPIO 接口的连接原理图

驱动程序代码如下所示：

```
#include <linux/init.h>
#include <linux/module.h>
#include <linux/device.h>
#include <linux/fs.h>

#include <asm/gpio.h>

#define GPIO_HIGH        1
#define GPIO_LOW         0
#define LED_COMMAND      0x0
#define GPIO_INDEX       255

struct led_device {
    char *name;
    int major;
    dev_t devno;
    struct class *class;
    struct device *dev;
};

struct led_device led = {
    .name = "led",
};

/* LED 应用程序接口 */
static long led_ioctl(struct file *fp, unsigned int cmd, unsigned long param)
{
    switch (cmd) {
    case LED_COMMAND:
        gpio_direction_output(GPIO_INDEX, !!param);
        break;
    default:
        printk(KERN_WARNING "%s - Command is Invalid!\n", led.name);
        break;
    }
    return 0;
}

static const struct file_operations fops = {
```

```
    .owner              = THIS_MODULE,
    .unlocked_ioctl     = led_ioctl,
};

static int led_init(void)
{
    int ret = 0;

    //注册字符型设备
    led.major = register_chrdev(0, led.name, &fops);

    if (led.major < 0) {
        printk(KERN_ERR "%s - Can't register device\n", led.name);
        return led.major;
    }

    printk(KERN_INFO "Device %s Major : %d\n", led.name, led.major);

    led.class = class_create(THIS_MODULE, led.name);

    if (IS_ERR(led.class)) {
        ret = PTR_ERR(led.class);
        printk(KERN_ERR "%s - class_create failed!\n", led.name);
        goto fail;
    }

    led.devno = MKDEV(led.major, 0);

    //创建 /dev/led 文件
    led.dev = device_create(led.class, NULL, led.devno, NULL, led.name);
    if (IS_ERR(led.dev)) {
        ret = PTR_ERR(led.dev);
        printk(KERN_ERR "%s - device_create failed!\n", led.name);
        goto fail;
    }

    printk(KERN_INFO "Device %s regester succeed!\n", led.name);

fail:
    return ret;
}

static void led_exit(void)
{
    device_destroy(led.class, led.devno);
    unregister_chrdev(led.major, led.name);
    printk(KERN_INFO "Device %s is removed\n", led.name);
}

module_init(led_init);
```

```
module_exit(led_exit);
MODULE_LICENSE("GPL");
```

在 led_init 函数中实现了 led 字符设备的初始化过程。首先使用 register_chrdev 向系统注册字符设备。在注册字符设备时，需要向系统提供主设备编号和次设备编号。设备编号用于区分设备的主要类型，主设备编号的取值为 0~255。在系统中已经预先为一些设备分配了主设备编号，而且主设备编号不能够被重复使用。因此在选择主设备编号时，只能使用系统预留的设备编号。在新版本内核提供的 register_chrdev 函数中，当参数中的主设备编号为 0 时，系统会自动为当前设备分配预留的主设备编号，并且通过返回值返回这一分配的编号。在本程序中，就是使用这种方法来实现设备编号的分配。register_chrdev 中的第 3 个参数是指向 file_operations 对象的指针。在这个对象中实现了一系列的标准文件访问接口，应用程序通过对标准文件接口的访问来实现对设备的控制。

使用 class_create 可以在 sysfs 中创建一个类，用来保存设备相关的信息。最后，使用这个类和已分配的设备编号，调用 device_create 函数，在/dev 文件夹下创建名为 led 的文件。这个文件为应用程序提供了驱动程序的相关接口。

led_ioctl 是 file_operations 对象中唯一实现的函数指针，因此当用户访问/dev/led 文件时，只能通过 ioctl 命令实现对驱动程序的控制。在 ioctl 中有 3 个参数，第 1 个参数为文件描述符，第 2 个参数为 ioctl 命令，第 3 个参数为 ioctl 命令的参数。在上面的程序中实现了 ioctl 命令 LED_COMMAND，当参数为 0 时，LED 关闭；当参数为非 0 时，LED 打开。

对 GPIO 接口进行操作的函数定义在头文件 asm/gpio.h 中。gpio_direction_output 用于为指定的 GPIO 接口设置输出方向和输出电平；gpio_direction_input 用于将指定的 GPIO 接口设置为输入方向；gpio_get_value 和 gpio_set_value 用于读写 GPIO 接口当前的电平。

应用程序通过设备文件/dev/led 实现与驱动程序之间的交互。下面编写如下应用程序来实现 LED 的循环闪烁功能。程序代码如下所示：

```
#include <sys/types.h>
#include <sys/stat.h>
#include <stdio.h>
#include <fcntl.h>

#define GPIO_HIGH          1
#define GPIO_LOW           0
#define LED_COMMAND        0x0

int main(void)
{
    int fd, i = 0;

    //打开 LED 设备
    fd = open("/dev/led", O_RDWR);
    if (fd < 0) {
        printf("Open file /dev/led failed!\n");
        return -1;
```

```
        }

        /*
            当 i 为奇数时，LED 灯亮；当 i 为偶数时，LED 灯灭
        */
        while (1) {
            /* ioctl 函数将会间接调用驱动程序的 led_ioctl 函数 */
            if (i%2)
                ioctl(fd, LED_COMMAND, GPIO_HIGH);
            else
                ioctl(fd, LED_COMMAND, GPIO_LOW);

            sleep(1);
            i ++;
        }

        close(fd);
    }
```

4.11　总　结

本章对 Atom 系统的硬件接口原理进行了讲解，并给出了 Linux 系统中的丰富软件开发实例，最后还给出了 Linux 的驱动程序开发示例。读者可以根据实际开发需要，深入学习 Linux 及 Atom 相关硬件的知识，开发出读者需要的应用程序。

思 考 题

1. 如何设计程序，实现两个主机间通过 RS-232C 总线的可靠通信。
2. 使用进程的方式解决生产者和消费者问题，在实现上和线程相比都有哪些不同？
3. 尝试在驱动程序中使用 read 和 write 系统调用来实现 LED 灯的状态访问和控制。

参 考 文 献

[1] NXP Semiconductors，I2C Specification Version 4.0，http://www.nxp.com/documents/usermanual/UM10204.pdf

[2] MCT，*Serial Peripheral Interface*，http://www.mct.net/faq/spi.html

[3] CKP，*IEEE1284*，http://ckp.made-it.com/ieee1284.html

[4] 陆志才. 微型计算机组成原理. 北京：高等教育出版社，2003

[5] GAW，*CAN Specification*. http://www.gaw.ru/data/Interface/CAN_BUS.PDF

[6] chemnitze，*SocketCAN*，http://chemnitzer.linux-tage.de/2012/vortraege/folien/1044_Socket-CAN. pdf

[7] (美)科波特 等著；魏永明，钟书毅 译. Linux 设备驱动程序(第 3 版). 北京：中国电力出版社，2006

第5章　Windows XP系统软硬件开发

本章将介绍在 Windows XP 环境下以 Atom E6xx 为核心的 LAB8903 实验箱的外设应用程序的开发方法，本章将着重介绍常用的 GPIO、串行口、LPT 打印口、CAN 通信接口等外设的应用软件编程方法。

5.1　GPIO 接口

第 4 章对 GPIO 的硬件知识进行了系统介绍，读者可参考相关内容进行学习，本章不再赘述。本章将介绍通过调用 Win32 API 在 Windows XP 操作系统下针对 GPIO 接口开展的软件开发方法。

5.1.1　GPIO 驱动接口 API

在 Windows XP 下安装完 LAB8903 实验箱的驱动程序之后，在“C:\Program Files\Intel\PCH_EG20T\inc”目录下会保存有一系列*.h 的头文件，这些文件里定义了由 PCH-EG20T 的驱动接口调用的 Win 32API 函数原型和相关的宏定义。用户只要根据这些头文件编写相应的 Win32 API 调用，即可完成对 PCH-EG20T 相关接口的控制。其中，与控制 GPIO 驱动接口相关的头文件有：ioh_gpio_common.h，定义了与 GPIO 相关的各种结构体；ioh_gpio_ioctls.h，定义了 GPIO 支持的 IOCTL 的宏定义。

通过 GPIO 驱动接口可以完成对 GPIO 硬件的配置、GPIO 硬件的数据读写、设定 GPIO 的输入输出方向、设定 GPIO 硬件的中断等。当 GPIO 硬件发生中断时，通过重叠 I/O(Overlapped I/O，也称异步 I/O 调用)中断通知用户模式程序。

GPIO 驱动的接口控制 IOCTL 的功能如表 5-1所示。

表 5-1　GPIO 驱动的接口控制 IOCTL 的功能列表

IOCTL 宏定义的名称	功 能 说 明
IOCTL_GPIO_ENABLE_INT	使能选择的 GPIO 端口引脚中断，设置中断屏蔽和模式
IOCTL_GPIO_DISABLE_INT	禁止选择的 GPIO 端口引脚中断
IOCTL_GPIO_READ	从选择的 GPIO 端口的引脚读取数据
IOCTL_GPIO_WRITE	向选择的 GPIO 端口的引脚写入数据
IOCTL_GPIO_DIRECTION	设置选择的 GPIO 端口的引脚方向
IOCTL_GPIO_NOTIFY	当选择的 GPIO 端口的引脚状态发生变动时，读取引脚数据

GPIO 的引脚定义及编号对应关系见表 5-2。JGP 在实验装置中的位置及引脚排列见图 5-1。

表 5-2　JGP 接口的引脚定义

信号名称	引脚编号		信号名称
GPIO 248	1	2	VCC
GPIO 249	3	4	GPIO 252
GPIO 250	5	6	GPIO 253
GPIO 251	7	8	GPIO 254
GND	9	10	GPIO 255

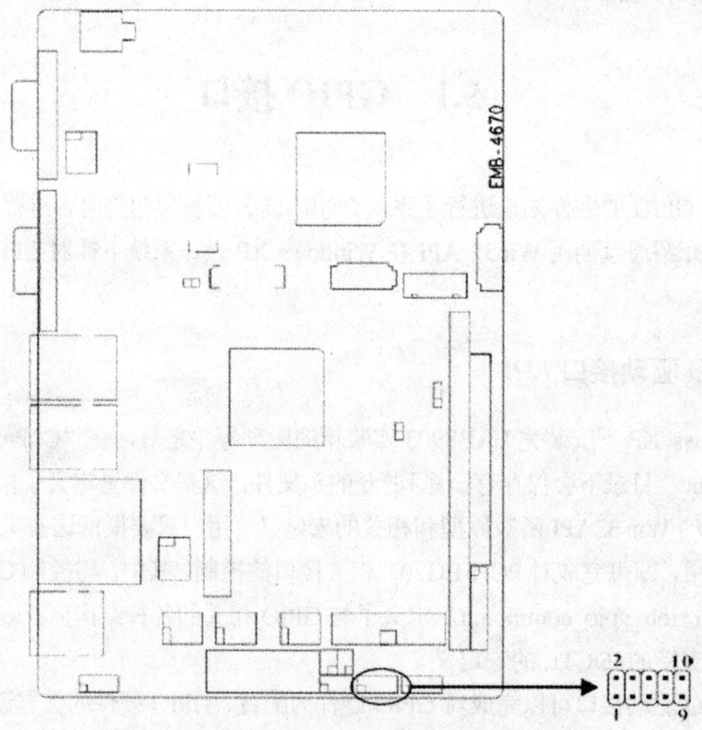

图 5-1　JGP 接口在 LAB8903 实验箱中的位置

5.1.2　GPIO 驱动接口的数据结构

ioh_gpio_reqt 结构体的内容见表 5-3，在调用 GPIO 接口时会使用到此结构体。

表 5-3　ioh_gpio_reqt 结构体的定义

成员名	说　明
ULONG port	设定端口编号
ULONG pins	在读/写时为端口数据状态，在其他情况下由用户标识该端口是否可用
UINT64 mode	设定中断模式和方向模式
ULONG enable	设定为 1 时使能中断，为 0 时禁止中断

5.1.3 GPIO 驱动接口 API 的调用方法

下面针对 GPIO 接口 API 的功能，给出使用 C/C++编程语言进行调用的代码片段。

1. IOCTL_GPIO_ENABLE_INT

此 IOCTL 调用使能选定的 GPIO 的引脚中断。当然，前提是 GPIO 设备必须已经安装并使用 Win32 API 的 CreateFile 打开。

```
ioh_gpio_reqt gpio_reqt;              //定义用于保存有关 GPIO 请求信息的结构体变量
gpio_reqt.port = 0xff;                //选择 255 号 GPIO 接口(JGP 的 10 号引脚)
gpio_reqt.mode = INPUT_SEL;           //设定 255 号 GPIO 接口的方向为输入口
gpio_reqt.enable = 1;                 //使能引脚中断
DWORD dwSize = 0;                     //存储输出数据的长度
DeviceIoControl(hHandle,              //使用 CreateFile 打开的设备句柄
    IOCTL_GPIO_ENABLE_INT,            //设定 GPIO 中断功能
    &gpio_reqt,                       //指向存有要执行操作的输入数据缓存的指针
    sizeof(gpio_reqt),                //输入数据缓存的字节数
    NULL,                             //输出缓存的指针，因为无返回数据，所以使用 NULL 指针
    0,                                //输出缓存的指针，因为无返回数据，所以为零
    &dwSize,                          //返回的输出数据的实际长度，这里没有使用
    NULL);                            //重叠 I/O(也就是异步 IO 操作)的输入或输出，此处未使用
```

2. IOCTL_GPIO_DISABLE_INT

此 IOCTL 调用禁止选定的 GPIO 的引脚中断。

```
ioh_gpio_reqt gpio_reqt;
gpio_reqt.port = 0xff;
gpio_reqt.enable = 1;                 //禁止中断
DWORD dwSize = 0;                     //存储输出数据的长度，实际没有使用
DeviceIoControl(hHandle,
    IOCTL_GPIO_DISABLE_INT,           //禁止 GPIO 中断功能
    &gpio_reqt,
    sizeof(gpio_reqt),
    NULL,
    0,
    &dwSize,
    NULL);
```

3. IOCTL_GPIO_DIRECTION

此 IOCTL 调用设定选定的 GPIO 引脚的方向。

```
ioh_gpio_reqt gpio_reqt;
gpio_reqt.port = 0xff;                //选择 255 号 GPIO 接口(JGP 的 10 号引脚)
gpio_reqt.mode = INPUT_SEL;           //设定 255 号 GPIO 接口的方向为输入口
gpio_reqt.enable = 1;                 //使能引脚中断
```

```
DWORD dwSize = 0;                    //存储输出数据的长度
DeviceIoControl(hHandle,
    IOCTL_GPIO_DIRECTION,            //设定选定的 GPIO 引脚的方向
    &gpio_reqt,
    sizeof(gpio_reqt),
    NULL,
    0,
    &dwSize,
    NULL);
```

4. IOCTL_GPIO_READ

此 IOCTL 调用读取选定的 GPIO 引脚的数据状态。

```
ioh_gpio_reqt gpio_reqt ,out_buffer;
gpio_reqt.port = 0xff;               //选择 255 号 GPIO 接口(JGP 的 10 号引脚)
gpio_reqt.mode = INPUT_SEL;          //设定 255 号 GPIO 接口的方向为输入口
gpio_reqt.enable = 1;                //使能引脚中断
DWORD dwSize = 0;                    //存储输出数据的长度
DeviceIoControl(hHandle,
    IOCTL_GPIO_DIRECTION,            //设定选定的 GPIO 引脚的方向
    &gpio_reqt,
    sizeof(gpio_reqt),
    NULL,
    0,
    &dwSize,
    NULL);
DeviceIoControl(hHandle,
    IOCTL_GPIO_READ,                 //读取选定的 GPIO 引脚的数据状态
    &gpio_reqt,
    sizeof(gpio_reqt),
    &out_buffer,                     //返回数据的输出缓存，out_buffer.pins/port 中存储了 GPIO 的状态
    sizeof(out_buffer),              //输出缓存区的字节数
    &dwSize,                         //返回的输出数据的实际长度
    NULL);
```

5. IOCTL_GPIO_WRITE

此 IOCTL 调用读取选定的 GPIO 引脚的数据状态。

```
ioh_gpio_reqt gpio_reqt ,out_buffer;
gpio_reqt.port = 0xff;               //选择 255 号 GPIO 接口(JGP 的 10 号引脚)
gpio_reqt.pins = 1;                  //GPIO 输出高电平
gpio_reqt.mode = OUTPUT_SEL;         //设定 255 号 GPIO 接口的方向为输出口
gpio_reqt.enable = 1;                //使能引脚中断
DWORD dwSize = 0;                    //存储输出数据的长度
DeviceIoControl(hHandle,
```

```
        IOCTL_GPIO_DIRECTION,    //设定选定的 GPIO 引脚的方向
        &gpio_reqt,
        sizeof(gpio_reqt),
        NULL,
        0,
        &dwSize,
        NULL);
    DeviceIoControl(hHandle,
        IOCTL_GPIO_WRITE,            //向选定的 GPIO 引脚写入数据
        &gpio_reqt,
        sizeof(gpio_reqt),
        &out_buffer,                 //返回数据的输出缓存，这里未使用
        sizeof(out_buffer),          //输出缓存区的字节数
        &dwSize,                     //返回的输出数据的实际长度
        NULL);
```

6. IOCTL_GPIO_NOTIFY

此 IOCTL 调用在选定的 GPIO 引脚的数据状态发生变化时，读取引脚的数据状态。

```
    ioh_gpio_reqt gpio_reqt, out_buffer; //定义用于保存有关 GPIO 请求信息的结构体变量
    gpio_reqt.port = 0xff;               //选择 255 号 GPIO 接口(JGP 的 10 号引脚)
    gpio_reqt.mode = INPUT_SEL;          //设定 255 号 GPIO 接口的方向为输入口
    gpio_reqt.enable = 1;                //使能引脚中断
    DWORD dwSize = 0;                    //存储输出数据的长度
    DeviceIoControl(hHandle,             //使用 CreateFile 打开的设备句柄
        IOCTL_GPIO_ENABLE_INT,           //设定 GPIO 中断功能
        &gpio_reqt,                      //指向存有要执行操作的输入数据缓存的指针
        sizeof(gpio_reqt),               //输入数据缓存的字节数
        NULL,                            //输出缓存的指针，因为无返回数据，所以使用 NULL 指针
        0,                               //输出缓存的指针，因为无返回数据，所以为零
        &dwSize,                         //返回的输出数据的实际长度，这里没有使用
        NULL);                           //重叠 I/O(也就是异步 IO 操作)的输入或输出，此处未使用
    DeviceIoControl(hHandle,
        IOCTL_GPIO_DIRECTION,            //设定选定的 GPIO 引脚的方向
        &gpio_reqt,
        sizeof(gpio_reqt),
        NULL,
        0,
        &dwSize,
        NULL);
    DeviceIoControl(hHandle,
        IOCTL_GPIO_NOTIFY,   //
        &gpio_reqt,
        sizeof(gpio_reqt),
        &out_buffer,                     //返回数据的输出缓存，out_buffer.pins/port 中存储了 GPIO 的状态
```

```
    sizeof(out_buffer),              //输出缓存区的字节数
    &dwSize,                         //返回的输出数据的实际长度
    NULL);
```

5.1.4 GPIO 应用开发方法

GPIO 应用开发主要是通过用户模式程序，调用 GPIO 的驱动公开的 IOCTL 来操作 GPIO 接口。主要操作顺序如下：

(1) 打开设备。

(2) 通过接口初始化和配置 GPIO 驱动。

(3) 执行读/写操作。

(4) 关闭设备。

接下来将会实现的 GPIO 控制程序，实现了从 GPIO 接口中输出方波。

在对 GPIO 进行控制前，首先需要使用 Win32 API 中的 CreateFile 调用打开目标设备。执行 CreateFile 调用时，需要使用设备文件的名称作为参数。而在头文件 ioh_gpio_common.h 中，只提供了设备驱动的 GUID，因此在打开设备之前，需要先将 GUID 转换为设备的名称。转换方法如下：

```
/* 通过 GUID 获得设备文件的名称，设备文件的名称保存在参数 drv_name 中 */
BOOL GetGuidToDeviceName( const GUID* guid, LPTSTR drv_name )
{
    HDEVINFO                            hDev;
    SP_INTERFACE_DEVICE_DATA            info;
    BOOL                                result = FALSE;

    hDev = SetupDiGetClassDevs( guid, NULL, NULL,
          (DIGCF_PRESENT | DIGCF_INTERFACEDEVICE) );

    info.cbSize = sizeof( SP_INTERFACE_DEVICE_DATA );

    if( SetupDiEnumDeviceInterfaces( hDev, 0, guid, 0, &info ) ){
        PSP_INTERFACE_DEVICE_DETAIL_DATA      detail;
        DWORD                                 size = 0;

        SetupDiGetDeviceInterfaceDetail( hDev, &info, NULL, 0, &size, NULL );
        detail = (PSP_INTERFACE_DEVICE_DETAIL_DATA)malloc( size );
        if ( detail ) {
            DWORD len = 0;
            memset( detail, 0, size );

            detail->cbSize = sizeof( SP_INTERFACE_DEVICE_DETAIL_DATA );
            if(SetupDiGetDeviceInterfaceDetail ( hDev,
                                          &info, detail, size, &len, NULL ) ){
                _tcscpy( drv_name, detail->DevicePath );
                result = TRUE;
```

```
                }
                free( detail );
            }
        }
        SetupDiDestroyDeviceInfoList( hDev );
        return result;
    }
```

在头文件 ioh_gpio_common.h 中，GPIO 设备的 GUID 定义如下：

```
DEFINE_GUID(GUID_DEVINTERFACE_IOHGPIO,
    0xd326ab9, 0x4298, 0x4394, 0x97, 0xe8, 0xb1, 0x9d, 0xff, 0xc4, 0x9, 0x58);
```

GetGuidToDeviceName 函数的使用方法如下：

```
TCHAR drvname[512];                    //用于存储设备文件名称的缓冲区
GetGuidToDeviceName(&GUID_DEVINTERFACE_IOHGPIO,drvname ); //获取名称
```

下面是使用 GPIO 输出方波的 Win32 应用程序代码：

```
int _tmain(int argc, _TCHAR* argv[])
{
    TCHAR drvname[512];
    //使用 GUID 获得设备文件的名称
    BOOL ret =
        GetGuidToDeviceName(&GUID_DEVINTERFACE_IOHGPIO,drvname );
    if(!ret)    return -1;                  //错误，无法获得设备文件的名称

HANDLE hHandle = CreateFile(drvname, GENERIC_READ|GENERIC_WRITE,0,
    NULL, OPEN_EXISTING, 0,NULL); //打开设备文件

    ioh_gpio_reqt    gpio_reqt, out_buffer;
    gpio_reqt.port = 0xff;                  //选择 255 号 GPIO 接口(JGP 的 10 号引脚)
    gpio_reqt.mode = OUTPUT_SEL;            //设定 255 号 GPIO 接口的方向为输入口
    DWORD dwSize = 0;                       //存储输出数据的长度

//设定选定的 GPIO 引脚的方向为输出
DeviceIoControl(hHandle, IOCTL_GPIO_DIRECTION, &gpio_reqt,
    sizeof(gpio_reqt), NULL, 0, &dwSize, NULL);

    //输出方波
    for (int i=0; i<200; i++) {
        gpio_reqt.port = 0xff;
        gpio_reqt.mode = OUTPUT_SEL;
        //选择 GPIO 接口输出的电平
    if (i%2)
        gpio_reqt.pins = 0;
    else
```

```
            gpio_reqt.pins = 1;

            //设置 GPIO 接口的输出电平
            DeviceIoControl(hHandle, IOCTL_GPIO_WRITE, &gpio_reqt,
                sizeof(gpio_reqt), &out_buffer, sizeof(out_buffer), &dwSize, NULL);
        }

        CloseHandle(hHandle);          //关闭设备文件

    return 0;
}
```

5.2 LPT 接口

第 4 章对 LPT 相关硬件知识、各逻辑端口和引脚的定义进行了介绍，读者可参考相关内容。本章将重点介绍通过调用 Win32 API 在 Windows XP 操作系统下针对 LPT 接口的软件开发方法。

5.2.1 LPT 驱动接口 API

LPT 接口是 PC 中最常见的外设接口之一，因此 Windows XP 系统对 LPT 接口提供了原生支持，不需要再安装额外的驱动程序。

在 Windows 98 及更早版本的 Windows 系列操作系统中，系统允许应用程序直接使用端口操作函数(inp、outp 等)，直接通过端口操作来控制 LPT 的工作。在 Windows 2000 及以上版本 Windows 系统中，系统对应用程序直接访问端口进行屏蔽。因此在这类系统中，应用程序需要使用 Win32 API 中的文件控制函数来实现 LPT 接口的驱动；也可以安装 GIVEIO 虚拟驱动程序，将所有的 I/O 端口映射到应用层，再通过传统的端口操作实现对 LPT 接口的控制。

在访问 LPT 接口之前，需要使用 CreateFile 函数打开对应的 LPT 接口设备文件，设备文件名为 LPTn(其中的 n 为 LPT 接口的编号，从 1 开始)。访问结束时，使用 CloseHandle 关闭设备文件的句柄。数据、状态和控制端口的读写则使用 DeviceIoControl 调用来实现。IOCTL 控制字可以定义如下：

```
#define IOCTL_PAR_PORT_WRITECTL_CODE(FILE_DEVICE_PARALLEL_PORT,\
                                    97, METHOD_BUFFERED, FILE_ANY_ACCESS)
#define IOCTL_PAR_PORT_READ CTL_CODE(FILE_DEVICE_PARALLEL_PORT,\
                                    98, METHOD_BUFFERED,FILE_ANY_ACCESS)
```

上面的两个宏定义，定义了对端口进行读写访问的控制功能。其中使用了 CTL_CODE 宏，这个宏实现了定义。CTL_CODE 宏是 WDK(Windows Driver Kit)中提供的，用来定义 IOCTL 的控制命令，使用格式如下：

```
#define IOCTL_Device_Function CTL_CODE(DeviceType, Function, Method, Access)
```

- DeviceType 用来表示设备的类型。在 MSDN 的“Specifying Device Types”一节中对 DeviceType 的定义和划分有明确说明。LPT 是并行接口，因此使用宏 FILE_DEVICE_PARALLEL_PORT 作为 DeviceType 的值。
- Function 是由驱动生产厂商自行定义的功能号，由于 LPT 使用的是 Windows 中默认的驱动程序，因此上面使用的功能号 97、98 都是由系统默认分配的。
- Method 主要用来表示操作是否需要系统提供 I/O 缓冲机制，有 3 种类型可以供选择：METHOD_BUFFERED、METHOD_IN_DIRECT 或 METHOD_OUT_DIRECT、METHOD_NEITHER。
- RequiredAccess 用来定义访问权限，有 3 种类型可以进行组合：FILE_ANY_ACCESS、FILE_READ_DATA 和 FILE_WRITE_DATA。

通过上面对 CTL_CODE 宏的用法可以看出，本节中定义的 IOCTL 功能在完成端口访问时，需要系统提供的缓冲并具有端口的读写权限。

LPT 接口的引脚定义及编号对应见表 5-4，LPT 接口在实验装置中的位置及引脚排列见图 5-2。

表 5-4　在 LAB8903 实验箱中，LPT 接口各引脚说明

信号名称	引脚编号		信号名称
Strobe	1	2	Auto-Linefee
Data 0	3	4	Error/Fault
Data 1	5	6	Initialize
Data 2	7	8	Select-Printer/Select-In
Data 3	9	10	Ground
Data 4	11	12	Ground
Data 5	13	14	Ground
Data 6	15	16	Busy
Data 7	17	18	Paper-Out/Paper-End
Ack	19	20	Select

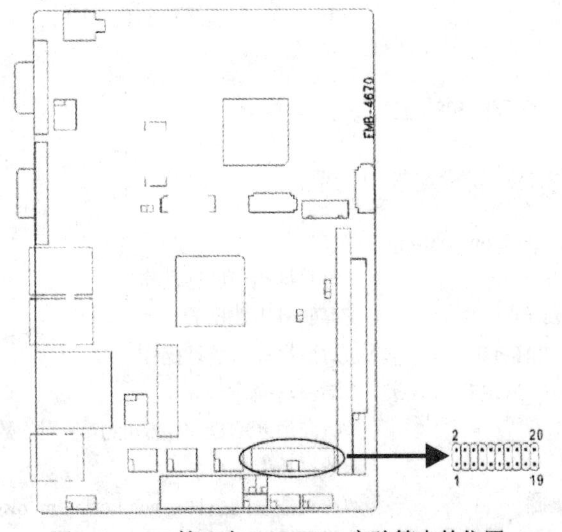

图 5-2　LPT 接口在 LAB8903 实验箱中的位置

5.2.2　LPT 驱动接口的数据结构

在控制 LPT 接口时，DeviceIoControl 函数中的lpInBuffer参数使用的数据结构见表 5-5。

表 5-5　PORT_STRUCT 结构体的定义

成 员 名 称	说　明
UCHAR m_nRegIndex	端口编号
UCHAR m_nRegValue	端口的值

m_nRegIndex 的取值范围是 0、1、2，分别对应数据、状态和控制端口的地址。

5.2.3　LPT 驱动接口 API 的调用方法

下面针对 LPT 驱动接口 API 的功能，给出使用 C/C++编程语言进行调用的代码片段。

1. IOCTL_PAR_PORT_WRITE

此 IOCTL 调用用于将值写入特定的端口中：

```
PORT_STRUCT port;
port.m_nRegIndex = 0;              //对数据端口进行操作
port.m_nRegValue = 0x55;           //将对应端口的值置为 0x55
DWORD dwSize = 0;                  //存储输出数据的长度
DeviceIoControl(hHandle,           //使用 CreateFile 打开的设备句柄
    IOCTL_PAR_PORT_WRITE,          //端口写操作
    &port,                         //指向由 IOCTL 对应功能使用的数据的指针
    sizeof(port),                  //数据长度
    NULL,                          //输出缓存的指针，因为无返回数据，所以使用 NULL 指针
    0,                             //输出缓存的指针，因为无返回数据，所以为零
    &dwSize,                       //返回的输出数据的实际长度，这里没有使用
    NULL);                         //重叠 I/O(也就是异步 IO 操作)的输入或输出，此处未使用
```

2. IOCTL_PAR_PORT_READ

此 IOCTL 调用用于读取特定端口的值：

```
PORT_STRUCT port, out_buffer;
port.m_nRegIndex = 0;              //对数据端口进行操作
DWORD dwSize = 0;                  //存储输出数据的长度
DeviceIoControl(hHandle,           //对数据端口进行操作
    IOCTL_PAR_PORT_READ,           //端口写操作
    &port,                         //指向由 IOCTL 对应功能所使用的数据的指针
    sizeof(port),                  //数据长度
    & out_buffer,                  //返回数据的指针，out_buffer. m_nRegValue 为端口的值
    sizeof(out_buffer),            //返回的数据长度
```

```
        &BytesRead,                    //返回的输出数据的实际长度
        NULL );                        //重叠 I/O(也就是异步 IO 操作)的输入或输出，此处未使用
```

5.2.4　LPT 应用开发方法

接下来实现如下应用程序，实现 LPT 接口对 SPI 总线在模式 1 状态下信号的模拟。在本例中，使用 Data 0 模拟同步时钟信号 SCLK，使用 Data 1 模拟数据输出信号 MOSI，使用 Error/Fault 模拟 MISO 信号，使用 Data 2 模拟片选信号 SS。

首先，实现基本的端口读写功能：

```
/* 由 IOCTL 功能使用的数据类型的定义 */
typedef struct PORT_STRUCT_TAG
{
    UCHAR m_nRegIndex;
    UCHAR m_nRegValue;
} PORT_STRUCT, *PPORT_STRUCT;

/* 端口地址定义 */
#define DATA_PORT      0x00        //数据端口地址
#define STATUS_PORT 0x01          //状态端口地址
#define CTRL_PORT      0x02        //控制端口地址

/*向端口写入值 */
UCHAR WriteByte(HANDLE hDevice, UCHAR pRegIndex, UCHAR pRegValue)
{
    ULONG BytesWritten = 0;
    PORT_STRUCT Port;

    Port.m_nRegIndex = pRegIndex;
    Port.m_nRegValue = pRegValue;

    if(!DeviceIoControl(hDevice,
                        IOCTL_PAR_PORT_WRITE,
                        &Port,
                        sizeof(Port),
                        NULL,
                        NULL,
                        &BytesWritten,
                        NULL ) ) {
    printf( "WriteByte Failed with error code : %d\n",GetLastError() );
    CloseHandle( hDevice );
    exit(1);
  }
  return (UCHAR)BytesWritten;
}
```

```
/* 读端口中的值 */
static UCHAR ReadByte(HANDLE hDevice, UCHAR pRegIndex)
{
    ULONG BytesRead = 0;
    PORT_STRUCT Port;
    Port.m_nRegIndex = pRegIndex;
    if(!DeviceIoControl(hDevice,
                        IOCTL_PAR_PORT_READ,
                        &Port,
                        sizeof(Port),
                        &Port,
                        sizeof(Port),
                        &BytesRead,
                        NULL ) ) {
        printf( "ReadByte Failed with error code : %d\n",GetLastError() );
        CloseHandle( hDevice );
        exit(1);
    }
    return  Port.m_nRegValue;
}
```

接下来，实现对每个 SPI 信号的控制方法：

```
/*
SCLK 信号控制
这里需要注意，不能直接为端口赋值，需要先从端口中读出原先的数据，再修改指定位的值以保证
数据的正确性。
*/
void set_sclk(HANDLE hDevice, BOOL high)
{
    UCHAR val;
    if (high) {
        val = ReadByte(hDevice, DATA_PORT);
        val |= (0x1<<0);
        WriteByte(hDevice, DATA_PORT, val);      //将 Data 0 设为 1
    } else {
        val = ReadByte(hDevice, DATA_PORT);
        val &= ~(0x1<<0);
        WriteByte(hDevice, DATA_PORT, val);      //将 Data 0 设为 0
    }
}

/* MOSI 信号控制 */
void set_mosi(HANDLE hDevice, BOOL high)
{
```

```
    UCHAR val;
    if (high) {
        val = ReadByte(hDevice, DATA_PORT);
        val |= (0x1<<1);
        WriteByte(hDevice, DATA_PORT, val);            //将 Data 1 设为 1
    } else {
        val = ReadByte(hDevice, DATA_PORT);
        val &= ~(0x1<<1);
        WriteByte(hDevice, DATA_PORT, val);            //将 Data 1 设为 0
    }
}

/* MISO 信号控制 */
BOOL get_miso(HANDLE hDevice)
{
    UCHAR     val = ReadByte(hDevice, STATUS_PORT);
    return val&(0x1<<3);                               //读 Error/Fault 的值
}

/* SS 信号控制 */
void set_ss(HANDLE hDevice, BOOL high)
{
    UCHAR val;
    if (high) {
        val = ReadByte(hDevice, DATA_PORT);
        val |= (0x1<<2);
        WriteByte(hDevice, DATA_PORT, val);            //将 Data 2 设为 1
    } else {
        val = ReadByte(hDevice, DATA_PORT);
        val &= ~(0x1<<2);
        WriteByte(hDevice, DATA_PORT, val);            //将 Data 2 设为 0
    }
}
```

然后，实现 SPI 逻辑的功能。程序中的 delay 函数没有实现，读者可以使用空循环或 sleep 函数来实现 delay 函数的功能。

```
/* SPI 端口初始化 */
void spi_init(HANDLE hDevice)
{
    set_ss(hDevice, 0);
    set_sclk(hDevice, 0);
    set_mosi(hDevice, 0);
}

/* SPI 字节写 */
```

```
void spi_write_byte(HANDLE hDevice , unsigned char b)
{
    int i;
    for (i=7; i>=0; i--) {
        set_sclk(hDevice , 0);
        set_mosi(hDevice, b&(1<<i));        //从高位 7 到低位 0 进行串行写入
        delay();                            //延时
        set_sclk(hDevice, 1);               // CPHA=1，在时钟的第一个跳变沿采样
        delay();
    }
}

/* SPI 字节读 */
unsigned char spi_read_byte(HANDLE hDevice)
{
    int i;
    unsigned char r = 0;

    for (i=0; i<8; i++) {
        set_sclk(hDevice, 0);
        delay();                                //延时
        set_sclk(hDevice, 1);                   // CPHA=1，在时钟的第一个跳变沿采样
        r = (r <<1) | get_miso(hDevice);        //从高位 7 到低位 0 进行串行读出
        delay();
    }
    return r;
}

/*
    SPI 写操作
    buf：写缓冲区
    len：写入字节的长度
*/
void spi_write (HANDLE hDevice, unsigned char* buf, int len)
{
    int i;

    spi_init(hDevice);                  //初始化
    set_ss (hDevice, 1);                //从设备使能有效，通信开始
    delay();                            //延时

//写入数据
for (i=0; i<len; i++)
    spi_write_byte(hDevice, buf[i]);

    delay();
    set_ss (hDevice, 0);                //从设备使能无效，通信结束
```

```
}

/*
    SPI 读操作
    buf：读缓冲区
    len：读入字节的长度

*/
void spi_read(HANDLE hDevice, unsigned char* buf, int len)
{
    int i;
    spi_init(hDevice);                          //初始化

    set_ss(hDevice , 1);                        //从设备使能有效，通信开始
    delay();                                    //延时

    //读入数据
    for (i=0; i<len; i++)
        buf[i] = spi_read_byte(hDevice);

    delay();
    set_ss(hDevice , 0);                        //从设备使能无效，通信结束
}
```

最后，实现主函数，通过模拟 SPI 总线输出向 SPI 从设备发送字符串"HelloWorld"：

```
int _tmain(int argc, _TCHAR* argv[])
{
    TCHAR drvname[512];
    //使用 GUID 获得设备文件的名称
    HANDLE hDevice = CreateFile(_T("LPT1"), GENERIC_READ|GENERIC_WRITE,0,
            NULL, OPEN_EXISTING, 0,NULL);       //打开设备文件
    char data[] = _T("HelloWorld");
    spi_write(hDevice, (unsigned char *) data, sizeof(data));
    CloseHandle(hDevice);
    return 0;
}
```

5.3　RS232 接口

Windows XP 系统下的串口编程可以使用 C++语言并调用 Win32 API，这一方法可参照章末参考文献中介绍的内容。本节主要介绍在 Visual C# 2010 环境下使用.NET Framework 2.0 及其以上版本中的 SerialPort 类来实现 RS232 串口通信的方法。

5.3.1 SerialPort 类

SerialPort 类的命名空间是“System.IO.Ports”，此类提供同步 I/O 和事件驱动的 I/O、对 RS232 串口引脚和中断状态的访问以及对串行驱动程序属性的访问。该类的主要方法及属性见表 5-6。

表 5-6 SerialPort 类的主要方法及属性

成 员 名	说 明
Open()	public void Open()，打开新的串行端口连接
IsOpen	布尔类型，取得 SerialPort 对象的状态，SerialPort 处于打开状态时为 true，否则为 false。默认值是 false
PortName	取得并设定通信时的 COM 端口名称
BaudRate	public int BaudRate，设定或取得串口通信的波特率
Parity	设定或取得串口通信的奇偶校验协议，奇偶校验的取值可通过 Parity 枚举类型设定： Parity.None：无奇偶校验 Parity.Odd：设定奇校验 Parity.Even：设定偶校验 Parity.Mark：校验位设定为 1 Parity.Space：校验位设定为 0
StopBits	设定或取得通信信息中一个字节中停止位的个数。停止位个数的取值可通过下列枚举类型设定： StopBits.One：1 个停止位 StopBits.Two：2 个停止位 StopBits.OnePointFive：1.5 个停止位
DataBits	设定或取得数据位的个数。正常的取值范围：5≤DataBits≤8
Handshake	设定或取得通信协议的握手方式。取值可通过下列枚举类型设定。一般在使用串口的 RXD、TXD、GND 三线连接方式时，应采用 Handshake.None Handshake.None：不使用握手控制协议 Handshake.XOnXOff：使用软件 XOn/XOff 控制协议 Handshake.RequestToSend：使用 RTS 硬件数据流控制协议 Handshake.RequestToSendXOnXOff：同时使用硬件 RTS 和软件 XOn/XOff 控制协议
ReadTimeout	设定或取得以毫秒(ms)为单位的读操作过程的超时时间，必须在此时间内完成读操作
WriteTimeout	设定或取得以毫秒(ms)为单位的写操作过程的超时时间，必须在此时间内完成写操作
SerialPort()	构造函数。初始化新的 SerialPort 实例
ReadLine()	读取串口接收缓冲区中到新行为止的字符串
ReadExisting()	读取串口接收缓冲区中存在的字符串
ReadByte()	同步读取串口接收缓冲区中存在的字节，适用于读取二进制数据
Read(byte[], int32, int32)	读取指定字节数的串口数据到字节数组中 参数说明： byte[] buffer：存储读取的字节数组缓冲区 int offset：指定以 0 为基数的缓冲区的存储起始位置 int count：读取串口的字节数 返回值：int 类型，实际读取的字节数

(续表)

成 员 名	说　明
WriteLine(String)	将指定的字符串和 NewLine 值写入指定串口 非 UNIX 系统时 NewLine= "\r\n"；UNIX 系统时 NewLine= "\n"
Write(String)	将指定的字符串写入指定串口
Write(Byte[], Int32, Int32)	将字节数组中指定个数的字节写入串口，适用于向串口写入二进制数据 参数说明： byte[] buffer：装有要传送数据的字节数组缓冲区 int offset：指定写入串口的以 0 为基数的缓冲区起始位置 int count：写入串口的字节数
GetPortNames()	取得当前计算机的串口名称的数组。方法的类型 public static string[]。因为是静态方法，所以在调用时使用类名：SerialPort.GetPortNames()
Close()	关闭串口，使 IsOpen = false 并处置内部的流对象
DataReceived 事件	当串口接收到数据时，操作系统会触发此事件，并调用用户预先设定好的方法，用于处理 SerialPort 对象接收的数据

5.3.2　SerialPort 类的使用方法

为了在.NET 环境下使用 SerialPort 类，需要使用命名空间 System 和 System.IO.Ports。一般的操作流程如下：

(1) 生成 SerialPort 实例。

定义 SerialPort 变量 mySerialPort 并创建新的实例：

```
static SerialPort   mySerialPort;
mySerialPort = new SerialPort();
```

(2) 设定串口通信参数并打开串口。下列代码用于实现功能：设定串口名称为“COM1”；通信速率设定为 9600bps；无奇偶校验；8 个数据位；1 个停止位；无硬件握手控制——通信时只使用硬件 Rx，Tx 接口信号；读/写超时均设定为 500ms。为了使串口事件处理接收数据，还需要加上事件委托，并编制相应的 DataReceived 事件处理方法，本例中的处理方法名为 DataReceivedHandler。最后打开 COM1 串口，此串口硬件设备必须存在，否则在 Open 操作时会抛出异常。为了方便用户操作，可以使用 GetPortNames()方法，得到当前计算机的所有可用串口列表，然后让用户选择。

```
mySerialPort.PortName = "COM1";
mySerialPort.BaudRate = 9600;
mySerialPort.Parity = Parity.None;
mySerialPort.DataBits = 8;
mySerialPort.StopBits = StopBits.One;
mySerialPort.Handshake = Handshake.None;
//设定读写超时，单位 ms
mySerialPort.ReadTimeout = 500;
mySerialPort.WriteTimeout = 500;
mySerialPort.DataReceived += new SerialDataReceivedEventHandler(DataReceivedHandler);
```

```
//打开指定的串口
mySerialPort.Open();
```

(3) 读写串口数据。

如果要读写的数据是字符串类型，可以使用 ReadLine、ReadExisting、WriteLine 等方法。如果要读写的数据是二进制类型，可以使用 ReadByte、Write(byte[]，int，int)方法。下面的代码用于向串口中写入字符串类型的数据：

```
string message= "This is a test for serial port communication!";
mySerialPort.WriteLine(message);
```

下面的代码用于从串口中读字符串类型的数据，并将读取的信息显示到控制台。如果使用查询方式接收数据，那么由于串口是否接收数据事先未知，而 ReadLine 在没有收到换行信息时会一直等待接收信息，直至收到换行信息或超时为止，因此下列代码使用 try、catch 语句来捕捉超时异常，以防止程序在超时的时候异常退出。这里并没有对超时进行进一步处理，如果需要，可以在 catch 语句中加入相应的处理逻辑：

```
try{
    string message = mySerialPort.ReadLine();
    Console.WriteLine(message);    //将读到的信息写到控制台
}
catch (TimeoutException) { }
```

如果使用 DataReceived 事件方式处理接收到的数据，那么代码在实现时还要定义 DataReveived 事件的处理方法：

```
private static void DataReceivedHandler(object sender, SerialDataReceivedEventArgs e)
{
    SerialPort sp = (SerialPort)sender;
    string indata = sp.ReadExisting();
    Console.WriteLine("Data Received:");
    Console.Write(indata);
}
```

使用此方式时，如果需要在事件处理方法中更新图形界面的元素(比如 Form 中的控件 TextBox)，将会引发线程异常。原因是 SerialPort 对象在接收数据时，会在辅助线程上引发 DataReceived 事件，而不是在主线程上引发该事件。因此，尝试修改主线程中的一些元素时会引发线程异常。如果有必要修改主线程 Form 或 Control 中的元素，那么需要使用 Invoke 回发更新请求，这样就可在正确的线程上执行相应的功能。下列代码可以避免线程异常。代码使用委托实现异步调用，达到安全设定 txtRecvData 控件属性的目的。委托方法 SetText 中使用 this.txtRecvData.InvokeRequired 属性，检查此时调用线程 ID 与生成控件的线程 ID 是否一致，不一致时 InvokeRequired 会返回 true，这时就需要使用委托异步调用 SetText 方法来更新 txtRecvData 控件的属性；如果返回 false，那么此时更新控件属性时与通常方式一样，不会发生线程异常。

```
delegate void SetTextCallback(string text); //声明委托方法的类型

private void DataReceivedHandler(object sender,
      SerialDataReceivedEventArgs e)
{
      SerialPort sp = (SerialPort)sender;
      SetText(sp.ReadExisting());
}

//定义委托方法 SetText
private void SetText(string text)
{
      // 检查调用线程 ID 与生成控件的线程 ID 是否一致
      if (this.txtRecvData.InvokeRequired == true)
      {
            //不同线程，设定异步委托调用
            SetTextCallback d = new SetTextCallback(SetText);
            this.Invoke(d, new object[] { text });
      } else{
            //相同线程，可以直接设定控件属性
            this.txtData.Text = text;

      }
}
```

(4) 关闭串口。串口使用完毕后，需要调用串口的 Close 方法以释放相应资源，代码如下：

```
mySerialPort.Close();
```

5.3.3 SerialPort 软件编程实例

上一节对串口的使用方法进行了介绍，本节通过控制台实例来进一步阐明串口的使用方法。

本例将实现一个通过串口实现以文本方式聊天的程序。程序可完成如下功能：设定和打开指定串口，接收串口数据并将信息显示到控制台；在控制台上键入的信息会通过串口发送出去。实验时可以运行该程序的两个实例，分别使用 LAB8903 实验箱中的两个串口来实现串口数据通信。也可以使用两台带有串口的 PC 机进行该实验。串口的连接方式见图 5-3。

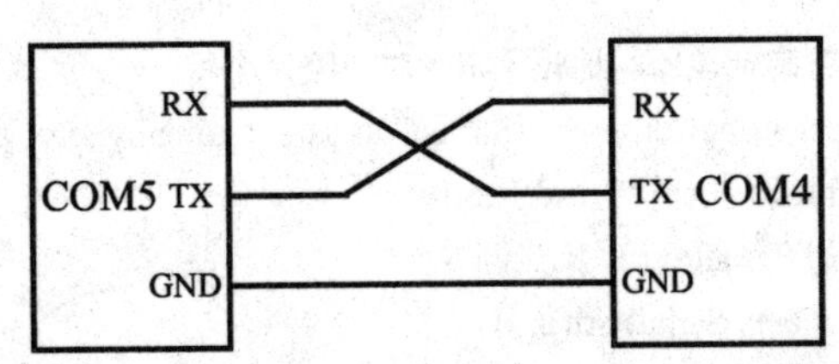

图 5-3　在 LAB-8903 实验箱中，COM4 和 COM5 的通信连接方式

LAB-8903 实验箱中的 COM4 与 COM5 接口在主板中的位置见图 5-4。引脚名称见表 5-7。

连接时只需要将引脚 1 和 4、3 和 2 连接即可。使用同一台机器进行实验时，GND(引脚 7 和 8)不用连接。使用两台机器进行实验时，需要将两个串口的 GND 也连接到一起。

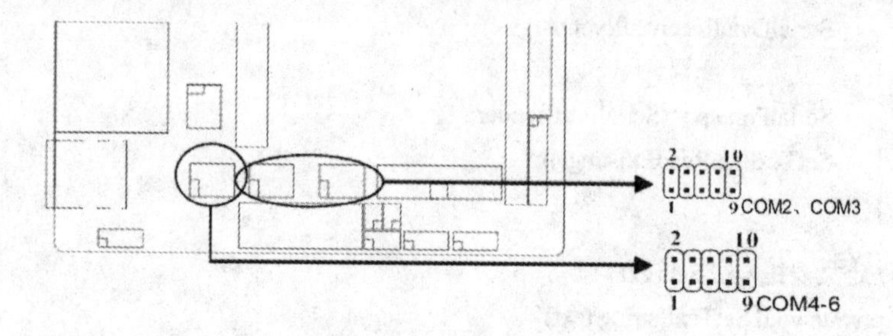

图 5-4　LAB-8903 实验箱中的 COM4 和 COM5 接口

表 5-7　COM4-6 接口的引脚编号及名称

信号名称	引脚		信号名称
COM4-RX	1	2	COM4-TX
COM5-RX	3	4	COM5-TX
COM6-RX	5	6	COM6-TX
GND	7	8	GND
CANH	9	10	CANL

使用 Visual Studio C# 2010 Express 集成开发环境，生成新的控制台程序并将下列代码复制到 Program.cs 中，覆盖掉自动生成的代码即可：

```
using System;
using System.IO.Ports;
using System.Threading;

public class SerialPortChat
{
  static bool isContinue;
  static SerialPort mySerialPort;
  public static void Main()
  {
     string name;
     string message;
     //==设定字符串比较器，比较字符串时忽略大小写
     StringComparer stringComparer= StringComparer.OrdinalIgnoreCase;
     Thread readThread= new Thread(Read);
     //==生成新的 SerialPort 对象实例
     mySerialPort = new SerialPort();
     //==让用户选择串口号，如 COM1
     mySerialPort.PortName = SetPortName(mySerialPort.PortName);
     //==设定串口的其他参数
```

```
        mySerialPort.BaudRate = 9600;
        mySerialPort.Parity = Parity.None ;
        mySerialPort.DataBits = 8;
        mySerialPort.StopBits = StopBits.One ;
        mySerialPort.Handshake = Handshake.None ;
        //——设定读写超时
        mySerialPort.ReadTimeout = 500;
        mySerialPort.WriteTimeout = 500;
        mySerialPort.Open();
        isContinue = true;   //用于控制线程的结束
        readThread.Start();   //启动串口读操作线程
        Console.Write("Your Name:");
        name = Console.ReadLine();      //输入聊天发起人姓名
        Console.WriteLine("Type QUIT to exit");
        while (isContinue)
        {
            message = Console.ReadLine();   //读控制台信息
            if (stringComparer.Equals("quit", message))
            {           //结束聊天
                isContinue = false;
            }else{    //将聊天信息发送到串口
                mySerialPort.WriteLine(
                        String.Format("<{0}>:{1}", name, message) );
            }
        }
        //此命令将使主线程等待 readThread 退出后，再执行下面的程序
        readThread.Join();
        mySerialPort.Close();   //关闭串口
    }
    //读取串口数据线程
    public static void Read()
    {
        while (isContinue)
        {
            try
            {
                string message = mySerialPort.ReadLine();
                Console.WriteLine(message);
            }
            catch (TimeoutException) { }
        }
    }
    //——枚举计算机中的所有串口，并由用户选择适当的串口，如 COM4
    public static string SetPortName(string defaultPortName)
```

```
        {
            string portName;
            Console.WriteLine("Available Ports:");
            foreach (string s in SerialPort.GetPortNames())
            {   //枚举计算机中的所有串口并显示到控制台
                Console.WriteLine(" {0}", s);
            }
            Console.Write("COM port({0}):", defaultPortName);
            portName = Console.ReadLine();
            if (portName== "")
            {
                portName= defaultPortName;
            }
            return portName;
        }
    }
```

代码编译通过后，可以直接执行生成的可执行文件。在同一台 LAB8903 上实现聊天实验的操作步骤如下：

(1) 参照图 5-3、图 5-4、表 5-7 连接串口通信线。

(2) 启动该程序(实例 1)，当提示输入串口编号时，请输入 COM4，聊天者姓名输入 S4。

(3) 再次启动该程序(实例 2)，当提示输入串口编号时，请输入 COM5，聊天者姓名输入 T5。

(4) 分别在程序实例 1、实例 2 中输入信息，可以看到：信息可以通过串口 COM4 和 COM5 传送到对方。

(5) 如果将串口间的连线去掉，信息将无法传送到对方的控制台程序。

(6) 在控制台输入 quit 以退出程序。

程序的执行结果见图 5-5。此处实现了两个控制台程序，可以在 COM4 和 COM5 串口之间进行文本通信。

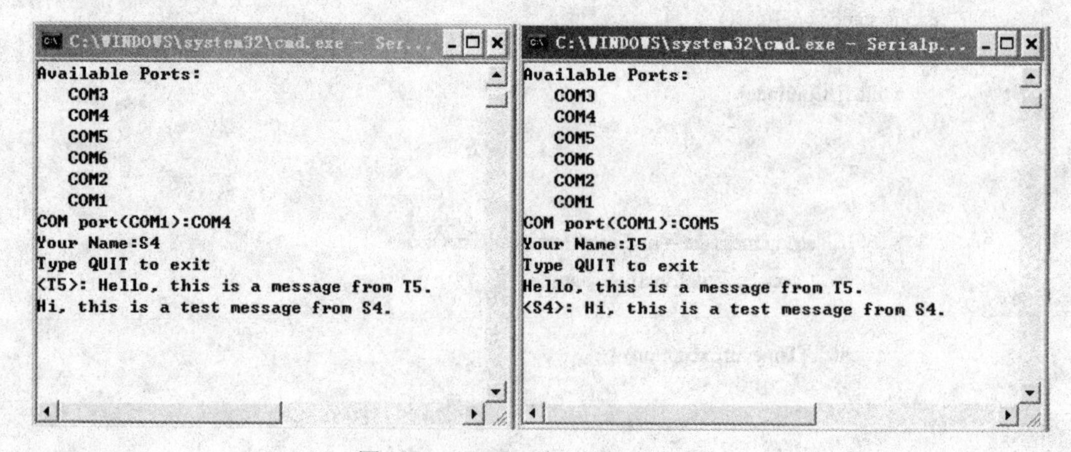

图 5-5　LAB8903 串口聊天实验结果

5.4　CAN 总线接口

在 Windows XP 系统下，利用系统提供的 API 可以实现 IOH-EG20T 芯片上 CAN 控制器的 CAN 通信功能。第 4 章对 CAN 通信的整体概念等进行了系统讲解，本节着重介绍 Windows XP 系统下 CAN 接口 API 的调用方法，并给出使用 C++和 C#语言进行编程的方法。

5.4.1　CAN 总线驱动接口 API

在 LAB8903 实验箱上安装 Windows XP 系统及驱动程序之后，在"C:\Program Files\Intel\PCH_EG20T\inc"目录下保存有一系列*.h 头文件，这些文件里定义了由 PCH-EG20T 的驱动接口调用的 Win32 API 函数原型和相关的宏定义。用户只要根据这些头文件编写相应的 Win32 API 调用，即可完成对 PCH-EG20T 相关接口的控制。其中，与控制 CAN 驱动接口相关的头文件有：ioh_can_common.h，定义了各种与 CAN 相关的结构体；ioh_can_ioctls.h，定义了支持 CAN 功能的 IOCTL 宏定义。

通过 CAN 驱动接口可以完成对 PCH-EG20T 芯片的 CAN 硬件配置、对 CAN 通信数据的读写、设定 CAN 通信速率、设定 CAN 通信中断模式等。CAN 驱动接口支持的 IOCTL 功能如表 5-8所示。

表 5-8　CAN 驱动接口支持的 IOCTL 功能

编号	接 口 名	说　明
1	IOCTL_CAN_RESET	复位 CAN 设备。执行此 IOCTL 功能将使 CAN 控制器处于复位状态。复位后，必须重新配置和设定 CAN 控制器，才能使 CAN 设备进入运行状态
2	IOCTL_CAN_RUN	设置 CAN 设备，使之进入运行状态。使用此命令前，必须配置 CAN 设备的波特率、主动或监听模式等
3	IOCTL_CAN_STOP	停止 CAN 设备的所有操作，不再发送或接收 CAN 数据包，但此时中断仍然有效
4	IOCTL_CAN_RUN_GET	取得 CAN 控制器的当前状态，返回状态时运行或停止
5	IOCTL_CAN_FILTER	设定指定的 CAN 接收缓冲区的接收过滤条件
6	IOCTL_CAN_FILTER_GET	取得指定的 CAN 接收缓冲区的接收过滤条件
7	IOCTL_CAN_CUSTOM	使用自定义的 CAN 定时时间设置 CAN 波特率，必须满足 CAN 所有定时时间片的规定，建议此功能只在推荐的波特率不能满足用户需求时使用
8	IOCTL_CAN_SIMPLE	设置使用预定义的波特率
9	IOCTL_CAN_TIMING_GET	取得当前 CAN 的定时时间设定值，取得 CAN 控制器的所有时间片——ioh_can_timing_t 结构体数据

(续表)

编号	接 口 名	说　明
10	IOCTL_CAN_BLOCK	设置文件的读写方式为阻塞模式。执行 CAN 数据的读操作时，将等待直到 CAN 缓冲区接收到数据才返回。写操作将在 CAN 数据发送完成后才返回
11	IOCTL_CAN_NON_BLOCK	设置文件的读写方式为直接返回模式。读操作时会立即返回，如果有待读 CAN 信息，就返回该信息；否则不带任何数据，直接返回。写操作时立即返回，即不会等待 CAN 信息是否发送完
12	IOCTL_CAN_BLOCK_GET	得到 CAN 设备的阻塞状态
13	IOCTL_CAN_LISTEN	设定 CAN 控制器，使之进入监听方式。此模式允许 CAN 控制器根据接收缓冲区的过滤条件接收 CAN 信息，但不能发送任何信息。此模式一般用于调试目的
14	IOCTL_CAN_ACTIVE	设定 CAN 控制器，使之进入活动状态，此状态下可以进行 CAN 信息的读写操作
15	IOCTL_CAN_LISTEN_GET	得到 CAN 设备的监听状态
16	IOCTL_CAN_ARBITER_ROUND_ROBIN	设置发送缓冲区的仲裁模式为循环方式，即 CAN 信息被放置在下一个以循环方式排列的可用插槽 SLOT(缓冲区)中，优先级的仲裁顺序为：0,1, 2…7,0,1,…
17	IOCTL_CAN_ARBITER_FIXED_PRIORITY	设置固定的 CAN 发送缓冲区仲裁模式，即发送缓冲区 0 中放置的 CAN 信息具有最高优先级，优先发送。发送缓冲区 7 的优先级最低
18	IOCTL_CAN_ARBITER_GET	取得发送缓冲区的优先级仲裁模式
19	IOCTL_CAN_ERROR_STATS_GET	取得 CAN 设备的错误统计结果
20	IOCTL_CAN_BUFFER_LINK_SET	为指定的接收缓冲区设定缓冲区连接
21	IOCTL_CAN_BUFFER_LINK_CLEAR	清除指定接收缓冲区的缓冲区连接
22	IOCTL_CAN_BUFFER_LINK_GET	取得指定接收缓冲区的缓冲区连接状态
23	IOCTL_CAN_RX_ENABLE_SET	使能接收缓冲区
24	IOCTL_CAN_RX_ENABLE_CLEAR	禁用接收缓冲区
25	IOCTL_CAN_RX_ENABLE_GET	取得接收缓冲区的使能状态
26	IOCTL_CAN_TX_ENABLE_SET	使能发送缓冲区
27	IOCTL_CAN_TX_ENABLE_CLEAR	禁用发送缓冲区
28	IOCTL_CAN_TX_ENABLE_GET	取得发送缓冲区的使能状态
29	IOCTL_CAN_READ	读取并拷贝 CAN 信息到用户区域
30	IOCTL_CAN_WRITE	从用户区域拷贝 CAN 信息到发送缓冲区并发送

5.4.2　CAN 总线驱动的数据结构

1. ioh_can_msg_t 结构

这种数据结构用于存储发送或接收的 CAN 信息，其成员内容见表 5-9。

表 5-9　ioh_can_msg_t 结构

成 员 名	说　明
unsigned short ide	标准或扩展 ID 的取值标识。0 表示 11 位标准 ID，1 表示 29 位扩展 ID
unsigned int id	CAN ID，11 位或 29 位
unsigned short dlc	CAN 信息的字节数，取值范围为 0～8
unsigned char data[IOH_CAN_MSG_DATA_LEN]	CAN 信息数据，固定长度为 8 的无符号字符数组
unsigned short rtr	CAN 信息为 RTR，远程请求帧

2. ioh_can_timing_t 结构

这种数据结构定义 CAN 信息位的时间配置，其成员内容见表 5-10。详细内容可参考 PCH-EG20T 数据手册。

表 5-10　ioh_can_timing_t 结构

成 员 名	说　明
unsigned int bitrate	CAN 位速率
unsigned int cfg_bitrate	配置的 CAN 位速率
unsigned int cfg_tseg1	CAN 位信息中的 TSEG1 长度
unsigned int cfg_tseg2	CAN 位信息中的 TSEG2 长度
unsigned int cfg_sjw;	CAN 信息中的 SJW 长度
unsigned int smpl_mode	采样模式
unsigned int edge_mode	边沿模式 R/D

3. ioh_can_error_t 结构

这种数据结构定义 CAN 信息的错误状态，其成员内容见表 5-11。

表 5-11　ioh_can_error_t 结构

成 员 名	说　明
unsigned int rxgte96	Rx 错误计数>=96 次
unsigned int txgte96	Tx 错误计数>=96 次
unsigned int error_stat	CAN 节点的错误状态 00＝ 错误主动态(通常状态) 01＝ 错误被动态 1x＝ 总线关闭

(续表)

成 员 名	说　　明
unsigned int rx_err_cnt	Rx 错误计数器
unsigned int tx_err_cnt	Tx 错误计数器

4. ioh_can_acc_filter_t 结构

这种数据结构定义 CAN 信息的接收过滤条件，其成员内容见表 5-12。

表 5-12　ioh_can_acc_filter_t 结构

成 员 名	说　　明
unsigned int id	CAN ID
unsigned int id_ext	标准/扩展 ID
unsigned int rtr	RTR 信息

5. ioh_can_rx_filter_t 结构

这种数据结构定义用于设定 CAN 信息的接收过滤条件的数据，其成员内容见表 5-13。

表 5-13　ioh_can_rx_filter_t 结构

成 员 名	说　　明
unsigned int num	CAN 信息过滤器编号
unsigned int umask	UMASK 的值
ioh_can_acc_filter_t　amr	接收过滤的 MASK 值
ioh_can_acc_filter_t　aidr	接收 ID 的值

5.4.3　CAN 总线驱动接口 API 的调用方法

本节将介绍在用户模式下，对 CAN 控制器进行简单编程的方法，所有操作均通过 CAN 驱动公开的 IOCTL 接口进行编程控制。我们主要通过以下几个步骤实现 CAN 控制模块的编程：

(1) 打开 CAN 设备。

(2) 根据不同工作模式配置 CAN 设备；接收、发送 CAN 信息等。

(3) 关闭 CAN 设备。

下面将分别介绍对 CAN 设备进行操作的具体方法。

1. 打开 CAN 设备

为了打开 CAN 设备，需要使用 Win32 API 中的 CreateFile 方法。使用该方法时，需要提供设备的路径，一般情况下，硬盘驱动器等设备都有比较明确的设备路径，比如“C”代表 C 盘的硬件设备。而此处介绍的 CAN 设备比较特殊，设备路径名需要通过与 CAN 驱动提供的设备接口类对应的硬件设备实例的 GUID 来得到，也就是说，在使用 CreateFile 之前，需要先获得 CAN 设备的路径。

取得 CAN 设备路径的 GetGuidToDeviceName 方法的源代码如下。该方法利用 CAN 驱动 ioh_can_common.h 中提供的 GUID——GUID_DEVINTERFACE_IOHCAN，调用 SetupDiXxx 函数以得到 CAN 设备的路径名 drv_name。传入参数为 guid 的指针和保存设备路径的字符数组指针 drv_name。如果找到设备路径，函数就返回布尔值 TRUE，失败则返回 FALSE。

```
BOOL   GetGuidToDeviceName(const GUID* guid, LPTSTR drv_name )
{
    HDEVINFO hDev;
    SP_INTERFACE_DEVICE_DATA   info;
    BOOL   result = FALSE;   //函数返回是否成功的布尔值，默认值为 FALSE
    //取得 HDEVINFO 句柄 hDev
    hDev = SetupDiGetClassDevs( guid, NULL, NULL,
            (DIGCF_PRESENT | DIGCF_INTERFACEDEVICE) );
    //设定接口设备数据的长度
    info.cbSize = sizeof( SP_INTERFACE_DEVICE_DATA );
    //枚举 hDev 对应的接口
    if( SetupDiEnumDeviceInterfaces( hDev, 0, guid, 0, &info ) ){
        //接口存在，设定接口设备数据
        PSP_INTERFACE_DEVICE_DETAIL_DATA   detail;
        DWORD     size = 0;
        //取得设备接口的详细信息，info 和长度
        SetupDiGetDeviceInterfaceDetail( hDev, &info, NULL, 0, &size, NULL );
        //动态申请详细信息的缓冲区
        detail = (PSP_INTERFACE_DEVICE_DETAIL_DATA)malloc( size );
        if( detail ){
            DWORD     len = 0;
            memset( detail, 0, size );   //缓冲区内容初始化清零
            detail->cbSize = sizeof( SP_INTERFACE_DEVICE_DETAIL_DATA );
            //取得接口设备的详细信息
            if(SetupDiGetDeviceInterfaceDetail ( hDev,
                                        &info, detail, size, &len, NULL ) )
            {   //成功取得接口设备详细信息，拷贝设备路径到 drv_name
                _tcscpy( drv_name, detail->DevicePath );
                result = TRUE;   //设定返回成功
            }
            //释放缓冲区
            free( detail );
        }
    }
    SetupDiDestroyDeviceInfoList( hDev );   //删除设备信息及占用的资源
    return result;   //返回是否成功的结果
}
```

该方法首先调用 SetupDiGetClassDevs 函数，取得设备信息集合的句柄和 hDev，类型为 HDEVINFO。成功取得句柄和 hDev 后，调用 SetupDiEnumDeviceInterfaces 函数，从设备信息集合中得到 CAN 设备的接口信息 info，类型为 SP_INTERFACE_DEVICE_DATA。成功取得设备的接口信息后，调用 SetupDiGetDeviceInterfaceDetail 函数，得到详细信息的长度。然后动态申请内存，得到存储详细设备信息的缓冲区。再次调用 SetupDiGetDeviceInterfaceDetail 函数，得到 CAN 设备的详细信息 detail，类型为指向 CAN 设备详细信息的指针——PSP_INTERFACE_DEVICE_DETAIL_DATA，取得详细信息中的 CAN 设备路径 detail->DevicePath。最后，释放缓冲区并删除设备信息及占用的内存资源，通过 drv_name 返回 CAN 设备路径。

在 LAB8903 实验箱中，利用该方法得到的 CAN 设备路径为"\\\\?\\PCI#VEN_8086&DEV_8818&SUBSYS_00000000&REV_00#5&2d42d27&0&6300B8#{875d7e44-2133-45bd-88f1-31b40c1bcf60}"。

取得 CAN 设备路径 drv_name 后，执行 CreateFile 函数，打开 CAN 设备。如果失败，将返回 INVALID_HANDLE_VALUE；成功则返回打开的 CAN 设备句柄 hDevice。

```
HANDLE hDevice;
hDevice = CreateFile(drv_name, GENERIC_READ|GENERIC_WRITE,0, NULL,
                     OPEN_EXISTING, 0,NULL);
```

2. 设定 CAN 设备

在打开 CAN 设备后，可以利用相应的 IOCTL 调用对 CAN 设备进行配置，并取得不同操作模式下的各种状态。下面将介绍常用的设定 CAN 设备功能的方法。

(1) CAN 设备的复位

调用 DeviceIoControl 函数，执行 IOCTL_CAN_RESET 宏功能，使 CAN 设备处于复位模式。在该模式下可对 CAN 设备进行设定，例如设定 CAN 的发送和接收速率、CAN 信息的接收过滤条件等。

```
DWORD dwRet;
bRet = DeviceIoControl( hDevice, IOCTL_CAN_RESET, NULL, 0, NULL, 0, &dwRet, NULL);
```

(2) CAN 设备的运行和停止

调用 DeviceIoControl 函数，执行 IOCTL_CAN_RUN 宏功能，使 CAN 设备处于运行模式。在该模式下，CAN 设备可以接收或发送 CAN 信息。

```
DWORD dwRet;
bRet = DeviceIoControl( hDevice, IOCTL_CAN_RUN, NULL, 0, NULL, 0, &dwRet, NULL);
```

调用 DeviceIoControl 函数，执行 IOCTL_CAN_STOP 宏功能，使 CAN 设备处于停止运行模式。在该模式下，CAN 设备不能接收或发送 CAN 信息。

```
DWORD dwRet;
bRet = DeviceIoControl( hDevice, IOCTL_CAN_STOP, NULL, 0, NULL, 0, &dwRet, NULL);
```

(3) 取得 CAN 设备的运行模式

调用 DeviceIoControl 函数，执行 IOCTL_CAN_RUN_GET 宏功能，取得 CAN 设备的运行模式。返回的 runmode 为零时，表示 CAN 设备处于停止状态(STOP)，为 1 时表示处于运行状态(RUN)。

```
DWORD dwRet;
ULONG   runmode,
bRet = DeviceIoControl( hDevice, IOCTL_CAN_RUN_GET, NULL, 0,
&runmode,
sizeof(runmode) ,
&dwRet, NULL);
```

(4) 设定 CAN 设备为阻塞模式

调用 DeviceIoControl 函数，执行 IOCTL_CAN_BLOCK 宏功能，设定 CAN 设备为阻塞模式。在此模式下进行 CAN 数据的读操作时，将一直等待，直到 CAN 缓冲区接收到数据时才返回。写操作将在 CAN 数据发送完成后才返回。

```
DWORD dwRet;
bRet = DeviceIoControl( hDevice, IOCTL_CAN_BLOCK, NULL, 0, NULL, 0,
                        &dwRet, NULL);
```

(5) 设定 CAN 设备为非阻塞模式

调用 DeviceIoControl 函数，执行 IOCTL_CAN_NON_BLOCK 宏功能，设定 CAN 设备为阻塞模式。在此模式下进行 CAN 数据的读操作时，无论 CAN 缓冲区有无接收到的数据，都会立即返回，有数据时 bRet 为 TRUE，无数据时为 FALSE。写操作也将立即返回，不会等待 CAN 数据发送是否完成。

```
DWORD dwRet;
bRet = DeviceIoControl( hDevice, IOCTL_CAN_NON_BLOCK, NULL, 0, NULL, 0,
                        &dwRet, NULL);
```

(6) 取得 CAN 设备的阻塞模式

调用 DeviceIoControl 函数，执行 IOCTL_CAN_BLOCK_GET 宏功能，取得 CAN 设备的阻塞模式。返回的 ulBlockGet 为零时，表示 CAN 设备处于非阻塞模式(NON_BLOCK)，为 1 时表示处于阻塞模式(BLOCK)。

```
DWORD dwRet;
ULONG ulBlockGet;
bRet = DeviceIoControl(hDevice, IOCTL_CAN_BLOCK_GET, NULL, 0,
                        & ulBlockGet, sizeof(ulBlockGet) ,
                        &dwRet, NULL);
```

(7) 设定 CAN 设备为活动模式

调用 DeviceIoControl 函数，执行 IOCTL_CAN_ACTIVE 宏功能，设定 CAN 设备为活动

模式。在此模式下可以进行 CAN 信息的收发。

```
DWORD dwRet;
bRet = DeviceIoControl( hDevice, IOCTL_CAN_ACTIVE, NULL, 0, NULL, 0,
                        &dwRet, NULL);
```

(8) 设定 CAN 设备为监听模式

调用 DeviceIoControl 函数，执行 IOCTL_CAN_LISTEN 宏功能，设定 CAN 设备为监听模式。此时 CAN 设备只能接收 CAN 总线上的数据，不能向 CAN 总线发送数据。

```
DWORD dwRet;
bRet = DeviceIoControl(hDevice, IOCTL_CAN_LISTEN, NULL, 0, NULL, 0,
                       &dwRet, NULL);
```

(9) 取得 CAN 设备的监听模式

调用 DeviceIoControl 函数，执行 IOCTL_CAN_LISTEN_GET 宏功能，取得 CAN 设备的监听模式。返回的 ulListenGet 为零时表示 CAN 设备处于活动模式(ACTIVE)，为 1 时是监听模式(LISTEN)。

```
DWORD dwRet;
ULONG ulListenGet;
bRet = DeviceIoControl( hDevice, IOCTL_CAN_LISTEN_GET, NULL, 0,
& ulListenGet,
sizeof(ulListenGet) ,
&dwRet, NULL);
```

(10) 设定 CAN 信息发送的仲裁模式

调用 DeviceIoControl 函数，执行 IOCTL_CAN ARBITER_ROUND_ROBIN 宏功能，设置 CAN 发送缓冲区的仲裁模式为循环方式。即 CAN 信息被放置在下一个以循环方式排列的可用插槽 SLOT(缓冲区)中，按缓冲区编号的优先级，仲裁顺序为 0,1,2…7,0,1,…

```
DWORD dwRet;
bRet = DeviceIoControl( hDevice, IOCTL_CAN _ARBITER_ROUND_ROBIN,
                        NULL, 0, NULL, 0, &dwRet, NULL);
```

如果执行 IOCTL_CAN ARBITER_ROUND_FIXED_PRIORITY 宏功能，缓冲区的优先级仲裁模式被设置为固定的 CAN 发送优先级。即发送缓冲区 0 中放置的 CAN 信息具有最高优先级，优先发送。发送缓冲区 7 的优先级最低。

```
DWORD dwRet;
bRet = DeviceIoControl( hDevice, IOCTL_CAN_ ARBITER_FIXED_PRIORITY,
                        NULL, 0, NULL, 0, &dwRet, NULL);
```

(11) 取得 CAN 信息发送的仲裁模式

调用 DeviceIoControl 函数，执行 IOCTL_CAN_ARBITER_GET 宏功能，取得 CAN 设备

的信息发送仲裁模式。返回的 ulArbiterGet 为零时表示为循环优先级模式(ROUND_ROBIN)，为 1 时表示固定优先级模式(FIXED_PRIORITY)。

```
DWORD dwRet;
ULONG ulArbiterGet;
bRet = DeviceIoControl( hDevice, IOCTL_CAN_ARBITER_GET, NULL, 0,
& ulArbiterGet,
sizeof(ulArbiterGet) ,
&dwRet, NULL);
```

(12) 设定 CAN 时钟

调用 DeviceIoControl 函数，执行 IOCTL_CAN_SIMPLE 宏功能，设置 CAN 信息的收发速率。CAN 的收发速率是预先定义好的数值，它们是 10、20、50、125、250、500、800、1000、单位均为 Kbps。

```
DWORD dwRet;
ioh_can_baud_t baudrate = IOH_CAN_BAUD_500; //设定 CAN 的收发速率为 500Kbps
bRet = DeviceIoControl( hDevice, IOCTL_CAN_SIMPLE,
                        & baudrate, sizeof(baudrate) , NULL, 0, &dwRet, NULL);
```

(13) 取得 CAN 时钟的配置信息

调用 DeviceIoControl 函数，执行 IOCTL_CAN_TIMING_GET 宏功能，取得 CAN 时钟的配置信息。ioh_can_timing_t 结构的成员反映了 CAN 位信息的各时间片的设定值。

```
DWORD dwRet;
ioh_can_timing_t   timing; //用于存放取得的 CAN 时钟的配置信息
bRet = DeviceIoControl( hDevice, IOCTL_CAN_TIMING_GET,   NULL, 0,
                        & timing, sizeof(ioh_can_timing_t), &dwRet, NULL);
```

(14) 取得 CAN 设备的错误状态信息

调用 DeviceIoControl 函数，执行 IOCTL_CAN_ERROR_STATS_GET 宏功能，取得 CAN 时钟的配置信息。ioh_can_error_t 结构的成员反映了 CAN 设备的错误状态信息。

```
DWORD dwRet;
ioh_can_error_t   errorStat;; //用于存放取得的 CAN 设备的错误状态信息
bRet = DeviceIoControl( hDevice, IOCTL_CAN_ERROR_STATS_GET,   NULL, 0,
                        & errorStat, sizeof(ioh_can_error_t), &dwRet, NULL);
```

3. CAN 信息读写

(1) 写 CAN 信息(发送 CAN 信息)

调用 DeviceIoControl 函数，执行 IOCTL_CAN_WRITE 宏功能，发送 CAN 信息。

```
DWORD dwRet;
ioh_can_msg_t   msg; //存储 CAN 信息的变量
msg.ide=0;              //11 位标准 CAN ID
```

```
msg.id=0x123;         //CAN ID 为 0x123
msg.dlc=2;            //CAN 数据的字节长度为 2
msg.data[0]=10;
msg.data[1]=12;       //设定 CAN 的两个字节数据，data[0]和 data[1]
msg.rtr=0;            //非 RTR
bRet = DeviceIoControl( hDevice, IOCTL_CAN_WRITE, &msg, sizeof(msg), NULL, 0,
                        &dwRet, NULL);
```

(2) 读 CAN 信息(接收 CAN 信息)

调用 DeviceIoControl 函数，执行 IOCTL_CAN_READ 宏功能，取得接收到的 CAN 信息。

```
DWORD dwRet;
ioh_can_msg_t   msg; //存储 CAN 信息的变量
bRet = DeviceIoControl(hDevice, IOCTL_CAN_READ, NULL, 0, &msg, sizeof(msg),
                       &dwRet, NULL);
```

4. 关闭 CAN 设备

在完成所有 CAN 设备的操作后，应用程序必须调用 Win32 API 的 CloseHandle 函数，关闭 CAN 驱动的句柄，即指向下列代码：

```
CloseHandle(hDevice);
```

5.4.4　使用 C/C++语言实现 CAN 总线应用开发

5.4.3 节介绍了 CAN 设备的 API 调用方法，本节将利用这些 API 调用，实现如下简单的 CAN 信息的收发程序。CAN 通信时，除了在 CAN 控制器中设定自测试模式以外，还需要使用两个 CAN 节点连接在一起，才能正常收发 CAN 信息。连接方法见图 5-6。连接接口的位置及编号见图 5-7。

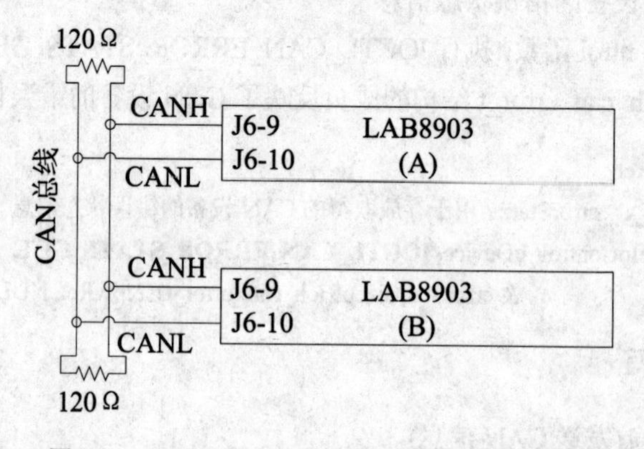

图 5-6　LAB8903 实验箱中的 CAN 通信连接方式

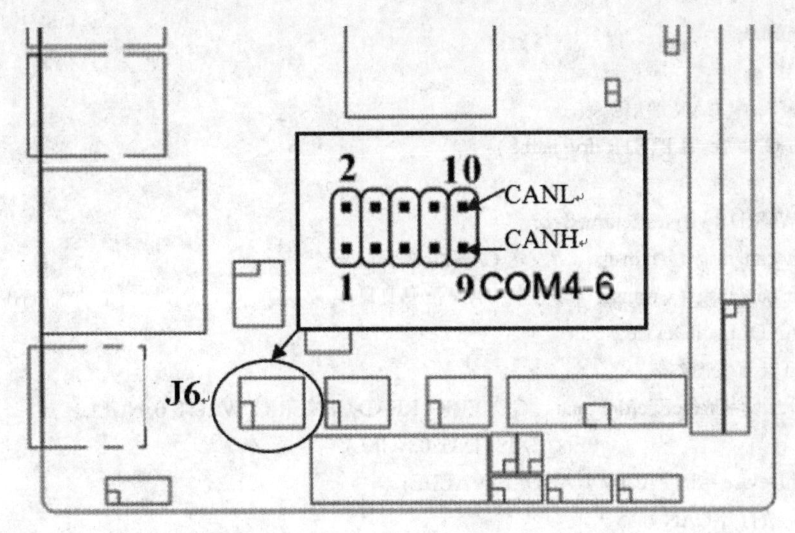

图 5-7　LAB-8903 实验箱中的 CAN 接口

使用 Visual Studio C++ 2010 Express 建立如下控制台项目，程序的实现代码如下。运行结果见图 5-8。该程序主要实现：打开 CAN 设备，设定 500Kbps 的 CAN 通信速率，接收到 CAN 信息时显示接收结果，发送 CAN 信息并显示发送数据，按“x”键退出应用程序并关闭 CAN 设备。

```
#include "stdafx.h"
#include "objbase.h "
#include "initguid.h "
#include "Setupapi.h"
#include <conio.h>
#include <stdio.h>
#include <devguid.h>
#include <regstr.h>
#include "ioh_can_common.h"
#include "ioh_can_ioctls.h"
BOOL GetGuidToDeviceName(const GUID* guid, LPTSTR drv_name );
BOOL CANTest(LPTSTR drv_name );
#pragma comment(lib,"Setupapi.lib")
//_tmain：程序执行主函数
int _tmain(int argc, _TCHAR* argv[])
{
    TCHAR drvname[512];
     //由 GUID 得到 CAN 设备路径 drvname
    BOOL ret = GetGuidToDeviceName(&GUID_DEVINTERFACE_IOHCAN,drvname );
    if(ret)
    {
          //成功取得 CAN 设备路径，调用 CAN 通信函数
            CANTest(drvname);
    }
```

```
    return 0;
}
// CANTest：CAN 通信函数
BOOL CANTest(LPTSTR drv_name )
{
    DWORD dwBytesReturned=0;
    ioh_can_msg_t    txmsg;      //发送 CAN 信息变量
    ioh_can_msg_t    rxmsg;      //接收 CAN 信息变量
    HANDLE    hDevice;
    //打开 CAN 设备
    hDevice=CreateFile(drv_name, GENERIC_READ|GENERIC_WRITE,0, NULL,
                        OPEN_EXISTING, 0,NULL);
    if(hDevice==INVALID_HANDLE_VALUE)
    {    //打开 CAN 设备失败
         printf("Create Fail\n");
         return FALSE;
    }else{
    //成功打开 CAN 设备
         printf("DriverName:%S\n",drv_name);
    }
    //设定 CAN 设备的通信速率为 500Kbps
    int baud= IOH_CAN_BAUD_500;
    BOOL ret= DeviceIoControl(hDevice,IOCTL_CAN_SIMPLE, &baud,sizeof(baud),
                              NULL,0, &dwBytesReturned,NULL);
    //设定 CAN 设备为运行状态
    ret= DeviceIoControl(hDevice,IOCTL_CAN_RUN, NULL,0,NULL,0,
                        &dwBytesReturned,NULL);
    //设定 CAN 设备收发 CAN 信息时使用非阻塞模式
    ret= DeviceIoControl(hDevice,IOCTL_CAN_NON_BLOCK,    NULL,0,NULL,0,
                        &dwBytesReturned,NULL);
    byte i=0;
    while(1)
    {
         //接收 CAN 信息
         ret = DeviceIoControl(hDevice, IOCTL_CAN_READ,NULL,0,
              &rxmsg,sizeof(rxmsg),
              &dwBytesReturned,NULL);
         if(ret)
       {  //接收 CAN 信息并显示接收结果
              printf("CanRx:%08X,%08X,%02X,%02X-%02X-%02X-%02X-%02X
                   -%02X-%02X-%02X}\n", rxmsg.ide,rxmsg.id,rxmsg.dlc,rxmsg.data[0],
                   rxmsg.data[1],rxmsg.data[2],rxmsg.data[3],rxmsg.data[4],
                   rxmsg.data[5],rxmsg.data[6],rxmsg.data[7]);
         }
```

```
        //设定 CAN 发送信息的数据内容
        txmsg.ide =0;
        txmsg.id =0x777;
        txmsg.dlc =8;
        txmsg.data[0]=0x01;
        txmsg.data[1]=0x02;
        txmsg.data[2]=0x03;
        txmsg.data[3]=0x04;
        txmsg.data[4]=0x05;
        txmsg.data[5]=0x06;
        txmsg.data[6]=0x07;
        txmsg.data[7]=i;
        //发送信息
        ret = DeviceIoControl(hDevice,IOCTL_CAN_WRITE,
        &txmsg,sizeof(txmsg),NULL,0,&dwBytesReturned,NULL);
        if(ret)
        {    //成功写入 CAN 设备，显示发送的 CAN 信息
            printf("CanTx:%08X,%08X,%02X,%02X-%02X
                  -%02X-%02X-%02X-%02X-%02X-%02X}\n",
            txmsg.ide,txmsg.id,txmsg.dlc,txmsg.data[0],
            txmsg.data[1], txmsg.data[2],txmsg.data[3],txmsg.data[4],
            txmsg.data[5],txmsg.data[6],txmsg.data[7]);
        }
        Sleep(300);    //Sleep 300ms
       if(_kbhit())  //检查是否有按键按下
        {
            if(getchar()=='x')
            { //如果按下“x”键，就退出程序
                 break;
            }
        }
        i++;
    }
    // 关闭 CAN 设备
    CloseHandle(hDevice);
    return TRUE;
}
// GetGuidToDeviceName 函数用于从 GUID 得到 CAN 设备路径名 drv_name
BOOL    GetGuidToDeviceName(const GUID* guid, LPTSTR drv_name )
{
    HDEVINFO    hDev;
    SP_INTERFACE_DEVICE_DATA info;
    BOOL     result = FALSE;
    hDev = SetupDiGetClassDevs(guid, NULL, NULL,
```

```
                    (DIGCF_PRESENT | DIGCF_INTERFACEDEVICE));
    info.cbSize = sizeof(SP_INTERFACE_DEVICE_DATA);
    if(SetupDiEnumDeviceInterfaces( hDev, 0, guid, 0, &info))
    {
        PSP_INTERFACE_DEVICE_DETAIL_DATA detail;
        DWORD size = 0;
        SetupDiGetDeviceInterfaceDetail( hDev, &info, NULL, 0, &size, NULL);
        detail = (PSP_INTERFACE_DEVICE_DETAIL_DATA)malloc(size);
        if(detail ){
            DWORD len = 0;
            memset(detail, 0, size);
            detail->cbSize = sizeof(SP_INTERFACE_DEVICE_DETAIL_DATA);
            if(SetupDiGetDeviceInterfaceDetail(hDev,
                        &info, detail, size, &len, NULL)){
                _tcscpy(drv_name, detail->DevicePath);
                result = TRUE;
            }
            free( detail );
        }
    }
    SetupDiDestroyDeviceInfoList(hDev);
    return result;
}
```

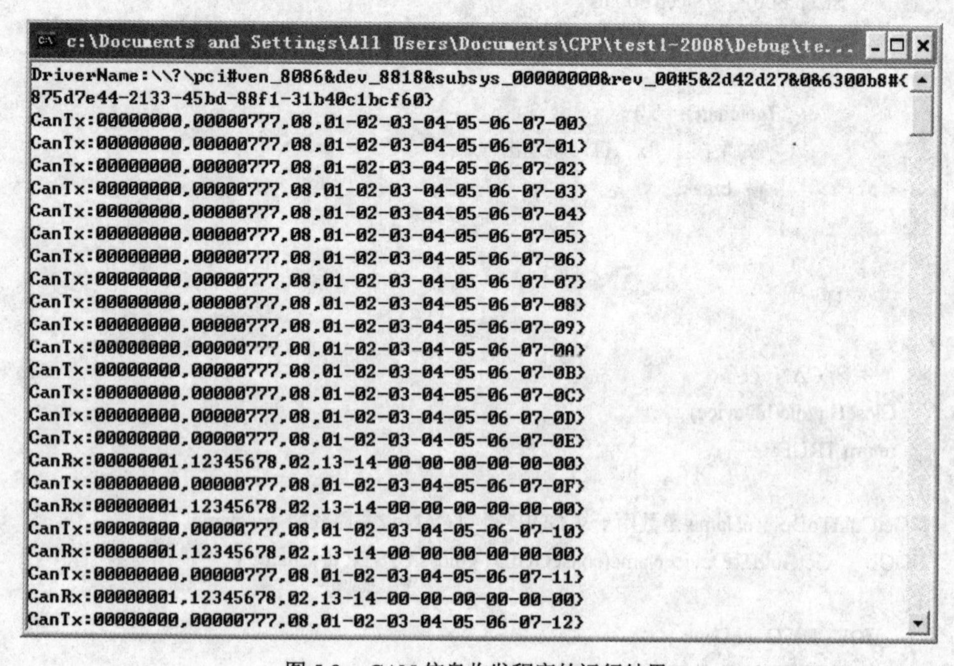

图 5-8　CAN 信息收发程序的运行结果

5.4.5　使用 C#实现 CAN 总线应用开发

由于 C#是一种托管代码(Managed Code)的计算机语言，并且使用.NET 框架的平台调用机制(P/Invoke：Platform Invoke)，因此可以实现从 C#中对 Win32 API 或 DLL 的非托管代码的调用。

在实现 CAN 驱动的 API 调用时，需要把 CAN 驱动的 C++头文件(ioh_can_common.h 和 ioh_can_ioctls.h)转换为 C#可用的 CAN 设备驱动定义文件。由于 C#语言没有类似于 C/C++的头文件，也不允许定义独立于 C#类或结构的全局变量，因此转换后的代码一般都要在 C#类中实现。转换成的 C#代码如下：

```
//ioh_can_common.h ==> IOHCAN.CS
public class IOHCAN
{
  //GUID：调用 Guid 以生成 GUID_DEVINTERFACE_IOHCAN
  static Guid GUID_DEVINTERFACE_IOHCAN = new Guid(
  0x875d7e44, 0x2133, 0x45bd, 0x88, 0xf1, 0x31, 0xb4, 0xc, 0x1b, 0xcf, 0x60);
  // 定义 CreateFile 函数调用使用的常数
  private const uint FILE_SHARE_READ = 0x00000001;
  private const uint FILE_SHARE_WRITE = 0x00000002;
  private const uint FILE_SHARE_DELETE = 0x00000004;
  private const uint OPEN_EXISTING = 3;
  private const uint GENERIC_READ = (0x80000000);
  private const uint GENERIC_WRITE = (0x40000000);
  private const uint FILE_FLAG_NO_BUFFERING = 0x20000000;
  private const uint FILE_READ_ATTRIBUTES = (0x0080);
  private const uint FILE_WRITE_ATTRIBUTES = 0x0100;
  private const uint ERROR_INSUFFICIENT_BUFFER = 122;
  //DeviceIoControl 在 C#中的引用和定义，用于一般的 I/O 参数调用
  [DllImport("kernel32.dll", EntryPoint = "DeviceIoControl", SetLastError = true)]
  internal static extern unsafe int DeviceIoControl(
    IntPtr hDevice,
    uint dwIoControlCode,
    void* lpInBuffer,
    uint nInBufferSize,
    void* lpOutbuffer,
    uint nOutBufferSize,
    int* lpByteReturned,
    IntPtr lpOverlapped
    );
  //DeviceIoControl 在 C#中的引用和定义，用于一般的 CAN 信息数据结构的 I/O 参数调用
  [DllImport("Kernel32.dll", SetLastError = false, CharSet = CharSet.Auto)]
  internal static extern unsafe int DeviceIoControl(
    IntPtr hDevice,
    uint dwIoControlCode,
```

```
    [MarshalAs(UnmanagedType.Struct)]
    ref ioh_can_msg_t   InBuffer,
    uint nInBufferSize,
    [MarshalAs(UnmanagedType.Struct)]
    ref   ioh_can_msg_t   OutBuffer,
    uint nOutBufferSize,
    ref int pBytesReturned,
    IntPtr lpOverlapped);
[System.Runtime.InteropServices.DllImport("kernel32", SetLastError = true,
    ThrowOnUnmappableChar = true,
    CharSet = System.Runtime.InteropServices.CharSet.Unicode)]
static extern unsafe System.IntPtr CreateFile
(
    string FileName,                //文件名称
    uint DesiredAccess,             //访问模式
    uint ShareMode,                 //共享模式
    uint SecurityAttributes,        //安全特性
    uint CreationDisposition,       //如何创建
    uint FlagsAndAttributes,        //文件特性
    int hTemplateFile               //操作模板文件
);
[DllImport("kernel32.dll", SetLastError = true)]
static extern int CloseHandle(IntPtr hObject);
//CAN 最大缓冲区的数目
public const int MAX_MSG_OBJ = 32;
//CAN 信息数据的最大长度
public const int IOH_CAN_MSG_DATA_LEN = 8;
//CAN 信息位 MASK
public const int IOH_CAN_BIT_MASK = 1;
//CAN 成功返回值
public const int IOH_CAN_SUCCESS = 0;
//CAN 失败返回值
public const int IOH_CAN_FAIL = -1;
//CAN-无效参数
public const int IOH_CAN_EINVAL = -2;
[System.Runtime.InteropServices.StructLayoutAttribute(
    System.Runtime.InteropServices.LayoutKind.Sequential,
    CharSet = System.Runtime.InteropServices.CharSet.Ansi)]
public struct   ioh_can_msg_t
{   //CAN 信息的结构
    public ushort ide;
    public uint id;
    public ushort dlc;
    [MarshalAs(UnmanagedType.ByValArray, SizeConst = 8)]
```

```
        public byte[] data;
        public ushort rtr;
    }
    [System.Runtime.InteropServices.StructLayoutAttribute(
        System.Runtime.InteropServices.LayoutKind.Sequential)]
    public struct ioh_can_timing_t
    {   //CAN 信息的时钟结构
        public uint bitrate;
        public uint cfg_bitrate;
        public uint cfg_tseg1;
        public uint cfg_tseg2;
        public uint cfg_sjw;
        public uint smpl_mode;
        public uint edge_mode;
    }
    [System.Runtime.InteropServices.StructLayoutAttribute(
        System.Runtime.InteropServices.LayoutKind.Sequential)]
    public struct    ioh_can_error_t
    { //CAN 信息的收发错误计数
        public uint rxgte96;          /* Rx err cnt >=96            */
        public uint txgte96;          /* Tx err cnt >=96            */
        /* Error state of CAN node 00=error active (normal), 01=error passive, 1x=bus off   */
        public uint error_stat;
        public uint rx_err_cnt; /* Rx 计数器             */
        public uint tx_err_cnt; /* Tx 计数器             */
    }
  [System.Runtime.InteropServices.StructLayoutAttribute(
        System.Runtime.InteropServices.LayoutKind.Sequential)]
    public struct ioh_can_acc_filter_t
    { //CAN 接收 ID 过滤
        public uint id;
        public uint id_ext;
        public uint rtr;
    }
    [System.Runtime.InteropServices.StructLayoutAttribute(
        System.Runtime.InteropServices.LayoutKind.Sequential)]
    public struct ioh_can_rx_filter_t
    {   //CAN 接收过滤条件
        public uint num;
        public uint umask;
        public ioh_can_acc_filter_t amr;
        public ioh_can_acc_filter_t aidr;
    }
  //枚举类型定义：CAN 设备监听模式
```

```
public enum ioh_can_listen_mode_t
{
    IOH_CAN_ACTIVE = 0,
    IOH_CAN_LISTEN,
}
//枚举类型定义：CAN 设备运行模式
public enum ioh_can_run_mode_t
{
    IOH_CAN_STOP = 0,
    IOH_CAN_RUN,
}
//枚举类型定义：CAN 设备的优先级模式
public enum ioh_can_arbiter_t
{
    IOH_CAN_ROUND_ROBIN = 0,
    IOH_CAN_FIXED_PRIORITY,
}
//枚举类型定义：CAN 设备的自动模式
public enum ioh_can_auto_restart_t
{
    CAN_MANUAL = 0,
    CAN_AUTO,
}
//枚举类型定义：CAN 设备的收发速率
public enum ioh_can_baud_t
{
    IOH_CAN_BAUD_10 = 0,
    IOH_CAN_BAUD_20,
    IOH_CAN_BAUD_50,
    IOH_CAN_BAUD_125,
    IOH_CAN_BAUD_250,
    IOH_CAN_BAUD_500,
    IOH_CAN_BAUD_800,
    IOH_CAN_BAUD_1000,
}
//枚举类型定义：CAN 设备的中断模式
public enum ioh_can_interrupt_t
{
    CAN_ENABLE,
    CAN_DISABLE,
    CAN_ALL,
    CAN_NONE,
}
//IOCTL 码的生成，IOCTL 码由 ID 和其他与设备相关的信息组成，比如存取类型
```

```
//缓冲区的类型，IOCTL 功能代码 0x800-0xFFF 归用户使用
private const uint FILE_DEVICE_FILE_SYSTEM = 0x00000009;
private const uint METHOD_BUFFERED = 0;
private const uint METHOD_NEITHER = 3;
private const uint FILE_ANY_ACCESS = 0;
private const uint FILE_SPECIAL_ACCESS = FILE_ANY_ACCESS;
public const uint DEV_TYPE = 40002;
//IOCTL 码生成方法
static uint CTL_CODE(uint DeviceType, uint Function, uint Method, uint Access)
{
    return ((DeviceType) << 16) | ((Access) << 14) | ((Function) << 2) | (Method);
}
//CAN 设备的 IOCTL 码生成方法
public static readonly uint IOCTL_CAN_RESET
    = CTL_CODE(DEV_TYPE, 0x800, METHOD_BUFFERED, FILE_ANY_ACCESS);
public static readonly uint IOCTL_CAN_RUN
    = CTL_CODE(DEV_TYPE, 0x801, METHOD_BUFFERED, FILE_ANY_ACCESS);
public static readonly uint IOCTL_CAN_STOP
    = CTL_CODE(DEV_TYPE, 0x802, METHOD_BUFFERED, FILE_ANY_ACCESS);
public static readonly uint IOCTL_CAN_RUN_GET
    = CTL_CODE(DEV_TYPE, 0x803, METHOD_BUFFERED, FILE_ANY_ACCESS);
public static readonly uint IOCTL_CAN_FILTER
    = CTL_CODE(DEV_TYPE, 0x804, METHOD_BUFFERED, FILE_ANY_ACCESS);
public static readonly uint IOCTL_CAN_FILTER_GET
    = CTL_CODE(DEV_TYPE, 0x805, METHOD_BUFFERED, FILE_ANY_ACCESS);
public static readonly uint IOCTL_CAN_CUSTOM
    = CTL_CODE(DEV_TYPE, 0x806, METHOD_BUFFERED, FILE_ANY_ACCESS);
public static readonly uint IOCTL_CAN_SIMPLE
    = CTL_CODE(DEV_TYPE, 0x807, METHOD_BUFFERED, FILE_ANY_ACCESS);
public static readonly uint IOCTL_CAN_TIMING_GET
    = CTL_CODE(DEV_TYPE, 0x808, METHOD_BUFFERED, FILE_ANY_ACCESS);
public static readonly uint IOCTL_CAN_BLOCK
    = CTL_CODE(DEV_TYPE, 0x809, METHOD_BUFFERED, FILE_ANY_ACCESS);
public static readonly uint IOCTL_CAN_NON_BLOCK
    = CTL_CODE(DEV_TYPE, 0x80A, METHOD_BUFFERED, FILE_ANY_ACCESS);
public static readonly uint IOCTL_CAN_BLOCK_GET
    = CTL_CODE(DEV_TYPE, 0x80B, METHOD_BUFFERED, FILE_ANY_ACCESS);
public static readonly uint IOCTL_CAN_LISTEN
    = CTL_CODE(DEV_TYPE, 0x80C, METHOD_BUFFERED, FILE_ANY_ACCESS);
public static readonly uint IOCTL_CAN_ACTIVE
    = CTL_CODE(DEV_TYPE, 0x80D, METHOD_BUFFERED, FILE_ANY_ACCESS);
public static readonly uint IOCTL_CAN_LISTEN_GET
    = CTL_CODE(DEV_TYPE, 0x80E, METHOD_BUFFERED, FILE_ANY_ACCESS);
public static readonly uint IOCTL_CAN_ARBITER_ROUND_ROBIN
```

```
        = CTL_CODE(DEV_TYPE, 0x810, METHOD_BUFFERED, FILE_ANY_ACCESS);
    public static readonly uint IOCTL_CAN_ARBITER_FIXED_PRIORITY
        = CTL_CODE(DEV_TYPE, 0x811, METHOD_BUFFERED, FILE_ANY_ACCESS);
    public static readonly uint IOCTL_CAN_ARBITER_GET
        = CTL_CODE(DEV_TYPE, 0x812, METHOD_BUFFERED, FILE_ANY_ACCESS);
    public static readonly uint IOCTL_CAN_ERROR_STATS_GET
        = CTL_CODE(DEV_TYPE, 0x813, METHOD_BUFFERED, FILE_ANY_ACCESS);
    public static readonly uint IOCTL_CAN_BUFFER_LINK_SET
        = CTL_CODE(DEV_TYPE, 0x814, METHOD_BUFFERED, FILE_ANY_ACCESS);
    public static readonly uint IOCTL_CAN_BUFFER_LINK_CLEAR
        = CTL_CODE(DEV_TYPE, 0x815, METHOD_BUFFERED, FILE_ANY_ACCESS);
    public static readonly uint IOCTL_CAN_BUFFER_LINK_GET
        = CTL_CODE(DEV_TYPE, 0x816, METHOD_BUFFERED, FILE_ANY_ACCESS);
    public static readonly uint IOCTL_CAN_RX_ENABLE_SET
        = CTL_CODE(DEV_TYPE, 0x817, METHOD_BUFFERED, FILE_ANY_ACCESS);
    public static readonly uint IOCTL_CAN_RX_ENABLE_CLEAR
        = CTL_CODE(DEV_TYPE, 0x818, METHOD_BUFFERED, FILE_ANY_ACCESS);
    public static readonly uint IOCTL_CAN_RX_ENABLE_GET
        = CTL_CODE(DEV_TYPE, 0x819, METHOD_BUFFERED, FILE_ANY_ACCESS);
    public static readonly uint IOCTL_CAN_TX_ENABLE_SET
        = CTL_CODE(DEV_TYPE, 0x81A, METHOD_BUFFERED, FILE_ANY_ACCESS);
    public static readonly uint IOCTL_CAN_TX_ENABLE_CLEAR
        = CTL_CODE(DEV_TYPE, 0x81B, METHOD_BUFFERED, FILE_ANY_ACCESS);
    public static readonly uint IOCTL_CAN_TX_ENABLE_GET
        = CTL_CODE(DEV_TYPE, 0x81C, METHOD_BUFFERED, FILE_ANY_ACCESS);
    public static readonly uint IOCTL_CAN_READ
        = CTL_CODE(DEV_TYPE, 0x81D, METHOD_BUFFERED, FILE_ANY_ACCESS);
    public static readonly uint IOCTL_CAN_WRITE
        = CTL_CODE(DEV_TYPE, 0x81E, METHOD_BUFFERED, FILE_ANY_ACCESS);
    public static readonly uint IOCTL_CAN_RESTART_MODE_AUTO
        = CTL_CODE(DEV_TYPE, 0x81F, METHOD_BUFFERED, FILE_ANY_ACCESS);
    public static readonly uint IOCTL_CAN_RESTART_MODE_MANUAL
        = CTL_CODE(DEV_TYPE, 0x820, METHOD_BUFFERED, FILE_ANY_ACCESS);
    public static readonly uint IOCTL_CAN_RESTART_MODE_GET
        = CTL_CODE(DEV_TYPE, 0x821, METHOD_BUFFERED, FILE_ANY_ACCESS);
}
```

为了调用 DeviceIoControl 等函数，需要使用 DllImport 特性将此方法声明为静态的外部方法，CAN 功能调用是为了能够将 CAN 信息的数据结构传入该函数，定义专门用于此目的 DeviceIoControl 方法。在传递 CAN 信息的数据结构时，使用[MarshalAs(UnmanagedType-Struct)]特性将 CAN 的 ref ioh_can_msg_t 数据结构变量 InBuffer 和 OutBuffer 声明为非托管类型的结构体。这样定义后，就可以通过对 CAN 设备的读写来实现 CAN 信息的收发。C#实现代码如下：

```
//DeviceIoControl 在 C#中的引用和定义，用于一般的 CAN 信息数据结构的 I/O 参数调用
    [DllImport("Kernel32.dll", SetLastError =true, CharSet = CharSet.Auto)]
    internal static extern unsafe int DeviceIoControl(
        IntPtr hDevice,
        uint dwIoControlCode,
        [MarshalAs(UnmanagedType.Struct)]
        Ref   ioh_can_msg_t   InBuffer,
        uint nInBufferSize,
        [MarshalAs(UnmanagedType.Struct)]
        ref   ioh_can_msg_t   OutBuffer,
        uint nOutBufferSize,
        ref int pBytesReturned,
        IntPtr lpOverlapped
    );
```

为了利用 C#实现简单 CAN 通信的控制台程序，需要使用 Visual Studio C# 2010 Express 的最新版本且编译时使用.NET Framework 4，代码如下：

```
using System;
using System.Runtime.InteropServices;
namespace testcan2010
{
    public class IOHCAN
    {
        //此处请拷贝前面 C++头文件转换后的 C#代码，此处略
        …
        static unsafe void Main(string[] args)
        {
            IntPtr hDevice = new IntPtr();
            int bytesReturned = 0;
            int bRet;
            //定义 CAN 设备路径
            string DriverName = @"\\?\PCI#VEN_8086&DEV_8818&SUBSYS_00000000&
            REV_00#5&2d42d27&0&6300B8#{875d7e44-2133-45bd-88f1-31b40c1bcf60}";
            //打开 CAN 设备
            hDevice = CreateFile(DriverName, GENERIC_READ|GENERIC_WRITE,
                    0, 0, OPEN_EXISTING, 0,0);
            //此处应该检查 CAN 设备是否成功打开，此处省略了相应的 C#代码
            //CAN 设备复位
            bRet = DeviceIoControl(hDevice, IOCTL_CAN_RESET,
                      null, 0, null, 0, &bytesReturned, IntPtr.Zero);
            //配置 CAN 的收发速率为 500Kbps
           uint baud = (int)ioh_can_baud_t.IOH_CAN_BAUD_500;
           bRet = DeviceIoControl(hDevice,IOCTL_CAN_SIMPLE, &baud,sizeof(uint),null,0,
                   &bytesReturned,IntPtr.Zero);
```

```
//使能 2 号接收缓冲区
 uint uiReceiveBuffNo=2;
 bRet = DeviceIoControl( hDevice, IOCTL_CAN_RX_ENABLE_SET,
        &uiReceiveBuffNo, sizeof(uint), null,   0, &bytesReturned,   IntPtr.Zero);
 //使能 1 号发送缓冲区
uint uiTransmitBuffNo=1;
bRet = DeviceIoControl( hDevice, IOCTL_CAN_TX_ENABLE_SET,
       &uiTransmitBuffNo, sizeof(uint), null, 0, &bytesReturned, IntPtr.Zero);
//设定 CAN 设备，使之进入运行状态
bRet = DeviceIoControl( hDevice, IOCTL_CAN_RUN,
   null, 0, null , 0, &bytesReturned,IntPtr.Zero);
ioh_can_msg_t   txMsg = new ioh_can_msg_t();   //CAN 发送信息变量
ioh_can_msg_t   rxMsg = new ioh_can_msg_t();   //CAN 接收信息变量
ioh_can_msg_t   dmyMsg = new ioh_can_msg_t(); //临时 CAN 信息变量
//发送标准的 11 位 CAN 信息，ID=0x333，数据长度为 8，非远程帧
txMsg.ide = 0;
txMsg.id = 0x333;
txMsg.dlc = 8;
txMsg.data = new byte[IOH_CAN_MSG_DATA_LEN];
txMsg.data[0] = 0xA1;   txMsg.data[1] = 0x12;   txMsg.data[2] = 0x13;
txMsg.data[3] = 0x14;   txMsg.data[4] = 0x55;   txMsg.data[5] = 0x16;
txMsg.data[6] = 0x17;   txMsg.data[7] = 0xA8;
txMsg.rtr = 0;
//接收 CAN 信息变量的初始化
rxMsg.ide = 0;//STD CAN ID
rxMsg.id = 0x0;
rxMsg.dlc = 0;
rxMsg.data = new byte[IOH_CAN_MSG_DATA_LEN];
rxMsg.data[0] = 0x0; rxMsg.data[1] = 0x0; rxMsg.data[2] = 0x0;
rxMsg.data[3] = 0x0; rxMsg.data[4] = 0x0; rxMsg.data[5] = 0x0;
rxMsg.data[6] = 0x0; rxMsg.data[7] = 0x0;
rxMsg.rtr = 0;
uint txBufSize = (uint)Marshal.SizeOf(txMsg);
uint rxBufSize = (uint)Marshal.SizeOf(rxMsg);
bRet = DeviceIoControl(hDevice, IOCTL_CAN_READ,
     ref   dmyMsg , 0, ref   rxMsg, rxBufSize,
     ref   bytesReturned, IntPtr.Zero);
if (bRet==1)
{    //接收到 CAN 数据，显示接收结果
     Console.WriteLine("Rx:{0:X1},{1:X4},{2:X1},{3:X2}-{4:X2}-{5:X2}-
           {6:X2}-{7:X2}-{8:X2}-{9:X2}-{10:X2}",
           rxMsg.ide, rxMsg.id, rxMsg.dlc, rxMsg.data[0],
        rxMsg.data[1], rxMsg.data[2], rxMsg.data[3], rxMsg.data[4],
        rxMsg.data[5], rxMsg.data[6], rxMsg.data[7]);
```

```
                }
                //发送 CAN 信息
                bRet = DeviceIoControl(hDevice,IOCTL_CAN_WRITE,
                    ref  txMsg ,txBufSize, ref  dmyMsg ,0, ref  bytesReturned, IntPtr.Zero);
                if (bRet==1)
                {  //发送成功，显示发送信息
                    Console.WriteLine("Tx:{0:X1},{1:X4},{2:X1},{3:X2}-{4:X2}-{5:X2}-
                        {6:X2}-{7:X2}-{8:X2}-{9:X2}-{10:X2}",
                        txMsg.ide, txMsg.id, txMsg.dlc, txMsg.data[0],
                        txMsg.data[1], txMsg.data[2], txMsg.data[3], txMsg.data[4],
                        txMsg.data[5], txMsg.data[6], txMsg.data[7]);
                }
                /* 关闭 CAN 设备*/
                CloseHandle(hDevice);
            }
        }
    }
```

执行结果见图 5-9。图中是两台 LAB8903 互相发送 CAN 信息时，其中一台 LAB8903 的执行结果。注意实际发送 CAN 信息时，不同的 CAN 节点不要发送相同的 CAN ID 信息。由于本例使用的是阻塞模式，因此程序执行后，一个节点会等待另一个节点发送信息。为了避免发生死锁状态，两个节点的发送和接收顺序应该调整一下，并且在运行程序时应该首先运行接收为第一操作的程序。

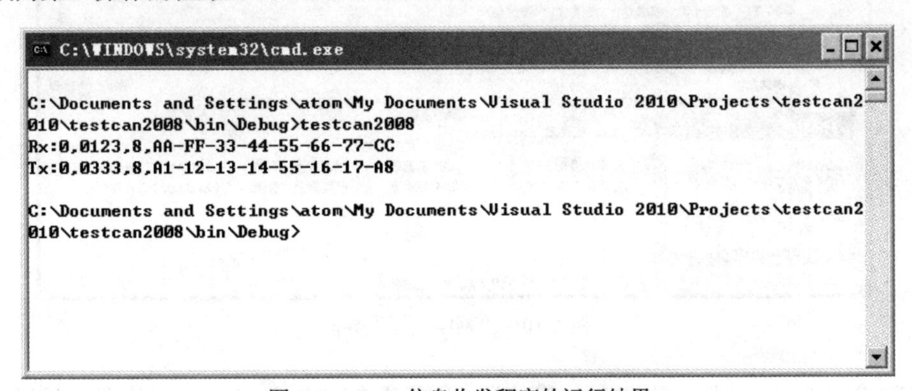

图 5-9　CAN 信息收发程序的运行结果

5.5　网络通信

在.NET 框架下，使用 C#进行网络应用程序开发时，可以通过基于网络 I/O 的套接字(Socket)创建的数据流对象来完成。套接字对于客户端/服务器(C/S)应用程序、点对点(P2P)应用程序，以及在执行远程过程调用的时候非常有用。

套接字是指跨网络的、进程间的通信端点的对象。套接字可以在多种协议上运行，其中包括 UDP 和 TCP。本节将介绍如何在服务器和客户端之间创建基于 TCP/IP 的连接。TCP/IP 是用于网络通信的基于连接的数据流协议，一旦基于 TCP/IP 建立连接，两个进程就像是通过一根直接相连的电话线连在一起一样，它们之间可以直接互相交换信息。

一台特定计算机上的多个应用程序可以同时与不同的客户端交换信息。因此，每个应用程序必须拥有唯一的 ID，以便客户端可以指定希望寻找的应用程序，这个 ID 被称为端口(Port)。机器的 IP 地址可以被想象成电话号码，而端口则是分机号码。

端口号的范围是 0 到 65535，但是有一些端口号已经被保留用于指定目的。其中，0～1023 为知名端口号；2014～49151 为已注册端口号；49152～65535 端口为动态、私有端口，这一范围的端口号可供个人用户使用。

5.5.1　网络的地址及连接设定

本节介绍在具有双网卡的 LAB8903 上实现网络数据流服务器和客户端的方法。在介绍程序实例前，需要对 LAB8903 实验箱的网卡进行设定，为了在没有路由器的状态下进行实验，还需要准备一条交叉连接(Crossover Cable)的网络电缆。

设定网卡 IP 地址的操作步骤如下：

(1) 在 Windows XP 的“开始”菜单中打开“控制面板”，打开“网络连接”，如图 5-10 所示。

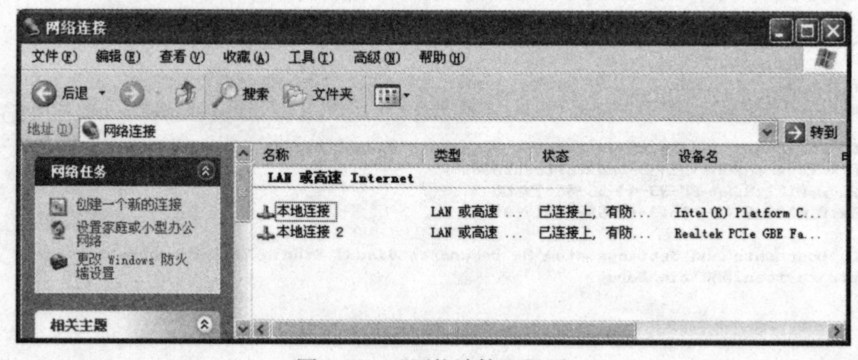

图 5-10　“网络连接”界面

(2) 设定“本地连接”的 IP 地址等信息。因为没有路由器、DHCP 服务器，所以此处需要人为设定 TCP/IP 协议的 IP 地址。使用鼠标右键打开“本地连接”的“属性”菜单选项，如图 5-11 所示。在“常规”标签下选择“Internet 协议(TCP/IP)”选项的“属性”，进入 IP 地址设定界面，如图 5-11 所示，如图 5-12 所示，选择“使用下面的 IP 地址(S):”并设定相应的 IP 地址为“192.168.12.10”，并设定其他相应信息。将此 IP 地址作为网络数据流服务器的 IP 地址，单击“确定”按钮返回。

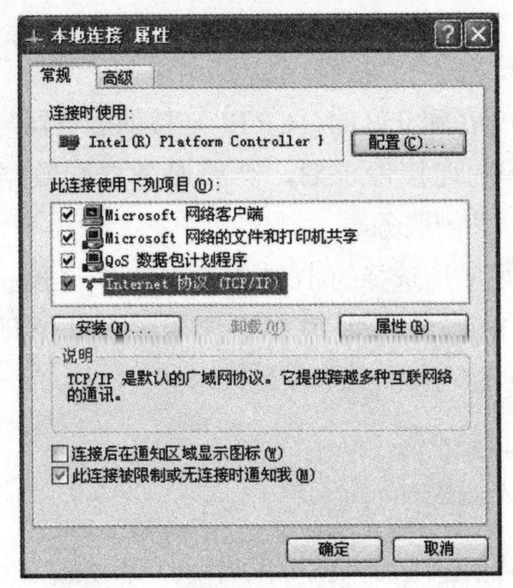

图 5-11　“本地连接 属性”对话框

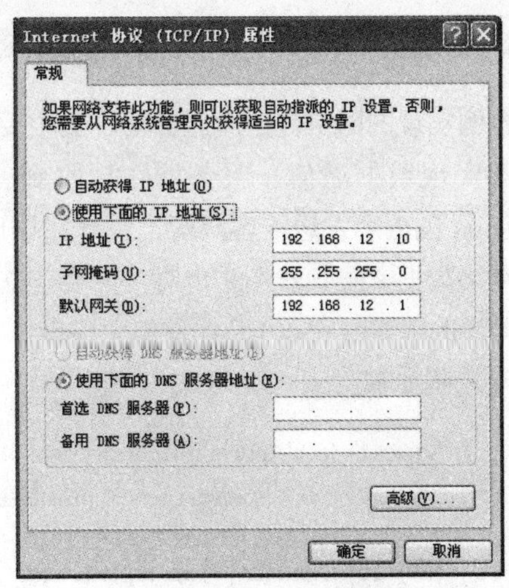

图 5-12　IP 地址及相关信息的设定

(3) 设定“本地连接 2”的 IP 地址等信息。操作方法与刚才类似，并设定相应的 IP 地址为“192.168.12.101”，并设定其他相应信息。将此 IP 地址作为网络数据流客户端的 IP 地址，设定内容见图 5-13，单击“确定”按钮返回。

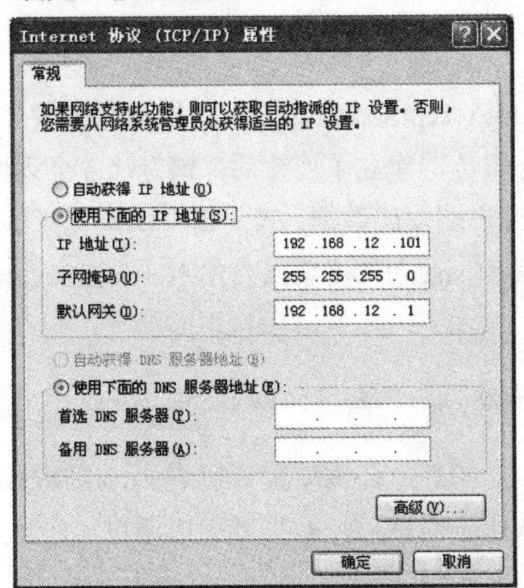

图 5-13　“本地连接 2”的 IP 地址及相关信息的设定

网络连接使用 RJ-45 交叉连接方式的电缆 T568A，电缆的连接方式及 RJ-45 接头的引脚编号如图 5-14 所示。5.5.2 节介绍的实例将使用此电缆连接 LAB8903 上的两个网络接口，进行数据的网络通信实验。

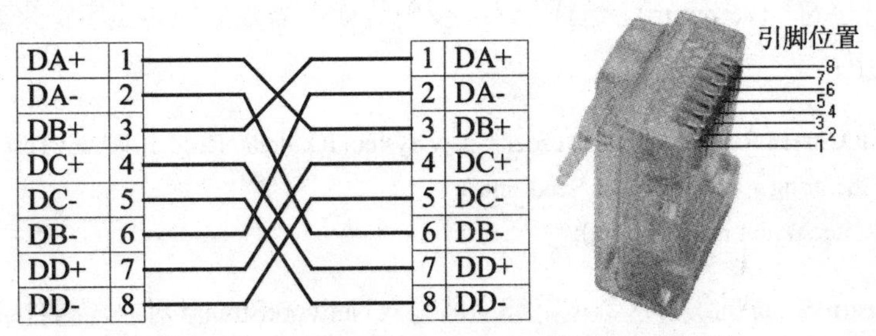

图 5-14　交叉连接电缆及 RJ-45 接头的引脚编号

5.5.2 创建 TCP/IP 网络数据流服务器

本例实现的网络数据流服务器，其主要功能是在建立好的 TCP/IP 连接的服务器与客户端之间实现数据通信。服务器在接收到客户端的连接请求后，会将服务器端数据文件 myTest.txt 的内容发送给客户端，发送完毕后自动关闭服务器。

网络数据流服务器在实现时，需要建立用于监听所选择的 TCP/IP 端口的 TcpListener 对象，本例选用端口 65001，并使用先前设定的 IP 地址 192.168.12.10 作为服务器的 IP 地址，C#实现代码如下：

```
IPAddress    localAddr = IPAddress.Parse("192.168.12.10");
TcpListener    tcpListener = new TcpListener(localAddr, 65001);
```

实例化的 TcpListener 对象 tcpListener 在成功创建之后，就可以启动监听功能，C#实现代码如下：

```
tcpListener.Start();
```

然后，等待客户端的请求连接，C#实现代码如下：

```
Socket    socketForClient = tcpListener.AcceptSocket();
```

使用 TcpListener 对象的 AcceptSocket 方法，可以返回套接字对象。注意，该方法工作在阻塞模式，只有在客户端与服务器建立了连接后，该方法才会返回。在获取 Socket 类的实例 socketForClient 后，为了向客户端发送数据，需要建立以该套接字相连接的 NetworkStream 对象，也就是将 Socket 对象实例 socketForClient 传给 NetworkStream 类的构造函数，C#实现代码如下：

```
NetworkStream    networkStream = new    NetworkStream(socketForClient);
```

建立好 NetworkStream 对象后，还需要建立以 NetworkStream 相连接的 StreamWriter 对象，以便数据写入 StreamWriter 对象后，数据就可以通过已经建立的 NetworkStream 对象传到客户端。C#实现代码如下：

```
System.IO.StreamWriter    streamWriter = new System.IO.StreamWriter(networkStream);
```

为了在服务器端读入文件内容并写入 StreamWriter，还需要建立 StreamReader 对象。假定 myTest.txt 文件与编译好的服务器可执行程序在同一目录下，代码中的“@”代表后面的字符串是“原样字符”(verbatim)。这样一来，反斜线就不需要多加转义字符来表示反斜线了，C#实现代码如下：

```
System.IO.StreamReader    streamReader = new System.IO.StreamReader(@".\myTest.txt");
string    theString = streamReader.ReadLine();
streamWriter.WriteLine(theString);
```

为了使 StreamWriter 的缓冲区数据能够立即写入 NetworkStream 对象，需要执行 StreamWriter 的 Flush 方法：

```
streamWriter.Flush();
```

数据传送完毕后，需要将已经建立的数据流对象和 Socket 对象关闭，释放它们占用的资源，C#实现代码如下：

```
streamReader.Close();
networkStream.Close();
streamWriter.Close();
socketForClient.Close();
```

此外，myTest.txt 文件中的内容可以是任意字符串。如果使用中文字符，为了在传输和显示过程中不出现乱码，在保存该文件时请使用 UTF-8 编码格式保存文件。原因是 StreamReader 和 StreamWriter 的默认编码方式是 UTF-8。

服务器的完整实现代码如下。本例只是最基本的部分，关于网络的异常检出部分，本例并没有进行考虑，读者可以将代码包含在 try 语句中以处理网络异常等问题。

```
using System;
using System.Collections.Generic;
using System.Text;
using System.Net;
using System.Net.Sockets;
namespace ConsoleApplication1
{
    class NetworkIOServer
    {
        public static void Main()
        {
            NetworkIOServer    app = new NetworkIOServer(); //生成本程序的类的实例
            //显示本机的可用 IP 地址，用于检查是否正确设定了 IP 地址：192.168.12.10
            ListLocalIPaddress();
            //执行网络流服务器
            app.Run();
        }
        private void Run()
        {
            // 生成 TcpListener 实例，监听端口 65001
            IPAddress localAddr = IPAddress.Parse("192.168.12.10");
            TcpListener tcpListener = new TcpListener(localAddr, 65001);
            // 启动 TcpListener 实例
            tcpListener.Start();
            // 循环等待客户端的连接请求
            for (; ; )
            {
                // 监听端口，直到与客户端建立连接，
                //返回新的 Socket 对象 socketForClient
```

```
            Socket socketForClient = tcpListener.AcceptSocket();
            Console.WriteLine("Client connected");    //显示连接成功
            // 调用文件传输方法
            SendFileToClient(socketForClient);
            Console.WriteLine("Disconnecting from client...");
            // 关闭套接字连接
            socketForClient.Close();
            Console.WriteLine("Exiting...");
            break;  //退出循环
        }
    }
    // ListLocalIPaddress：显示当前机器的可用 IP 地址
    static void  ListLocalIPaddress()
    {
        Console.WriteLine(Dns.GetHostEntry(Dns.GetHostName()).AddressList.Count());
        foreach(IPAddress ip in Dns.GetHostEntry(Dns.GetHostName()).AddressList )
        {
            Console.WriteLine(ip.ToString() );
        }
    }
    // SendFileToClient：向已建立的 Socket 对象发送文件中的内容
    private void SendFileToClient(Socket   socketForClient)
    {
        //在套接字的基础上建立 NetworkStream 实例
        NetworkStream networkStream =   new NetworkStream(socketForClient);
        //在 NetworkStream 实例的基础上建立 StreamWriter 实例
        System.IO.StreamWriter   streamWriter
                        = new System.IO.StreamWriter(networkStream);
        // 建立 StreamReader 实例
        System.IO.StreamReader   streamReader
                        = new System.IO.StreamReader(@".\myTest.txt");
        string theString;
        // 循环读取文件中的内容，并以行为单位发送至客户端
        do
        {   //读取一行内容
            theString = streamReader.ReadLine();
            if (theString != null)
            {   //读取到的当前内容不为空，显示该行文本数据
                Console.WriteLine( "Sending {0}", theString);
                // 将文本数据发送到客户端
                streamWriter.WriteLine(theString);
                // 使缓冲区数据能够立即传送至客户端，清除缓冲区
                streamWriter.Flush();
            }
```

```
            }while (theString != null);
            // 关闭各种流资源
            streamReader.Close();
            networkStream.Close();
            streamWriter.Close();
        }
    }
}
```

从该程序可以看出网络流服务器的工作原理：首先是建立与客户端连接的 TcpListener 实例，此时需要提供服务器的唯一标识 IP 和端口号；接着建立 NetworkStream 实例。为了向客户端传送数据，进一步建立与 NetworkStream 实例相连接的流写入器——StreamWriter 实例，然后就可以通过 StreamWriter 实例向客户端发送数据了；发送完毕后，需要关闭已打开的各种流以及套接字接口。如果想从客户端继续读取请求数据，应该建立网络流的读取对象，并应该使用多线程的方式进行读写，这一内容留给读者做进一步研究。

5.5.3　创建 TCP/IP 网络数据流客户端

为了建立网络数据流客户端，需要建立 TcpClient 实例，用于表示客户端与服务器之间的 TCP/IP 连接。为了在多网卡的机器上使用指定的本地网卡，在建立 TcpClient 实例时，需要调用以 IPEndPoint 为参数的构造函数，把本地 IP 与端口生成的本地 IP 端点 IPEndPoint 传给 TcpClient 构造函数。然后使用成功创建的 TcpClient 实例的 Connet 方法，连接网络流服务器，C#实现代码如下：

```
TcpClient socketForServer;
//本地节点
IPEndPoint   localEndpoint = new IPEndPoint(IPAddress.Parse("192.168.12.101"), 65001);
//远程节点(服务器节点)
IPEndPoint   remoteEndpoint = new IPEndPoint(IPAddress.Parse("192.168.12.10"), 65001);
socketForServer = new TcpClient(localEndpoint);   //使用本机的指定网卡和端口
socketForServer.Connect(remoteEndpoint);          //与服务器建立连接
```

在 TcpClient 实例的基础上，建立 NetworkStream 实例，并为之建立流读取器，C#实现代码如下：

```
NetworkStream   networkStream =   socketForServer.GetStream();
System.IO.StreamReader   streamReader = new System.IO.StreamReader(networkStream);
```

然后循环读取服务器传来的数据，直到读完为止，最后关闭读取流和网络流，C#实现代码如下：

```
do
{
    outputString = streamReader.ReadLine();
    if (outputString != null)
```

```
        {
            Console.WriteLine(outputString);
        }
    } while (outputString != null);
    streamReader.Close();
    networkStream.Close();
```

完整的网络数据流客户端实现代码如下：

```
using System;
using System.Collections.Generic;
using System.Linq;
using System.Text;
using System.Net;
using System.Net.Sockets;

namespace TCPClient
{
  public class Client
  {
    static public void Main(string[] Args)
    {
        TcpClient socketForServer;
        IPEndPoint localEndpoint
            = new IPEndPoint(IPAddress.Parse("192.168.12.101"), 65001);
        IPEndPoint remoteEndpoint
            = new IPEndPoint(IPAddress.Parse("192.168.12.10"), 65001);
        //列出本机的 IP 地址，读者可检查客户端的 IP 地址 192.168.12.101 是否存在
        ListLocalIPaddress();
        try
        {   //指定本地节点的 IP 与端口，与远程服务器进行连接
            socketForServer = new TcpClient(localEndpoint);
            socketForServer.Connect(remoteEndpoint);
        }
        catch
        {   // TcpClient 创建错误时显示信息
            Console.WriteLine( "Failed to connect to server at {0}:65001", "localhost");
            return;
        }
        // 创建 NetworkStream 及 StreamReader 实例
        NetworkStream    networkStream =    socketForServer.GetStream();
        System.IO.StreamReader    streamReader
                = new System.IO.StreamReader(networkStream);
        try
        {
            string outputString;
```

```
                // 从服务器读取数据并显示
                do
                {
                    outputString = streamReader.ReadLine();
                    if (outputString != null)
                    {
                        Console.WriteLine(outputString);
                    }
                }while (outputString != null);
            }
            catch
            {   //读取时的错误显示
                Console.WriteLine( "Exception reading from Server");
            }
            //关闭流，释放资源
            streamReader.Close();
            networkStream.Close();
        }
        // ListLocalIPaddress：显示当前机器的可用 IP 地址
        static void   ListLocalIPaddress()
        {
            Console.WriteLine(Dns.GetHostEntry(Dns.GetHostName()).AddressList.Count());
            foreach (IPAddress ip in Dns.GetHostEntry(Dns.GetHostName()).AddressList)
            {
                Console.WriteLine(ip.ToString());
            }
        }
    }
}
```

进行上述实验时，需要准备 myTest.txt 文件并以 UTF-8 编码方式存储，本例使用的文本文件内容如下：

```
This is an example of Server/Client.
Send text stream to Client after the request.
the text is read from a text file by server,
and send to Client,
这是一个服务器与客户端的例子。
客户端请求后，文件从服务器端发送到客户端。
```

服务器端代码要求该文件与服务器可执行文件放在同一目录下。如果希望在调试模式下也能让程序正常打开这一文件，需要设定调试程序时的启动目录，否则可能在调试时出现找不到该文件的错误。首次执行服务器代码时，Windows XP 的防火墙会提示安全警报，请选择解除阻止，如图 5-15 所示。

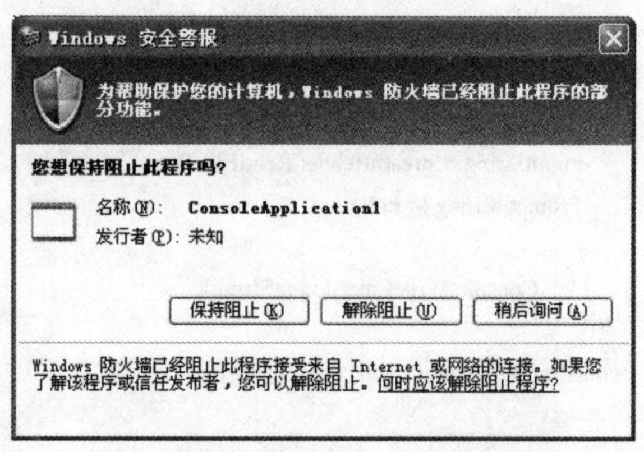

图 5-15　Windows 安全警报

首先将交叉型网络电缆连接到 LAB8903 的两个网络接口，启动网络数据流服务器程序，使之进入监听状态。然后启动客户端，一旦客户端与服务器建立连接，服务器就会把 myTest.txt 文件的内容发送到客户端。执行结果如下。

服务器端的执行结果：

```
C:\Documents and Settings\All Users\Documents\ATOM\IPaddress\TCPServer\bin\Relea
se>TCPServer
2
192.168.12.101
192.168.12.10
Client connected
Sending This is an example of Server/Client.
Sending Send text stream to Client after the request.
Sending the text is read from a text file by server,
Sending and send to Client,
Sending 这是一个服务器与客户端的例子。
Sending 客户端请求后，文件从服务器端发送到客户端。
Sending
Disconnecting from client...
Exiting...
```

客户端的执行结果：

```
C:\Documents and Settings\All Users\Documents\ATOM\IPaddress\TCPClient\bin\Relea
se>TCPclient
2
192.168.12.101
192.168.12.10
This is an example of Server/Client.
Send text stream to Client after the request.
the text is read from a text file by server,
and send to Client,
这是一个服务器与客户端的例子。
客户端请求后，文件从服务器端发送到客户端。
```

5.5.4 可连接多客户端的服务器

网络数据流服务器在实际应用过程中，通常要求服务器可以为多个客户端同时(非独占)提供服务。之前给出的例子，服务器一次只能为一个客户端提供服务。为了解决这一问题，服务器需要使用异步 I/O，从而达到为多个客户端提供服务的功能。异步 I/O 也称为重叠(Overlapped) I/O。

要做到为多个客户端提供服务，需要建立异步服务器，取名 AsynchNetworkServer，这里使用 C#嵌套类的方式，建立 ClientHandler 嵌套类。当 AsynchNetworkServer 接收来自客户端的连接时，会实例化 ClientHandler 对象，一个套接字会被传递给 ClientHandler 对象。ClientHandler 的构造函数将创建这个套接字的一份复制和一个缓存区，然后在这个套接字上打开新的 NetworkStream 对象。NetworkStream 对象使用异步 I/O 异步地读取和写入套接字。在下面给出的例子中，服务器程序将客户端发送过来的文本经过大写转换后发送回客户端，同时将接收到的信息显示到服务器的控制台。

要创建异步 I/O 功能，ClientHandler 类需要定义两个委托方法：OnReadComplete()和 OnWriteComplete()，这两个方法管理由客户端发送字符串的异步 I/O。

在服务器端的 Run()方法中使用了与之前例子相似的代码。首先，需要创建监听器。然后调用监听器的 Start()方法。接下来，需要创建连续执行的循环并调用 AcceptSocket()方法。套接字一旦连接成功后，就要建立新的 ClientHandler 对象并调用这个对象的 StartRead()方法，这一方法与之前直接处理连接的方法是不同的，调用后会直接返回。数据的读取会交给 callbackRead 这个委托方法来处理，也就是说，当客户端传来数据时，委托方法 OnReadComplete()方法会异步地读取客户端的信息。

服务器启动之后会监听端口 65001。如果有客户端连接成立，服务器会实例化 ClientHandler 对象，这个对象会管理与客户端的 I/O 操作，同时服务器会监听下一个客户端连接。服务器端的代码如下：

```
using System;
using System.Collections.Generic;
using System.Net;
using System.Net.Sockets;
using System.Text;

namespace AsynchNetworkServer
{
    public class AsynchNetworkServer
    {   //嵌套类用于处理与客户端的异步网络数据流
        class ClientHandler
        {
            private byte[] buffer;
            private Socket socket;
            private NetworkStream networkStream;
            private AsyncCallback callbackRead;    //异步接收
            private AsyncCallback callbackWrite;   //异步发送
```

```
        //嵌套类的构造方法：在已有套接字的基础上建立异步网络流
        public ClientHandler(Socket socketForClient)
        {
            socket = socketForClient;
            buffer = new byte[256];
            networkStream = new NetworkStream(socketForClient);
            //建立异步读写的回调方法
            callbackRead = new AsyncCallback(this.OnReadComplete);
            callbackWrite = new AsyncCallback(this.OnWriteComplete);
        }
        // StartRead：开始从客户端读取字符串
        public void StartRead()
        {
            networkStream.BeginRead(buffer, 0, buffer.Length, callbackRead, null);
        }
        // OnReadComplete：回调函数，网络流读完之后显示读到的字符串
        //将之转换为大写，返回客户端
        private void OnReadComplete(IAsyncResult ar)
        {   //获得读取到的字节数
            int bytesRead = networkStream.EndRead(ar);
            if (bytesRead > 0)
            {   //读到数据，将 byte[]转换为字符串，并显示
                string s = System.Text.Encoding.ASCII.GetString(buffer, 0, bytesRead);
                Console.Write("Received {0} bytes from client: {1}", bytesRead, s);
                //将字符串变为大写并写回客户端
                buffer = System.Text.Encoding.ASCII.GetBytes(s.ToUpper());
                networkStream.BeginWrite(buffer, 0, bytesRead, callbackWrite, null);
            }else{   //数据结束，断开连接
                Console.WriteLine("Read connection dropped");
                networkStream.Close();
                socket.Close();
                networkStream = null;
                socket = null;
            }
        }
        // OnWriteComplete：编写网络流回调函数，写完字符串后显示
        //继续准备进行下一次读取
        private void OnWriteComplete(IAsyncResult ar)
        {
            networkStream.EndWrite(ar);
            Console.WriteLine("Write complete");
            networkStream.BeginRead(buffer, 0, buffer.Length, callbackRead, null);
        }
    }
```

```
//Main：主函数，建立 AsynchNetworkServer 类的对象实例
public static void Main()
{
    AsynchNetworkServer app = new AsynchNetworkServer();
    app.ListLocalIPaddress();
    app.Run();
}
// ListLocalIPaddress：显示本机的 IP 地址列表
private   void ListLocalIPaddress()
{
    Console.WriteLine(Dns.GetHostEntry(Dns.GetHostName()).AddressList.Length);
    foreach (IPAddress ip in Dns.GetHostEntry(Dns.GetHostName()).AddressList)
    {
        Console.WriteLine(ip.ToString());
    }
}
// Run：启动异步网络流服务器的执行
private void Run()
{
    // 建立新的 TcpListener 对象并启动，监听端口 65001
    // 服务器的 IP 地址，只用一台机器做实验时可用"127.0.0.1"作为地址
    IPAddress localAddr = IPAddress.Parse("192.168.1.102");
    TcpListener tcpListener = new TcpListener(localAddr, 65001);
    tcpListener.Start();

    //循环等待
    for (; ; )
    {
        // 如果已建立与客户端的连接，tcpListener 保持监听
        // 会返回 socketForClient 对象
        Socket socketForClient = tcpListener.AcceptSocket();
        Console.WriteLine("Client connected");
        // 使用 socketForClient 建立客户端连接处理对象
        // 启动客户端的读操作
        ClientHandler handler = new ClientHandler(socketForClient);
        handler.StartRead();
    }
}
}
}
```

客户端代码如下。客户端首先会创建用于连接到服务器监听的端口(65001)的 tcpSocket 套接字对象，并且会为这个套接字对象创建 NetworkStream 对象。然后将一条信息写入数据流中并刷新缓存。之后，客户端会创建 StreamReader 对象来读取返回的数据流，并将收到的

信息打印到控制台。在这个例子中，网络服务器在处理客户端的连接时不会被阻塞，而是会将这些连接的管理工作委托给 ClientHandler 类的实例化对象来处理，由此，客户端程序不会出现因为等待服务器处理多个客户端的连接而产生延迟的情况。

```
using System;
using System.Collections.Generic;
using System.Net.Sockets;
using System.Text;

namespace AsynchNetworkClient
{
    public class AsynchNetworkClient
    {
        private NetworkStream streamToServer;
        static public int Main()
        {   //  建立 AsynchNetworkClient 实例并启动
            AsynchNetworkClient client = new AsynchNetworkClient();
            return client.Run();
        }
        // AsynchNetworkClient：AsynchNetworkClient 类的构造函数
        AsynchNetworkClient()
        {
            //服务器的 IP 地址，如果只是用单机进行试验，可以使用"localhost"
            string serverName = "192.168.1.102";
            Console.WriteLine("Connecting to {0}", serverName);
            TcpClient tcpSocket = new TcpClient(serverName, 65001);
            streamToServer = tcpSocket.GetStream();
        }

        private int Run()
        {   //要发送到服务器的字符串信息
            string message = "Hello Programming C#, Asynchronous Network Stream ";
            Console.WriteLine("Sending {0} to server.", message);
            //建立 streamWriter，用于向服务器写字符串
            System.IO.StreamWriter writer = new System.IO.StreamWriter(streamToServer);
            writer.WriteLine(message);
            writer.Flush();
            // 读取返回的信息
            System.IO.StreamReader reader = new System.IO.StreamReader(streamToServer);
            string strResponse = reader.ReadLine();
            Console.WriteLine("Received: {0}", strResponse);
            streamToServer.Close();   //关闭流
            return 0;
        }
    }
}
```

在进行上述服务器和客户端实验时，需要先启动服务器，然后再启动客户端。网络连接如果使用多台机器进行实验，可以使用具有 DHCP 功能的路由器，并将机器的 IP 地址属性设定为自动获取 IP 地址，本例假设服务器的 IP 地址为 192.168.1.102。如果读者机器的 IP 地址不为此地址，请改写代码中相关的 IP 地址。上述程序的执行结果如下：

服务器端的执行结果：

```
C:\Documents and Settings\All Users\Documents\ATOM\MultiConnect\AsynchNetworkSer
ver\AsynchNetworkServer\bin\Release>asynchnetworkserver
1
192.168.1.102
Client connected
Received 52 bytes from client: Hello Programming C#, Asynchronous Network Stream

Write complete
Read connection dropped
Client connected
Received 52 bytes from client: Hello Programming C#, Asynchronous Network Stream

Write complete
Read connection dropped
Client connected
Received 52 bytes from client: Hello Programming C#, Asynchronous Network Stream

Write complete
Read connection dropped
```

客户端的执行结果：执行了 3 次服务器连接

```
C:\Documents and Settings\All Users\Documents\ATOM\MultiConnect\AsynchNetworkCli
ent\bin\Release>asynchnetworkclient
Connecting to 192.168.1.102
Sending Hello Programming C#, Asynchronous Network Stream   to server.
Received: HELLO PROGRAMMING C#, ASYNCHRONOUS NETWORK STREAM

C:\Documents and Settings\All Users\Documents\ATOM\MultiConnect\AsynchNetworkCli
ent\bin\Release>asynchnetworkclient
Connecting to 192.168.1.102
Sending Hello Programming C#, Asynchronous Network Stream   to server.
Received: HELLO PROGRAMMING C#, ASYNCHRONOUS NETWORK STREAM

C:\Documents and Settings\All Users\Documents\ATOM\MultiConnect\AsynchNetworkCli
ent\bin\Release>asynchnetworkclient
Connecting to 192.168.1.102
Sending Hello Programming C#, Asynchronous Network Stream   to server.
Received: HELLO PROGRAMMING C#, ASYNCHRONOUS NETWORK STREAM
```

5.6 总　结

本章针对 Atom 系统的硬件接口在 Windows XP 系统下的开发进行了讲解，对主要的 GPIO、LPT 打印口、RS232 串口、CAN 总线接口和网络通信方法进行了实例讲解。读者可以根据实际开发需要，进一步深入学习 Windows XP 下的 GUI 应用程序开发方法，掌握 Atom 相关硬件在 Windows XP 下的使用方法，开发出读者需要的应用程序。

思 考 题

1. 使用事件委托方法实现 RS232 串口的通信聊天功能。

2. 对 5.4.5 中介绍的使用 C#语言编写的 CAN 程序进行改进，实现采用非阻塞模式并可多次收发的应用程序。

3. 对 5.5 节中给出的例子进行修改，使用 Main(string[] args)中的参数，从命令行上读取服务器的 IP 和端口，使得程序更加灵活。

4. 本章中给出的例子均为控制台方式，请读者将它们修改成 Windows 图形界面，并分别使用 Windows Forms 和 Windows Presentation Foundation 的模板，自行设计完成这些功能的 Windows GUI 应用程序。

参 考 文 献

[1] Intel，*General Purpose Input Output (GPIO) Driver for Windows*，http://download.intel.com/embedded/chipsets/324257.pdf

[2] MSDN，*Serial Communications in Win32*，http://msdn.microsoft.com/en-us/library/ms810467.aspx

[3] MSDN，SerialPort 类，http://msdn.microsoft.com/zh-cn/library/30swa673(v=vs.80)

[4] Intel，*Controller Area Network (CAN) Driver for Windows Programmer's Guide*，http://download.intel.com/embedded/chipsets/324255.pdf

[5] Intel，*Intel Platform Controller Hub EG20T*，http://download.intel.com/embedded/chipsets/324211.pdf

[6] Jesse Liberty，Donald Xie. *Programming C# 3.0, 5th edition*(O'Reilly Media Inc，2008)

第 6 章　软件开发实践项目

在前面的章节中，我们对 Atom 平台的相关软件与硬件的编程进行了基础性的讲解和介绍，并通过实例介绍了 Atom 平台下硬件接口的软件开发方法。本章将以实际的实践项目的形式给出要解决的问题，让读者自己动手进行 Atom 平台的软件开发实践。本章给出的实践项目在整体结构上类似，但在难易程度上有所不同，读者可以根据具体情况选择合适的项目开始实践。项目中给出了一些指导性的建议，具体实现需要读者根据项目功能去探索。

6.1　LC 测试仪

6.1.1　实践环节描述

本项目的设计目的是实现 Atom 平台与由单片机构成的 LC(电感电容)测试仪进行通信的 PC 机应用软件要完成的主要功能是通过 Atom 平台的 RS232 串行通信接口向由嵌入式系统单片机构成的 LC 测试仪发送命令，实现 LC 测试仪的状态初始化、校准、LC 功能切换及电感值和电容值的测试功能，并将结果发送给上位机以显示测试结果。该应用软件可以使用 C++、C#或其他计算机语言在 Windows XP 或 Linux 系统下实现。系统的结构如图 6-1所示。

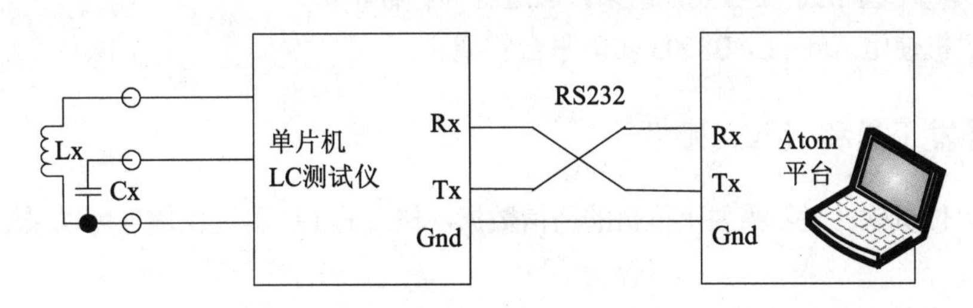

图 6-1　LC 测试仪的系统结构

嵌入式系统单片机的功能是完成 LC 振荡电路的振荡频率测量，并将测试结果转换成电感值或电容值。单片机接收来自上位机的命令，根据命令进行测试状态初始化、校准、LC 功能切换和电感值及电容值的测量，并把 LC 测试仪的状态和测试结果返回给上位机。电路的结构框图如图 6-2所示。

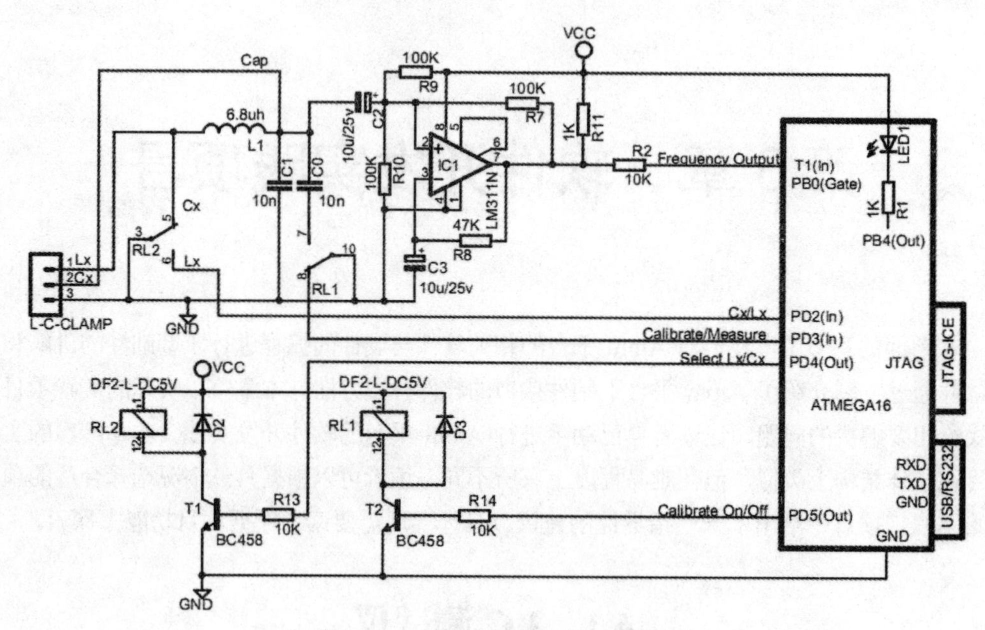

图 6-2　LC 测试仪的单片机电路框图

6.1.2　实践环节要求

- 使用 UML 2.0 统一建模语言进行软件设计。
- 上位机编程，使用 C++、C#或 Java 语言，完成系统软件的测试及发布等。
- 文档要求：项目计划及实施文档、软件需求及设计文档、软件使用说明书等。
- 测试要求：测试用例、测试报告、测试结果及缺陷报告。
- 在实践过程中，对于需求不明确的地方可与同行沟通。
- 对于实践中的重要阶段性结果，应进行同行评审。
- PC 机使用 Atom LAB8903 实验平台实现。

6.1.3　开发工具和嵌入式硬件

开发上位机软件时，需要下位机的通信数据，嵌入式 LC 测试仪部分可以采取两种方式实现。

方案一：按照图 6-2制作 LC 测试仪，并完成嵌入式单片机的软件编程。这一方案可以考虑用体积小、成本低、便于使用的单片机，本项目的嵌入式部分采用 ATmega16 单片机来达到这个目的。最重要的是：开发工具是免费的，并且还有许多供教学使用的免费资源。AVR studio 4 和 WinAVR C 编译器用于嵌入式软件开发。使用这一方案的目的，在于可以学习并掌握单片机的 I/O 端口、定时器/计数器、UART(通用异步串行接收发送器)和中断控制等。实现的硬件包括 LC 振荡器和 ATMEL16 单片机等电路。虽然这是通过测量振荡频率来计算电容值和电感值的测试仪，但在嵌入式软件开发方面还有许多挑战，例如精确测量振荡频率，计算测量电容或电感的浮点算法，以及通过 UART 与上位机的 RS232 串口实现应用程序与嵌入式软件间的数据交互等。

方案二：采用虚拟串口的方式，模拟嵌入式 LC 测试仪的串口通信协议，为开发上位机的应用软件提供仿真的测试环境。

具体选择哪一方案可以根据项目执行时间和实践的主要目的来决定。

6.1.4　软硬件系统设计

为了设计和开发上位机软件，需要理解嵌入式 LC 测试仪的原理，掌握串口的通信接口协议。

1. LC 测量软件设计

LC 测量需要用到 3 个振荡频率值：F_1、F_2和 F_3。根据图 6-3 及公式(1)、(2)，由单片机控制硬件电路中的继电器 RL1 和 RL2，分别使电路构成图 6-3(a)、(b)、(c)或(d)的拓扑结构，从而得到 F_1、F_2和 F_3，然后根据公式(1)或(2)，计算得到相应的被测电容或电感的数值。

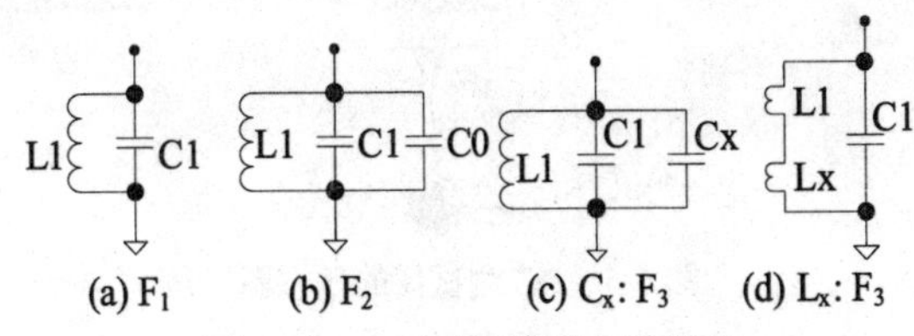

图 6-3　LC 震荡回路的拓扑结构

$$C_x = [(F_1/F_3)^2-1] \times C_0 / [(F_1/F_2)^2-1] \qquad (1)$$

$$L_x = [(F_1/F_3)^2-1] \times [(F_1/F_2)^2-1] \times (1/2\pi F_1)^2 / C_0 \qquad (2)$$

2. 嵌入式软件的主要流程

单片机中的嵌入式软件分为 3 个主要程序模块，用来完成从上位机接收命令、处理命令动作和发送处理结果返回给上位机的功能。图 6-4 是嵌入式系统的主要流程。

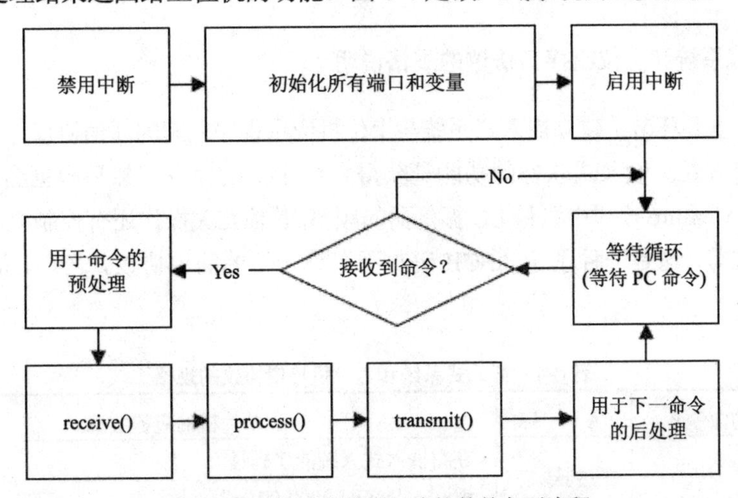

图 6-4　LC 测试仪的嵌入式软件的主要流程

LC 测量仪的状态图如图 6-5 所示，供设计时参考。

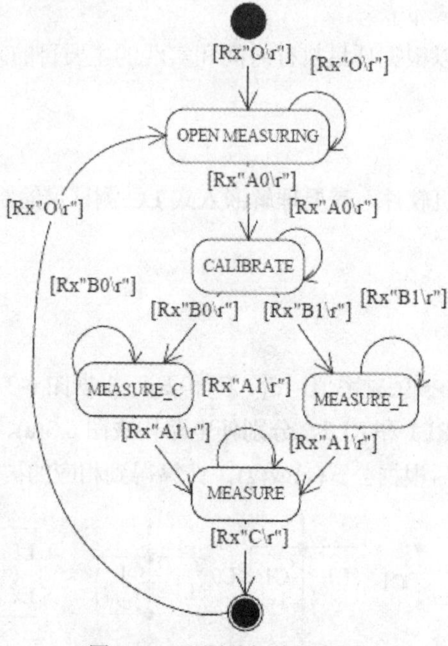

图 6-5　LC 测试仪的状态图

3. UART 嵌入式软件设计

这部分程序是单片机与上位机交互的部分，需要认真设计以满足通信协议中列出的各项接口需求。如果没有这个接口，单片机将不会获得来自 PC 的任何信息，PC 也不能向嵌入式系统发送命令。嵌入式系统的单片机使用的晶振是 7372800Hz，UART 的波特率设定是 19200bps。

在任何通信发生之前，必须初始化 UART。初始化函数包括设置波特率，使能 UART 的发送和接收器，接收和发送中断，UART 数据格式为 8 位数据，无奇偶校验，1 个停止位。

4. 嵌入式系统和上位机接口协议的规格说明

本项目的重要环节是建立嵌入式系统与上位机应用程序之间的通信协议，并且使它们共享同一个接口方式。嵌入式软件的功能是获得来自 PC 的命令，然后根据命令在 Open、Calibration 和 Measure 模式中测量 LC 振荡器的频率，其他相关操作还有控制继电器的开关以转换测量模式等。这是一种基于 ASCII 码与回车终止符的简单协议，表 6-1 是详细的协议命令。

表 6-1　嵌入式系统和上位机接口协议的规格

PC 发送的命令	名　称	单片机的应答信息
N[CR] 发送：“N\r”	序列号	获得嵌入式系统的序列号 返回：“NTJU-2009-001\r”

(续表)

PC 发送的命令	名　称	单片机的应答信息
V[CR] 发送："V\r"	版本号	获得嵌入式硬件和软件的版本号 返回："V-H001-S001\r"
F[CR] 发送："F\r"	初始化	刷新接收缓冲器及错误信息，比如 UART 接收错误、测量时计数器超出可记录范围 Overflow 等，返回[CR]
C[CR] 发送："C\r"	断开	结束 LC 测量操作 如果测量正确，返回"\r" 如果测量不正确，返回"\a"
O[CR] 发送："O\r"	打开	打开 LC 测量操作 返回 5 位的十六进制数字串"xxxxx"，用来表示测量得到的频率 F_1 返回："xxxxx\r" 例子："9B898\r" F_1=637080Hz，0x9B898 的十进制值
A0[CR] 发送："A0\r"	校准	电路参数的校准 返回 5 位的十六进制数字串"xxxxx"，用来表示测量得到的 F_1，"yyyyy"表示 F_2 返回："A0xxxxxyyyyy\r" 例子："A09B8986D922\r" F_1=637080Hz，0x9B898 的十进制值 F_2=448802Hz，0x6D922 的十进制值
B0[CR] 发送："B0\r"	测电容	转换为测量电容模式 如果执行正确，返回[CR] 如果执行不正确，返回[BEL]
B1[CR] 发送："B1\r"	测电感	转换为测量电感模式 如果执行正确，返回[CR] 如果执行不正确，返回[BEL]
A1[CR] 发送："A1\r"	测量	测量 Cx 依赖于之前执行 B0 命令。单片机返回带有"AC"头部的测量结果。5 位的十六进制数字串"zzzzz"用来表示测量得到的 F_3。W…W 是单片机计算的 Cx 值 返回："ACxxxxxyyyyyzzzzzW…W\r" 例子："AC9B8986D9229B820000003.72pF\r" F_1=637080Hz，0x9B898 的十进制值 F_2=448802Hz，0x6D922 的十进制值 F_3=636960Hz，0x9B820 的十进制值 Cx=3.72pF，前面的 0 舍去
		测量 Lx 依赖于之前执行 B1 命令。单片机返回带有"AL"头部的测量结果。W…W 是单片机计算的 Lx 值 返回："ALxxxxxyyyyyzzzzzW…W\r" 例子："AL9B8986D9229AEA6000000.05uH\r" F_1=637080Hz，0x9B898 的十进制值 F_2=448802Hz，0x6D922 的十进制值 F_3=634534Hz，0x9AEA6 的十进制值 Lx=0.05uH，前面的 0 舍去

5. 上位机 GUI 界面的软件设计

在上位机串口通信中，可以使用 USB-RS232 转换器，用于与 LC 测试仪通信，也可使用 LAB8903 上的 COM1 串口。这里给出 GUI 界面，如图 6-6所示，供参考。读者可以自行设计应用程序的界面。

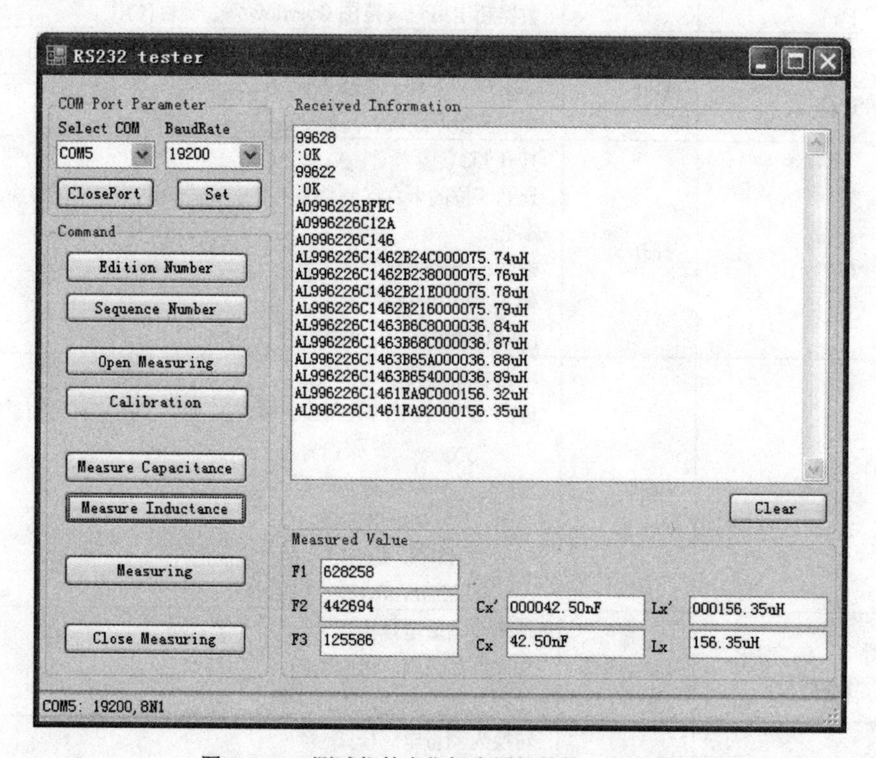

图 6-6　LC 测试仪的上位机应用软件的 GUI 界面

该软件通过 RS232 串口发送相应指令给嵌入式 LC 测试仪，然后接收其返回的数据进行处理，并在 GUI 图形用户界面中显示数据。需要处理的主要内容可参照表 6-1。有许多高级语言可供选择来实现此 GUI 应用程序，例如 C++、C#、Java 或 VB.NET。读者可以选择适合自己的计算机语言，在 Windows 或 Linux 平台下实现该应用软件。此外，LAB8903 带有触摸屏，界面操作可以通过触摸方式进行控制。

6. LC 测试仪的其他功能扩展

虽然 ATmega16 是 8 位的单片机，资源有限，但实际上还有其他可扩展功能，例如 A/D 转换、SPI 通信、PWM 等功能。读者可以根据实际需要把这些功能加以利用，扩充表 6-1的信息交换命令。

嵌入式 LC 测试仪的硬件连接如图 6-7所示(供参考)。

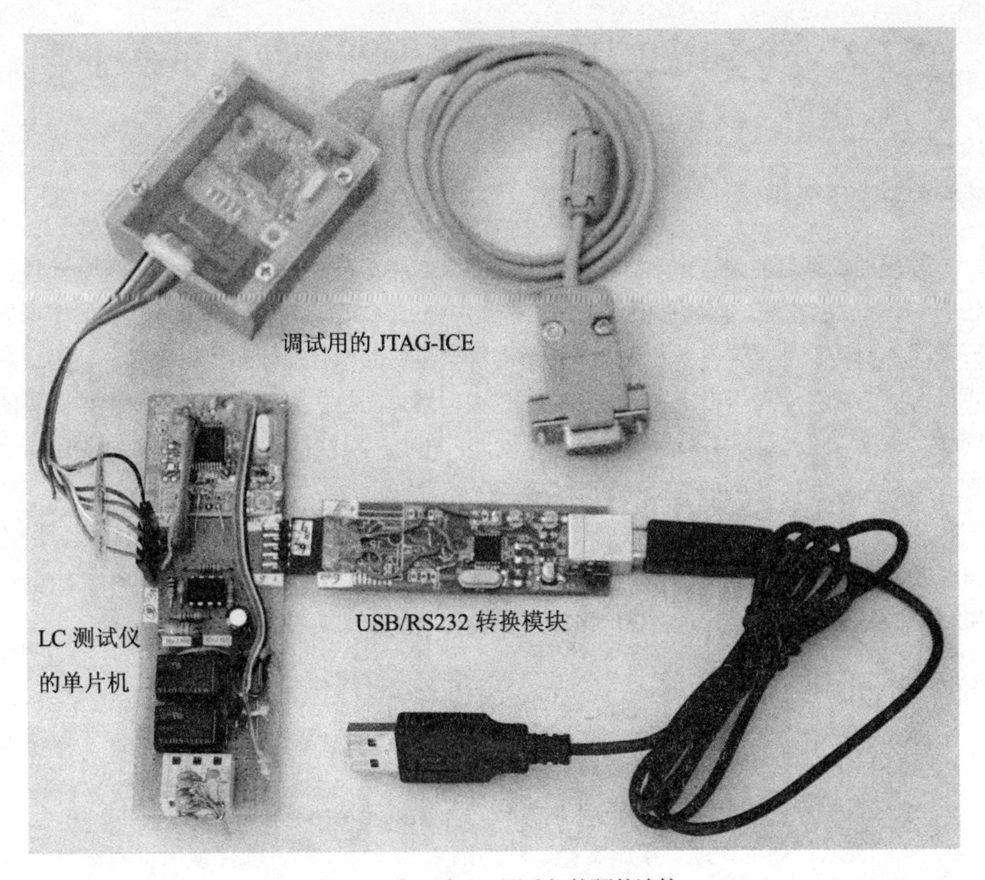

图 6-7　嵌入式 LC 测试仪的硬件连接

6.1.5　通信环境的仿真

此处介绍的系统在调试过程中需要有 RS232 数据通信的支持，在没有嵌入式 LC 测试仪的情况下，需要使用 LAB8903 的其他串口(如 COM2)来仿真嵌入式 LC 测试仪的串口，并使用串口调试工具，对此串口的收发信息进行控制，仿真表 6-1中的“单片机的应答信息”功能。在硬件上需要将两个串口的 RX 及 TX 互相连接，连接方式如图 6-8所示。

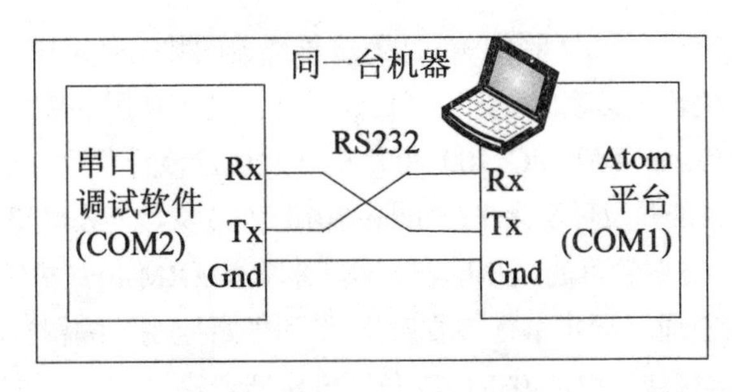

图 6-8　串口仿真连接示意图

6.2　3D 加速度传感器的数据采集及显示系统

6.2.1　实践环节描述

本项目的设计目的是实现 Atom 平台与由单片机构成的嵌入式 3D 传感器采集模块进行通信的 PC 机应用软件。该软件要求使用 C++、Java 或 C#语言进行上位机 PC 端的图形界面的开发。主要功能是完成与嵌入式 3D 传感器采集模块的串行通信和数据交互，数据交互格式可以支持 ASCII 字符串格式和二进制格式，可以通过上位机发出命令，改变数据采集的时间间隔，并对从嵌入式模块采集的数据进行处理，在上位机软件中实现 A/D 数据到电压值或加速度的实时转换，并显示数据和描画数据曲线。

程序采用串口与上位机进行数据交互，完成 3D 加速度传感器的 A/D 数据采集、上位机的命令接收和数据发送功能。串行数据发送时支持两种数据格式：ASCII 字符串格式(上位机“MA”命令)和二进制格式(上位机“MH”命令)。

6.2.2　实践环节要求

- 使用 UML 2.0 统一建模语言进行软件设计。
- 上位机编程：使用 C++、C#或 Java 语言，完成系统软件的测试及发布等。
- 文档要求：项目计划及实施文档、软件需求及设计文档、软件使用说明书等。
- 测试要求：测试用例、测试报告、测试结果及缺陷报告。
- 在实践过程中，对于需求不明确的地方可与同行沟通。
- 实践过程中的重要阶段性结果应进行同行评审。
- PC 机使用 Atom LAB8903 实验平台实现。

6.2.3　开发工具和嵌入式硬件

开发上位机软件时，作为通信数据源，嵌入式 3D 加速度传感器的数据采集模块可以采取两种方案实现。

方案一：按照图 6-9 和表 6-2 制作 3D 加速度传感器的数据采集模块，并完成嵌入式单片机的软件编程。这一方案可以考虑用体积小、成本低、便于使用的单片机，本项目的嵌入式部分采用 32 位 ARM Cortex-M0 LPC1100 单片机开发板，该开发板自带 SWD(软件调试器)，如图 6-10 所示。单片机的开发环境为 TKStudio 2010 V3.5 集成开发环境和 C 编译器 Realview MDK 3.5 版。使用这一方案的目的，在于可以学习并掌握 ARM 单片机的 I/O 端口、AD 转换、定时器/计数器、UART(通用异步串行接收发送器)和中断控制等编程方法。实现的硬件包括 KXM-52 加速度传感器模块、ENC-03RC/D 角速度传感器模块、单片机模块、USB-RS232 模块电路。使用 AD 模块将加速度传感器和角速度传感器的输出电压转换为加速度和角速度，通过 UART 与上位机 RS232 串口实现应用程序与嵌入式软件间的数据交互。

方案二：采用虚拟串口的方式，模拟嵌入式加速度采集模块的串口通信协议，为开发上位机的应用软件提供仿真的测试环境。

具体选择哪一方案可以根据项目执行时间和实践的主要目的来决定。

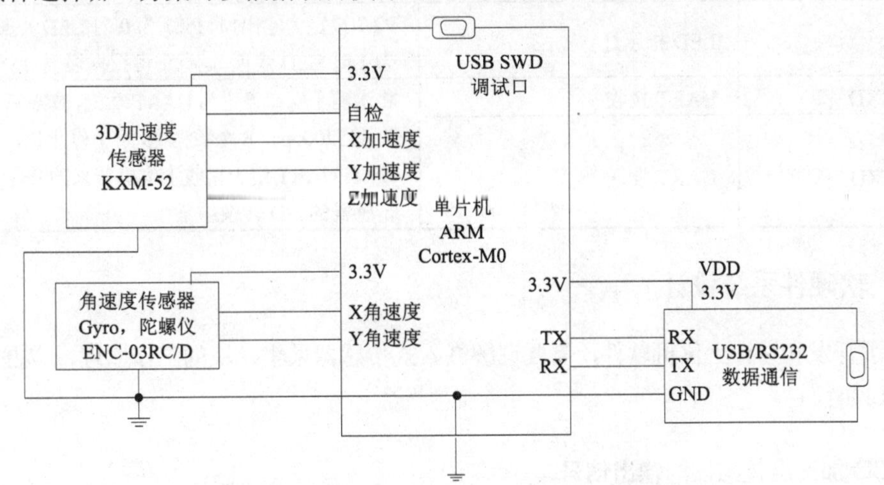

图 6-9　3D 加速度传感器的采集模块示意图

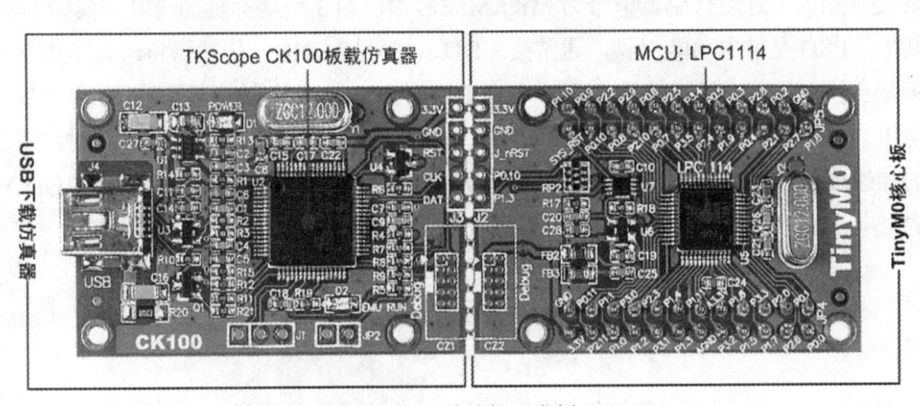

图 6-10　单片机开发板

表 6-2　本项目中使用的单片机主要引脚连接

LPC1114 引脚名	信 号 名 称	说　明
AD1/P1.0	X 轴加速度信号	设置该端口为 AD 转换功能。X 轴加速度为 0 时，输出为 1.65V，灵敏度 660mV/g
AD2/P1.1	Y 轴加速度信号	设置该端口为 AD 转换功能。Y 轴加速度为 0 时，输出为 1.65V，灵敏度 660mV/g
AD0/P0.11	Z 轴加速度信号	设置该端口为 AD 转换功能。Z 轴加速度为 0 时，输出为 1.65V，灵敏度 660mV/g
AD7/P1.11	X 角速度信号 G1	设置该端口为 AD 转换功能。X 转角为 0 时，输出为 1.35V，灵敏度 0.67mV/deg/sec
AD5/P1.4	Y 角速度信号 G2	设置该端口为 AD 转换功能。Y 转角为 0 时，输出为 1.35V，灵敏度 0.67mV/deg/sec
P3.0	加速度传感器 Self Test 控制	P3.0 设定为输出口，输出高电平“1”，检测 3D 加速度传感器是否正常。输出低电平“0”，进入通常测量状态

(续表)

LPC1114 引脚名	信 号 名 称	说　明
P2.7	LED 指示灯	P2.7 设定为输出口。P2.7 为 0 时 LED 点亮，P2.7 为 1 时 LED 熄灭。运行中可根据需要，点灭 LED
P1.6/RXD	UART 接收	将这两个端口设定为 UART 功能，波特率 BAUD 为 115200bps，8 个数据位，1 个停止位，无奇偶校验。UART 用于接收上位机传来的命令并返回传感器的 AD 转换结果
P1.7/TXD	UART 发送	

6.2.4　软硬件系统设计

为了开发和设计上位机软件，需要理解嵌入式传感器采集模块的工作原理，掌握串口的通信接口协议。

1. 3D 加速度传感器的输出信号

此处使用的加速度传感器型号为 MKXM52，输出的 3 个坐标轴加速度方向如图 6-11 所示。其中，PSD 是节电功能引脚，通常接 VDD，如果接 GND，传感器将进入节电状态。自检引脚是自检测功能，通常接地 GND，接 VDD 时，X、Y、Z 轴会输出与 1g 重力加速度相当的电压。该引脚可以用单片机的 GPIO 接口进行控制，当采集模块上电启动时，进行一定时间的加速度传感器自检功能。当电路工作 VDD=3.3V、加速度为零时，Out X、Out Y、Out Z 的输出电压是 1.65V，1g 的重力加速度输出变动 660mV。

图 6-11　KXM52 加速度传感器模块

2. 角速度传感器的输出信号

此处使用的角速度传感器型号为 ENC-03RC 和 ENC-03RD，分别用于检测 X 轴和 Y 轴的角速度。角速度输出电压的正负方向如图 6-12 所示。其中，模块的 VCC 和 GND 接 3.3V 电源，OUT1 脚和 OUT2 脚分别为 X 和 Y 轴的角速度输出信号。当角速度为零时，OUT1 和 OUT2 为 1.35V 直流 Offset 电压，输出电压与角速度有关，灵敏度为 0.67mV/deg/sec。

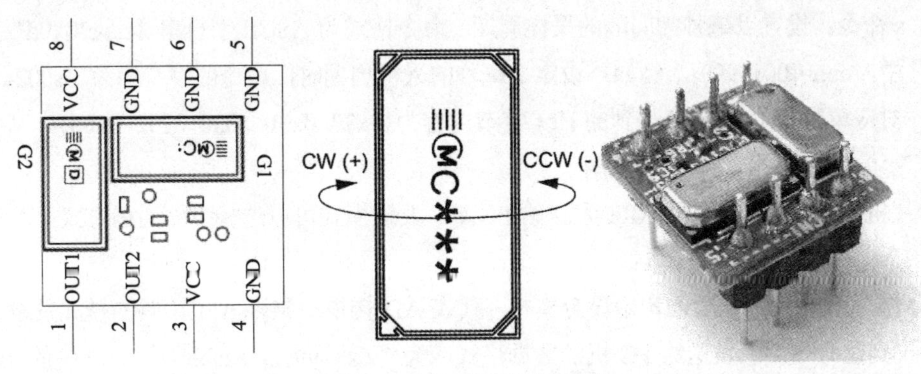

图 6-12　角速度传感器模块

3. 单片机功能描述

单片机使用 ARM Cortex-M0 的 32 位 MCU，数据采集部分的主要功能是接收上位机的命令，完成采样周期及传送格式的切换，同时按照设定的采集周期和格式将采集到的 AD 原始数据发送回上位机。单片机部分的 AD 采集使用单片机内部的 10bit AD 转换器，AD 数据的物理值转换处理放到上位机进行。采集的信号为 X、Y、Z 轴的加速度，以及 X、Y 轴的角速度。A/D 转换可采用查询方式实现 5 个通道的 AD 数据采集。

单片机与上位机的数据交互采用 UART 模块来完成，UART 的波特率(BAUD)设定为 115200bps(比特/秒)、8 个数据位、1 个停止位、无奇偶校验模式。

单片机的 P3.0 和 P2.7 设定为 GPIO 模式的输出口，P3.0 用于控制加速度传感器的工作状态，对传感器进行自检时，P3.0 输出高电平，这时，加速度传感器的输出电压应在加速度为零时的 1.65V 的基础上增加 660mV，AD 转换结果也应该随之变动。P2.7 用于控制 LED 的点亮和熄灭，指示电路的工作状态。

单片机的周期数据采集功能采用单片机内部的定时器 CT16B0，实现周期定时中断处理的目的。建议使用 1ms 的时钟中断，其他周期可以使用该中断中的变量计数方式，扩展出不同的数据采集周期。

单片机的引脚使用情况见表 6-2，其他未使用的端口设定为输出状态，并保持输出低电平。

4. 上位机与数据采集模块之间的数据通信

数据采集模块与上位机之间通过 USB-RS232 串口连接，单片机在接到上位机传来的命令后，根据命令的内容改变数据采集的周期间隔。每次采样 5 个通道，在没有接到 PC 机采样指令时，单片机上电后的 AD 采样间隔定为 1 秒。每次采样周期定义如下：

- S 命令：设置以秒为级别的采样周期，命令格式为 ASCII 字符串“Snnn\0x0d”。其中，nnn=[001..999]。例如：设定 2 秒的采样周期时，命令的字符串为“S002\0x0d”，对应单片机 UART 接收到的 Hex 字节内容为{0x53 0x30 x030 0x32 0x0d}，其中的‘\0x0d’是回车符‘\r’。

- s 命令：设置以毫秒为间隔的采样周期，命令格式为 ASCII 字符串“snnn\0x0d”。其中，nnn=[001..999]。例如：设定 2 毫秒的采样周期时，命令的字符串为“s002\r”，对应单片机 UART 接收到的 Hex 字节内容为{0x73 0x30 x030 0x32 0x0d}，其中的‘0x0d’是回车符‘\r’。

单片机的采样结果通过 UART 发送给 PC 端，发送模式可以选择下面两种方式：“MA”或“MH”。

“MA”命令为上电后的初始设定模式，代表 AD 转换结果以 ASCII 码的模式发送。单片机接收到此命令后，发送给 PC 机的数据格式应为“Zxxxyyyzzzaaabbb\r”。其中的 xxx、yyy 和 zzz 分别为 X、Y、Z 轴的加速度 10 位 AD 值的十六进制数值的 ASCII 字符串，aaa 和 bbb 分别为 X、Y 的角速度 AD 值。例如：x=$(1023)_D$=0x3FF, y=0x201, z=0x301,a=0x3D5, b=0x1A5，单片机应发送字符串“Z3FF2013013D51A5\r”。‘\r’为 0x0d。

上述的 S、s、MA、MH 命令，在单片机正常接收后应返回“\r”。也就是说，单片机 UART 发送字节 0x0d 给上位机，否则单片机发送“\a”，也就是 0x07 给上位机来表示出错。

“MH”命令为转换结果，以十六进制模式发送，通信格式如下：

单片机发送的 A/D 转换结果的整体格式为：[DLE][STX]Message[CHKSUM][DLE][ETX]。其中，[]括号中的字符为十六进制的助记符而并非 ASCII 码。其中：[DLE]=0x10，[STX]=0x02，[ETX]=0x03。Message 为 AD 转换结果加一个字节的 ChkSum，Message 长度最大为 100 字节。其中，AD 转换结果为十六进制的传感器数据。例如：x=$(1023)_D$=0x3FF, y=0x201, z=0x301, a=0x3D5,b=0x1A5，单片机应发送的 Message 字节内容(big endian 模式)应该是{0x03，0xFF，0x02，0x01，0x03，0x01，0x03，0xD5，0x01，0xA5，0x70}。其中，ChkSum 为 Message 其他数据的 XOR(异或)并且位取反后的结果，即发送的十六进制数据为[DLE][STX]03FF0201030103D501A570[DLE][ETX]。因为 Message 中没有[DLE](0x10)出现，所以发送的数据和 AD 结果一致。但是由于十六进制的 Message 中有可能出现与[DLE][STX]或[DLE][ETX]相同的内容，如果不进行一定的处理，上位机将无法辨认数据包的开始与结束，此时需要使用 Byte Stuffing 处理方式对 Message 的内容进行调整，以便区别数据包的开始与结束。这里，Byte Stuffing 的处理方法是：如果 Message 中出现[DLE]，那么在传送 0x10 之前插入[DLE]。ChkSum 在计算时不包括插入[DLE]。例如：x=0x3FF, y=0x210, z=0x301, a=0x3D5, b=0x1A5，单片机发送的 Message 内容应该是{0x03 0xFF x02 [DLE] 0x10 0x03 0x01 0x03 0xD5 0x01 0xA5 0x70 }，也就是说，在 Message 中要插入相应的[DLE]字符。如果 ChkSum 也正好是[DLE]，那么也需要进行 Byte Stuffing 处理。

Byte Stuffing 的发送数据处理流程如图 6-13 所示，可以根据此流程图编写单片机在 MH 模式下发送数据的处理函数。而在上位机接收数据时，需要对 Message 中的信息进行 Byte De-Stuffing 处理，也就是去掉单片机在发送过程中插入的[DLE]，处理过程的代码片段如下：

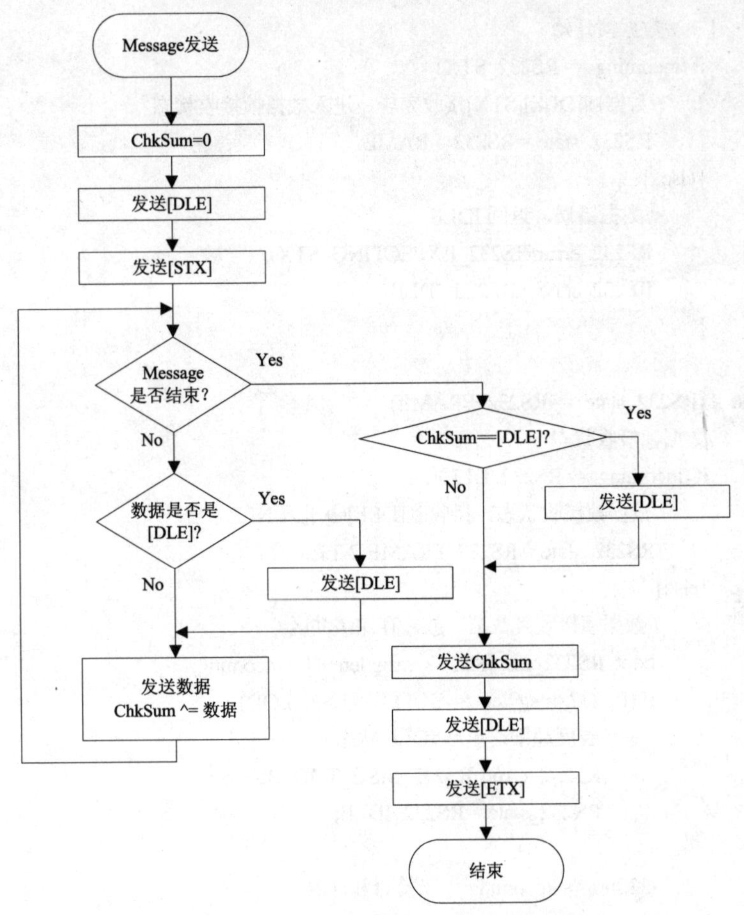

图 6-13　单片机发送数据时的 Byte Stuffing 处理流程

```
void Byte_Stuffing(void)
{   //读入 RS232 数据，一个字节
    incoming = RS232_getch ();
    if (RS232_state== RS232_IDLE) //IDLE 状态
    {
    if (incoming == RS232_DLE)
    {   //接收到[DLE]
        RS232_state = RS232_FRAME_START;
        chksum = 0;
        RS232_msg_len = 0;
    }else {   //接收错误
        RS232_error( RS232_EXPECTING_DLE ); //  永远不应执行到此
        RS232_state = RS232_IDLE;
        chksum = 0;
        RS232_msg_len = 0;
    }
    }
  else if (RS232_state ==    RS232_FRAME_START)
```

```
    {   //数据帧开始
     if (incoming == RS232_STX)
     {   //数据帧[DLE][STX]接收完毕，进入数据帧接收状态
         RS232_state = RS232_FRAME;
     }else {
         //数据错误，返回 IDLE
         RS232_error(RS232_EXPECTING_STX);
         RS232_state = RS232_IDLE;
     }
}
else if (RS232_state == RS232_FRAME)
{   //数据帧接收状态
     if (incoming == RS232_DLE)
     {   //数据帧接收状态，接收到[DLE]➔进入 NLE 状态
         RS232_state = RS232_FRAME_NLE;
     }else{
         //数据帧接收到数据，放入存储缓冲区
         boot_RS232_msg[RS232_msg_len++] = incoming;
         if (RS232_msg_len >= BUFFER_LEN_LOD)
         {   //长度超限，返回 IDLE 状态
             RS232_error( RS232_MSG_TOO_BIG );
             RS232_state = RS232_IDLE;
         }
         chksum ^= incoming;     //检查和计算
     }
}
else if (RS232_state == RS232_FRAME_NLE)
{   // NLE 状态
     if (incoming == RS232_ETX)
     {   //收到[ETX]
         if (!chksum) // checksum should be zero if message was good
         {   //接收结束
              RS232_msg_len--;
             RS232_state = RS232_MESSAGE_COMPLETE;
              PorcessReceivedData();  //处理数据
              RS232_state = RS232_IDLE;
         }else{
             //接收 chksum 错误，返回 IDLE 状态
             RS232_error(RS232_BAD_CHECKSUM);
             RS232_outch( chksum );
             RS232_state = RS232_IDLE;
         }
     }
     else if (incoming == RS232_STX)
```

```
        {   //收到[STX]。接收错误，返回 IDLE 状态，不希望收到 NLE-STX
            RS232_error(RS232_EXPECTING_ETX);
            RS232_state = RS232_IDLE;
        }else{
            //插入的[DLE]被去掉，将此次接收的数据放入存储缓冲区
            boot_RS232_msg[RS232_msg_len++] = incoming;
            if (RS232_msg_len >= BUFFER_LEN_LOD)
            {   //长度超限，返回 IDLE 状态
                RS232_error( RS232_MSG_TOO_BIG );
                RS232_state = RS232_IDLE;
            }
            chksum ^= incoming;
            RS232_state = RS232_FRAME;
        }
    }
    else if ( RS232_state == RS232_MESSAGE_COMPLETE )
    {   //接收数据结束，返回 IDLE 状态
        RS232_error( RS232_BAD_STATE ); // should never get here
        RS232_state = RS232_IDLE;
    }
    else
    {   //FailSafe，不存在的状态，返回 IDLE 状态
        RS232_error( RS232_BAD_STATE ); // should never get here
        RS232_state = RS232_IDLE;
    }
}
```

上位机接收到单片机结果时不需要返回任何字符。如果数据有误，就放弃此次接收，并记录错误次数。

5. 对上位机主要功能的描述

上位机的功能主要有以下几个方面，参考的程序界面布局如图 6-14 所示。

- 设定 RS232 串口参数：串口号、波特率、数据长度、停止位长度、奇偶校验。
- 数据采集周期：设定 Snnn 和 snnn 命令，改变单片机的采样周期。
- 显示 AD 采集结果，可以选择以 AD 原始值或物理值(加速度、角速度)形式显示。
- 显示数据曲线，可以选择以 AD 原始值或物理值(加速度、角速度)显示。使用鼠标可以查看曲线上指定时间点的数据值。
- 可以将采集到的数据记录到文件中，并进行数据历史回溯。

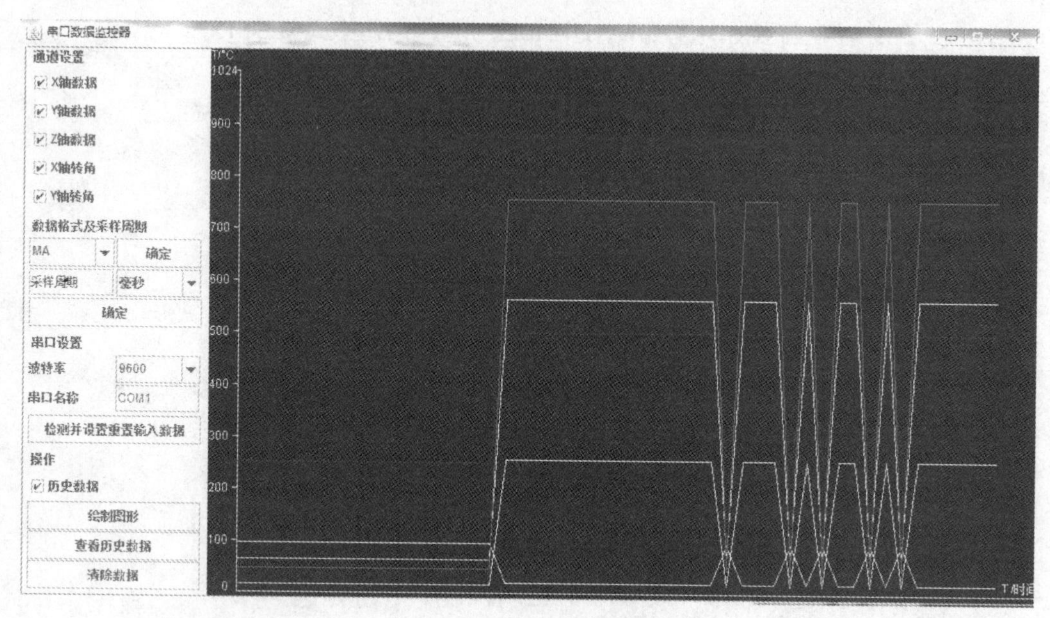

图 6-14　上位机的 GUI 界面

6.2.5　通信环境的仿真

在没有单片机采集模块的情况下，可采用 6.1.5 节中的方式模拟单片机的通信数据，从而达到调试上位机的目的。

6.3　CAN 总线数据采集系统

本节的实践内容在工作量上较前面的项目增加较多，需要有 CAN 总线的基础知识，通信的信息量较大，读者可以根据实际情况完成其中的部分内容。

6.3.1　实践环节描述

本次实验的目的是进一步理解嵌入式系统与上位机之间数据的交换方法以及上位机应用软件的开发方法及过程。了解 CAN(Contoller Area Network)总线数据通信原理，学会 C#、C++或 Java、XML、统一建模语言等基础知识的综合应用。

软件设计在使用统一建模语言 UML 的基础上，使用已开发完成的 CAN 信号控制器硬件，结构框图如图 6-15 的“CAN 控制器节点 1”所示，开发与 CAN 控制器进行数据交互的上位机的控制软件，实现 CAN 数据信息的采集、分析、可视化及信息发送，完成对 SJA1000(独立的 CAN 控制器 IC)相关寄存器值的计算、读取与设定，CAN 数据信息的导入与导出，实现模拟车载 ECU 之间的 CAN 数据通信功能。上位机应用软件可以使用 C++、Java、C#等编程语言进行开发。

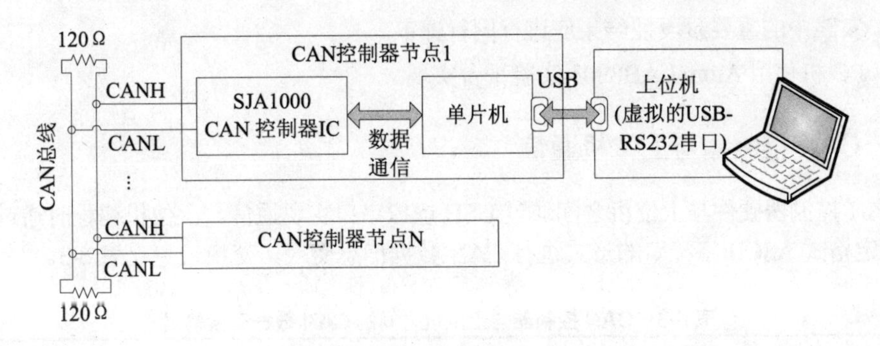

图 6-15　CAN 总线数据采集系统

6.3.2　名词解释

- CAN 信息：由 CAN ID、数据长度、数据信息和错误校验等组成。
- CAN 信号：在 CAN 信息中，数据信息中包含的最小信息单位，代表具有实际物理意义的数据。本软件要完成 CAN 信号在 CAN 信息中进行配置的功能。
- SJA1000 的 ACRn、AMRn 寄存器：ACRn 寄存器中为“1”的位表示，在 CAN ID 中该位必须是 1 才能被接收；而 AMRn 中的位为“1”时表示，对 CAN ID 中的该位不进行过滤，即 CAN ID 中的这一位不论是 1 还是 0 都可以被接受。ACRn 和 AMRn 是配合在一起工作的，所有 AMRn 中为 0 的位，ACRn 和 CAN ID 的对应位必须相同才算验收通过；所有 AMRn 中为 1 的位，ACRn 对应位的验收滤波功能则予以屏蔽，CAN 信息帧的相关位与验收结果无关。SJA1000 的 ACR、AMR 的工作模式有两种：单滤波方式和双滤波方式。此处以单滤波方式说明滤波的工作原理，对标准帧而言，CAN ID 为 11 位，RTR 位对应 ACR0、ACR1、AMR0、AMR1。其中，ACR1 和 AMR1 的低 4 位未使用，标准帧由于只有 11 位 ID，CAN 数据信息的前两个字节也参与滤波校验。Data1 对应 ACR2、AMR2，Data2 对应 ACR3、AMR3。对于扩展帧而言，有 29 位 ID 和 1 位 RTR 位，分别对应 4 个 ACR 和 4 个 AMR，只是 ACR3 和 AMR3 的低 2 位未使用。实际上，扩展帧的情况比标准帧要更简单一些 。无论是标准帧还是扩展帧，只有在符合上述条件的验收滤波通过以后，滤波器才将帧数据存入 SJA1000 的接收 FIFO。

6.3.3　实践环节要求

- 软件的功能要求：能够完整地完成需求说明书中的功能，并且在经过软件测试后，达到发布水平。
- 文档要求：项目计划及实施文档、软件需求及设计文档、软件测试计划及测试用例文档、软件使用说明书。
- 能够对编写的程序进行尽可能多的测试，包括黑盒测试、白盒测试等，对测试出现的 BUG 进行记录并予以修复。
- 在实践过程中，对于需求不明确的地方可与同行沟通。

- 实践中的重要阶段性结果应进行同行评审。
- PC 机使用 Atom LAB8903 实验平台实现。

6.3.4 CAN 控制器与上位机通信

CAN 控制器硬件与上位机之间通过 USB 虚拟串口实现通信，上位机编程时通过发送和接收规定格式 ASCII 字符串的形式进行 CAN 数据信息交换，交换信息见表 6-3。

表 6-3　CAN 控制器与上位机之间的 CAN 数据交换格式

命　令	内 容 描 述
Sn[CR]	设定 CAN 总线的标准通信速度(n 为 0 到 8)，此命令只在 CAN 总线关闭的情况下有效。S0～S8 的设定如下： S0：10Kbps S1：20Kbps S2：50Kbps S3：100Kbps S4：125Kbps S5：250Kbps S6：500Kbps S7：800Kbps S8：1Mbps 例如 S4[CR]，设定 CAN 总线速度为 125Kbps CAN 控制器返回[CR]表示设定正常，返回[BELL]表示设定错误
sxxyy[CR]	以十六进制的 xx 和 yy 值分别设定 SJA1000 的 BTR0/BTR1：xx:BTR0、yy:BTR1 此命令只在 CAN 总线关闭，并且需要设定非标准的 CAN 通信速度时使用 例如 s031C[CR]，设定 SJA1000 的 BTR0=0x03 且 BTR1=0x1C CAN 控制器返回[CR]表示设定正常，返回[BELL]表示设定错误
On[CR]	打开 CAN 控制器与 CAN 的连接，并设定模式 n 为 0、1、2。此命令只在 CAN 总线关闭，并且对 S 或 s 命令进行设置后才有效 n=0：自测试模式，此模式不需要使用额外的 CAN 硬件控制器节点，便可调试 CAN 控制器的通信 n=1：通常模式，此模式需要使用额外的 CAN 硬件控制器节点，否则会发生 CAN 通信错误 n=2：监听模式，此模式不发送 CAN 信息，但可以监听 CAN 总线上的数据 例如 O0[CR]，打开 CAN 控制器与 CAN 的连接为自诊断模式 CAN 控制器返回[CR]表示设定正常，返回[BELL]表示设定错误
C[CR]	关闭 CAN 控制器与 CAN 的连接，此命令只在 CAN 总线打开的情况下有效 例如 C[CR]，关闭 CAN 控制器与 CAN 的连接 CAN 控制器返回[CR]表示设定正常，返回[BELL]表示设定错误
tiiiLdd...[CR]	发送 ID 为 11 位的标准 CAN 信息，此命令只在 CAN 总线打开的情况下有效 iii：十六进制的 11 位 CAN ID(000-7FF) L：CAN 数据字节数(0-8) dd：十六进制数据值(00-FF)，dd 的个数必须与 CAN 数据长度匹配，否则返回错误 例如 t10021133[CR]，发送 11 位的 CAN 信息，ID=0x100，两字节数据分别为 0x11、0x33 再比如 t0200[CR]，发送 11 位的 CAN 信息，ID=0x20 且数据长度为 0 CAN 控制器返回[CR]表示设定正常，返回[BELL]表示设定错误

(续表)

命　令	内 容 描 述
TiiiiiiiLdd...[CR]	发送 ID 为 29 位的扩展 CAN 信息，此命令只在 CAN 总线打开的情况下有效 iiiiiii：十六进制的 29 位 CAN 扩展 ID(00000000-1FFFFFFF) L：CAN 数据的字节数(0-8) dd：十六进制数据值(00-FF)，dd 的个数必须与 CAN 数据长度匹配，否则返回错误 例如 t0000010021133[CR]，发送 29 位的 CAN 信息，ID=0x100，两字节数据分别为 0x11、0x33 CAN 控制器返回[CR]表示设定正常，返回[BELL]表示设定错误
f[CR]	此命令对 CAN 控制器进行初始化，并使 CAN 控制器与 CAN 总线进入关闭状态 CAN 控制器返回[CR]表示设定正常，返回[BELL]表示设定错误
Mxxxxxxxx[CR]	设定 SJA1000 的 CAN ID 接收寄存器(AC0-AC3 寄存器)，此命令只在 CAN 总线关闭的情况下有效。上电初始值是 00000000，接收所有 CAN 信息 xxxxxxxx：4 个字节、十六进制的 CAN 接受 ID，顺序为 AC0、AC1、AC2、AC3，请查阅 SJA1000 数据手册 例如 M12345678[CR]，设定 AC0-AC3 为 ACR0=0x012、ACR1=0x34、ACR2=0x56、ACR3=0x78 CAN 控制器返回[CR]表示设定正常，返回[BELL]表示设定错误
mxxxxxxxx[CR]	设定 SJA1000 的 CAN ID 屏蔽寄存器(AM0-AM3 寄存器)。此命令只在 CAN 总线关闭的情况下有效。上电初始值是 FFFFFFFF，不屏蔽任何 CAN ID xxxxxxxx：4 个字节，十六进制的 CAN ID 屏蔽寄存器，顺序为 AM0、AM1、AM2、AM3，请查阅 SJA1000 数据手册 例如 m12345678[CR]，设定 AMR0=0x12、AMR1=0x34、AMR2=0x56、AMR3=0x78 CAN 控制器返回[CR]表示设定正常，返回[BELL]表示设定错误
V[CR]	得到 CAN 控制器的软硬件版本号，全状态有效 例如 V[CR]，CAN 控制器返回 V0103[CR]。01 为硬件版本号，03 为软件版本号
N[CR]	得到 CAN 控制器的唯一序列号。可使用此命令辨认不同 CAN 控制器，全状态有效 例如 N[CR]，CAN 控制器返回 NTJU-0123-0001[CR]
Zn[CR]	设定时间戳 On/Off，在接收到的 CAN 数据的末尾添加时间信息，全状态有效。时间戳的精度为 1ms。最大 65535ms，超过此时间后，再次回到 0 重新开始计时 例如，Z0[CR] 时间戳 Off (上电初始值) 再如，Z1[CR] 时间戳 On CAN 控制器返回[CR]表示设定正常，返回[BELL]表示设定错误
CAN 数据接收	当 CAN 总线打开后，CAN 控制器会接收 CAN 总线信息，并自动发送给上位机接收到的数据格式如下： 如果时间戳关闭(Off)，上位机接收到的 CAN 信息为： 例如 t10021133[CR]，标准 CAN ID，数据字节长度 2，信息 0x11、0x33 再如 T1234567823344[CR]，扩展 CAN ID，数据字节长度 2，信息 0x33、0x44 如果时间戳打开(On)，上位机接收的 CAN 信息的后面会增加 2 字节、十六进制的时间戳： 例如 t10021133ABCD[CR]，标准 CAN ID，数据字节长度 2，信息 0x11、0x33。时间 0xABCD(43981ms) 再如 T123456782334489AB[CR]，扩展 CAN ID，数据字节长度 2，信息 0x33、0x44。时间 0x89AB(35243ms)

注意：所有命令中的[CR]都是 ASCII 码 13(0x0d)，[BELL]是 ASCII 码 7(0x07)。命令中的字母是大小写敏感的

6.3.5 软件系统设计要求

上位机应用软件需要完成的主要功能如下，软件的界面布局如图 6-16 所示，各功能界面的布局如图 6-17～图 6-24 所示，仅供参考。

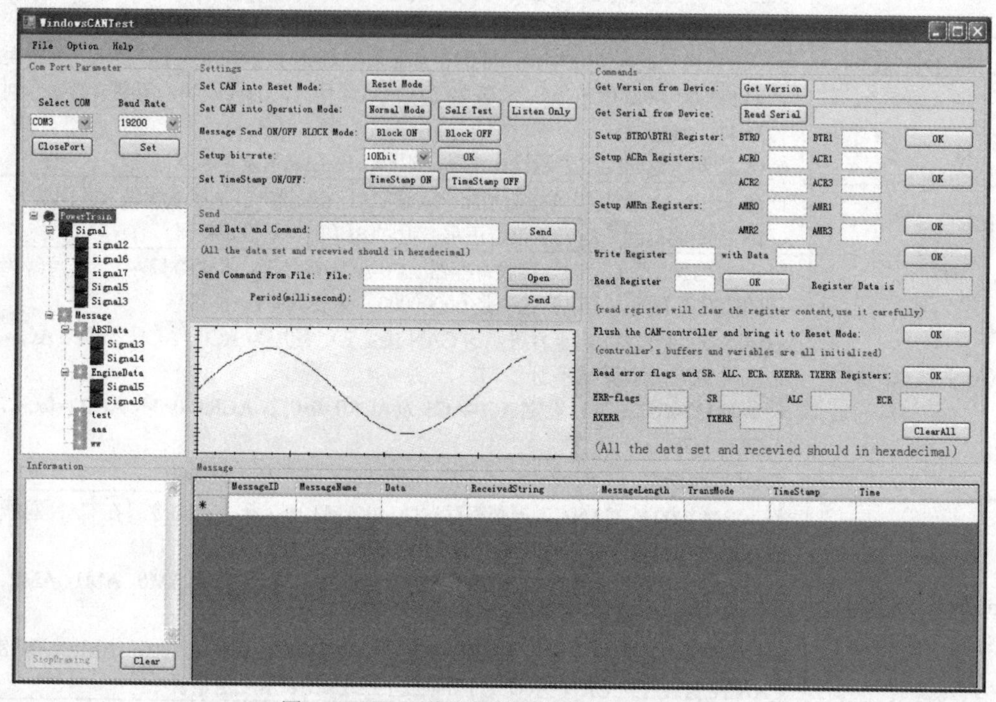

图 6-16　CAN 总线数据采集系统的用户界面

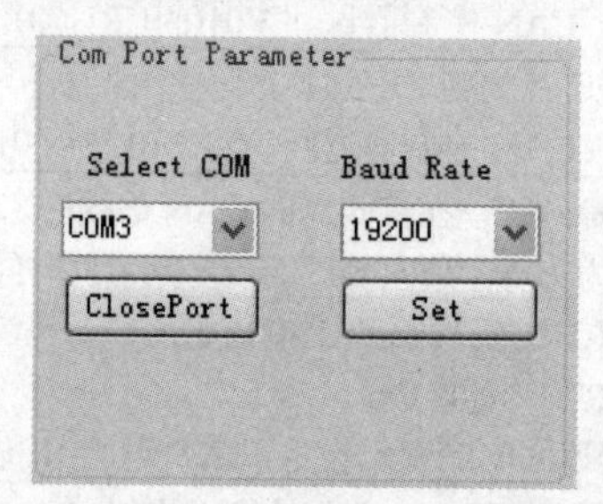

图 6-17　USB 虚拟 RS232 串口参数设定

- 能够选择上位机与 CAN 控制器 USB 虚拟串口进行通信的端口，实现串口参数设置，打开/关闭功能。
- 打开和关闭 CAN 控制器与 CAN 总线的连接。
- 设定 CAN 总线的波特率。
- 选择 CAN 控制器总线的工作模式(自检测模式、正常工作模式、监听模式)。
- 计算及设定 SJA1000 的 CAN 总线定时寄存器(Bus Timing Register)：BTR0、BTR1。
- 设定 SJA1000 的 CAN 总线接受 ID 寄存器(Acceptance Code Register)——ACR0、ACR1、ACR2、ACR3 以及接收屏蔽寄存器(Acceptance Mask Register)——AMR0、AMR1、AMR2、AMR3 的值。

- 将 CAN 控制器的缓存与所有变量清空以初始化，并将控制器转换到初始化模式。
- 读取硬件的软硬件版本号。
- 读取硬件的序列号。
- 发送用户输入的、标准的 11 位和扩展的 29 位带数据的数据帧。
- 发送用户设定的 CAN 信息。
- 从文件读取 CAN 信息，并设定相应的发送周期，发送 CAN 信息到 CAN 控制器。
- 对于从 CAN 控制器接收的数据帧，用户可以选择是否加上时间戳。
- 动态添加用户想要发送和接收的 CAN 信号，并使用 XML 保存设定信息。
- 把相应的 CAN 信号添加到 CAN 信息中，用位图的方式设定相应 CAN 信号在 CAN 信息中的起始位，并使用 XML 保存设定信息。
- 从 CAN 信息中删除 CAN 信号。
- 实时显示发送和接收的 CAN 信息。
- 实时显示接收到的 CAN 数据帧。
- 实时显示 CAN 信号随时间变动的曲线。

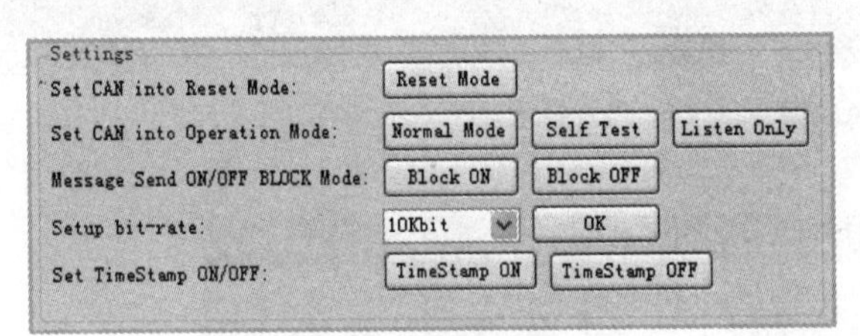

图 6-18　CAN 总线参数设定

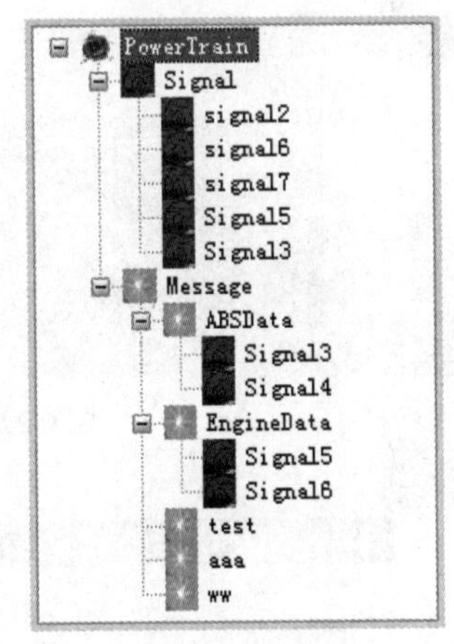

图 6-19　CAN 信息和 CAN 信号设定

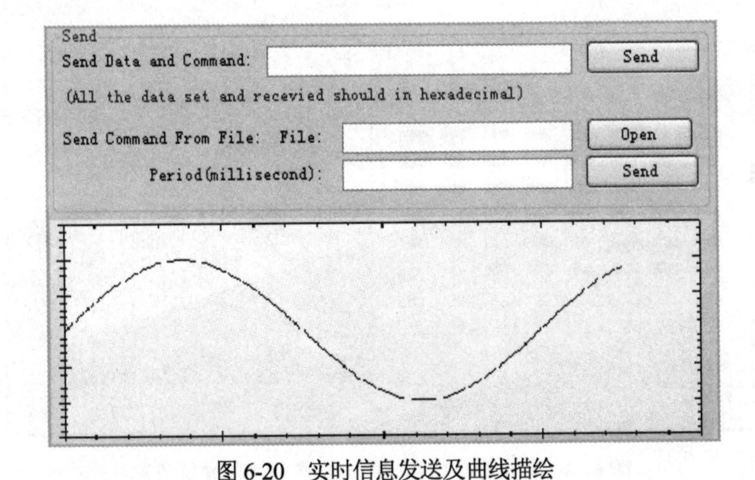

图 6-20　实时信息发送及曲线描绘

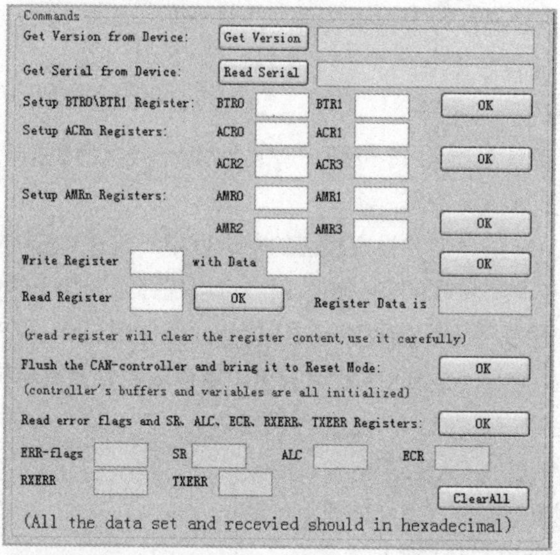

图 6-21　版本及序列号的获得以及 ACR、AMR 寄存器的设定

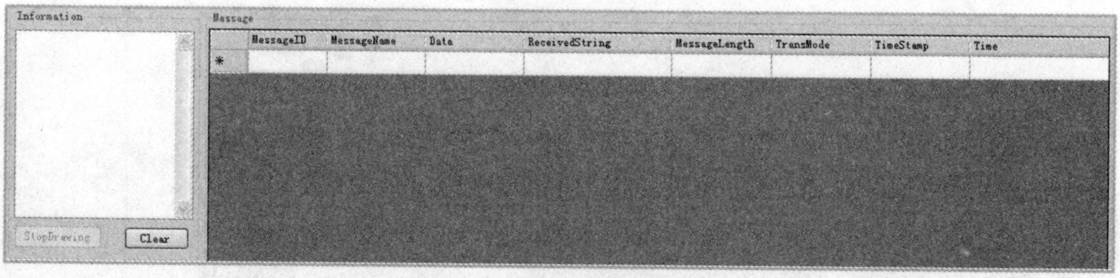

图 6-22　CAN 信息的实时列表显示

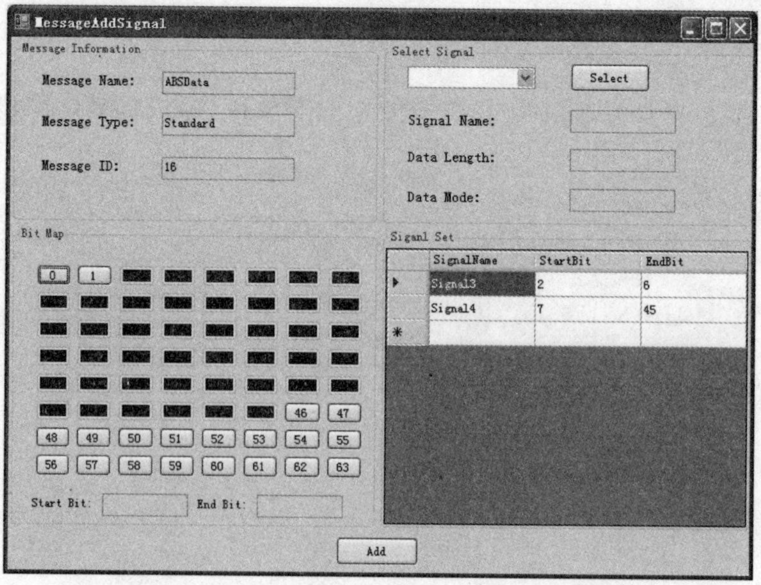

图 6-23　设定 CAN 信号在 CAN 信息中的映射位置

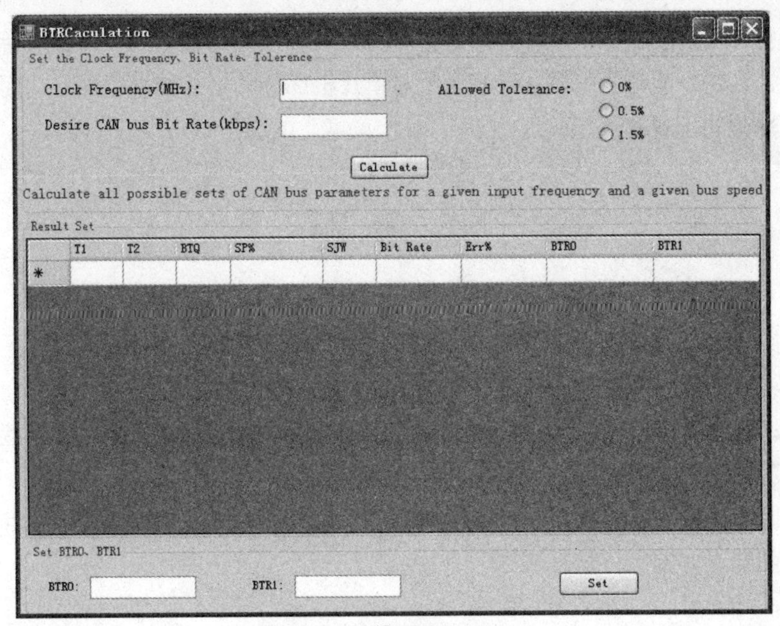

图 6-24　计算 BTR0、BTR1

6.3.6　扩展功能

LAB8903 实验箱使用 Atom E6xx 和 IOH-EG20T 架构。其中，IOH-EG20T 提供了 CAN 接口，如图 6-25 所示。读者可以根据前面章节介绍的内容，使用本节介绍的 CAN 控制器的功能，直接在 LAB8903 硬件支持下，开发出 CAN 总线信息采集应用软件。

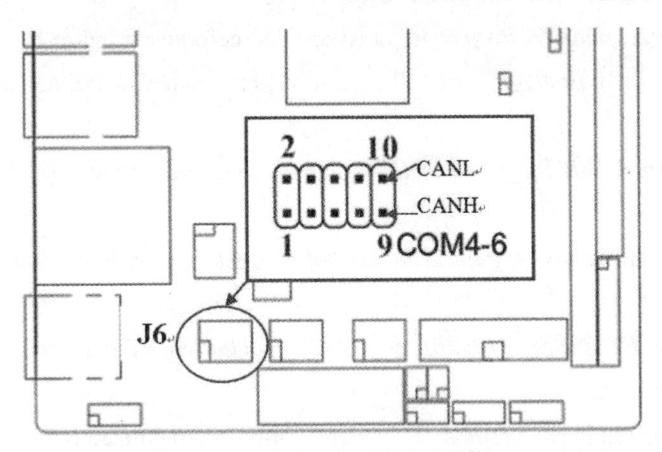

图 6-25　LAB8903 的 CAN 总线接口

6.4　总　结

本章给出了实践项目的功能描述和实现建议，通过具体实践，相信读者会在此基础上，开发和完成更加复杂的软件系统。本章着重对与嵌入式系统相连接的 Atom 平台上的软件功能需求进行了描述。读者还可以在此基础上对单片机部分的功能加以实现，从而对系统的整体功能有更深刻的了解和认识。

思考题

1. 针对本章给出的项目，以软件工程的开发和管理流程进行协作开发。

2. 以结对编程(Pair Programming)方式实现本章中给出的项目。

3. 在项目开发初始，进行项目的计划预估；在项目结束后，对比计划与实际实施结果，找出实践过程中的得与失。

4. 采用 Peer Preview 方式对本章中的项目需求进行评审，找出功能描述中存在的问题，并制定相应的解决方案。

参考文献

[1] Intel, *Intel® Atom™ Processor E6xx Series-Based Platform for Embedded Computing,* http://download.intel.com/embedded/processors/prodbrief/324100.pdf

[2] Atmel, *AVR Microcontroller with 16Kbytes In-System Program-mable Flash*, http://www.atmel.com/dyn/resources/prod- documents/doc2466.pdf

[3] Sourceforge, *WinAVR Project*, http://winavr.sourceforge.net/ind-ex.html

[4] Andrew Leech, *IsoJtagISP AVR Programmer*, http://www.alelec. net /isojtagisp/isojtagisp.php

[5] Atmel, *Atmel AVR Tools AVR studio 4*, http://www.atmel.com/dyn/products/ tools_card.asp?tool_id=2725

[6] Phil Rice, *A Surprisingly Accurate Digital LC Meter*, http://ironbark.bendigo. latrobe.edu.au/~rice/lc/

[7] FTDI Ltd, *FT232BM, FT232BL & FT232BQ - USB UART ICs,* http://www.ftdichip.com/Products/FT232BM.htm

[8] Linear Technology, *LTspice IV Updates*, http://www.linear.com/designtools/software/ltspice.jsp

[9] 华北工控，LAN-8903 嵌入式实验平台说明书 V1.0

[10] SourceForge, *Null-modem emulator (com0com)*，http://com0com.sourceforge.net/

[11] 周立功，LPC1100L 系列 ARM，http://www.zlgmcu.com/NXP/LPC1000/LPC1100.asp

[12] NXP Semiconductors，*Stand-alone CAN controller*，www.nxp.com/documents/data_sheet/SJA1000.pdf